21世纪高等教育新理念精品规划教材

基础化学实验

主　编◎赵大洲

副主编◎张　静　李飒英

参　编◎肖正凤　何　静　何飞刚

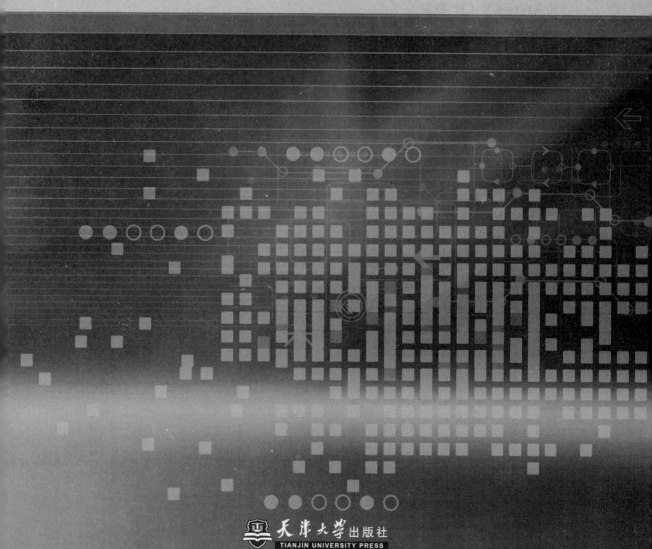

天津大学出版社
TIANJIN UNIVERSITY PRESS

图书在版编目(CIP)数据

基础化学实验 / 赵大洲主编. —天津：天津大学
出版社，2020.5
21世纪高等教育新理念精品规划教材
ISBN 978-7-5618-6661-0

Ⅰ.①基… Ⅱ.①赵… Ⅲ.①化学实验－高等学校－
教材 Ⅳ.①06-3

中国版本图书馆CIP数据核字（2020）第065801号

出版发行	天津大学出版社
地　　址	天津市卫津路92号天津大学内（邮编:300072）
电　　话	发行部：022-27403647
网　　址	www.tjupress.com.cn
印　　刷	天津泰宇印务有限公司
经　　销	全国各地新华书店
开　　本	185 mm×260 mm
印　　张	16.5
字　　数	415千
版　　次	2020年5月第1版
印　　次	2020年5月第1次
定　　价	45.00元

前　言

高等教育改革的不断深入，使得加强实验教学、提高学生动手能力、增强学生创新意识成为当前全面提高学生素质的迫切要求。为了满足这一要求，我们编写了《基础化学实验》一书。针对化学化工、材料化学、生物科学、食品工程以及基础医学类专业本、专科学生的实验教学需求，本书将无机、有机、分析和物化四大化学实验融合在一起，增加了综合性实验和设计性实验，便于更好地拓展学生的知识面，提高学生的综合素质。

全书分为六个单元：第一单元为化学实验的基本知识；第二、三单元为实验基本操作与技能；第四单元为无机及分析实验；第五单元为有机及物化实验；第六单元为综合、创新设计实验。

本书由赵大洲任主编，张静、李飒英任副主编，肖正凤、何静、何飞刚参编。其中，赵大洲编写了第一、二、三单元，附录和参考文献；张静、李飒英、肖正凤编写了第四单元；何静、何飞刚编写了第五单元；赵大洲、张静、李飒英编写了第六单元。本书系陕西学前师范学院2017年校级规划教材项目"基础化学实验（17JC09）"的成果。

在本书编写过程中，陕西学前师范学院化学化工学院王福民教授提出了宝贵的意见和建议，在此表示感谢。

由于编者学识水平与经验有限，难免有不当之处，恳请专家和读者批评指正。

编　者

2020 年 1 月

目　　录

第一单元　化学实验的基本知识

第一章　绪论

一、化学实验课程的任务和目的

化学是一门以实验为基础的自然科学,它的许多理论和定律都是通过实验总结出来的,新化学物质的合成及应用也离不开化学实验。已故中国科学院院士戴安邦教授指出:"实验教学是实施全面化学教育的有效形式。"

化学实验是在人为的条件下进行化学现象的模拟、再现和研究的实践性活动。而化学实验的成功与否,与实验条件和操作者的实验技能水平有关。在实验条件(如仪器和药品)已经满足实验要求的前提下,操作者的实验技能水平直接影响实验结果的准确性。

化学实验课程的目的是强化学生对化学实验仪器和实验装置规范操作的认知,帮助其掌握化学实验方法与技能技巧。本门课程的任务是:使学生了解化学实验的类型,具备化学实验常识;帮助学生正确选择和使用常见的实验仪器和设备,并了解它们的构造、性能、用途和使用方法;使学生熟悉实验原理和操作,系统地掌握无机化学实验、有机化学实验和分析化学实验的基本操作方法和实验技能技巧;培养学生认真实验、仔细观察、积极思考、如实记录的实验素养和实事求是的科学态度及科学思维方法;培养学生独立进行实验的能力、细致观察和记录实验现象的能力以及正确处理实验数据和书写实验报告的能力。通过化学实验课程的学习,使学生具备较高的化学实验素养和较强的实验能力,为以后学习各门实验课程打下良好的基础。

二、化学实验课程的学习要求和学习过程

(一)学习要求

(1)实验前必须做好预习。认真阅读实验教材和教科书,弄清实验的目的和要求、基本原理、实验内容、操作步骤以及注意事项。

(2)独立完成实验。要做到认真操作、细心观察、积极思考、如实记录。对于设计性实验,审题要准确,要仔细查阅文献资料,实验方案要合理可靠,以达到预期的目的。

(3)按时完成实验报告。书写实验报告是学生归纳总结和深入理解所学知识的过程,也是培养严谨科学的态度和实事求是的精神的重要措施。实验报告要求书写规范,简明扼要,结论正确。

(二)学习过程

1. 预习

实验前必须做好预习,对实验过程心中有数,才能使实验顺利进行,达到预期的效果。预习时应做到:认真阅读实验教材和参考教材中的相关内容;明确实验的目的和基本原理;掌握实验的预备知识、实验关键步骤,了解实验操作过程的注意事项;写出简明扼要的预习报告。

2. 实验

实验时要有科学、严谨的态度,养成做化学实验的良好习惯。实验时应做到:认真操作,严格遵守实验操作规范,注重基本操作训练与实验能力的培养;对于每一个实验,不仅要在原理上搞清弄懂,更要在操作上进行严格的训练,即使是一个很小的操作也要按规范要求一丝不苟地进行练习。实验中要细心观察现象,尊重实验事实,及时、如实地做好详细记录,从中得到有用的结论。在实验过程中应勤于思考,仔细分析,力争自己解决问题,遇到难以解决的疑难问题时,可请教师指点。在实验过程中应保持肃静,遵守规则,注意安全,保持整洁,养成节约的习惯。设计新实验或做规定以外的实验时,应先经指导教师允许。实验完毕后应洗净仪器,整理好药品及实验台。

3. 写实验报告

实验报告是总结实验进行的情况、分析实验中出现的问题和整理归纳实验结果必不可少的基本环节,是把直接和感性认识提升至理性思维的必要一步。实验报告反映出每个学生的实验水平,是实验评分的重要依据。学生必须严肃、认真、如实地写好实验报告。

实验报告一般包括以下八部分内容。

(1)实验目的。

(2)实验原理:主要用反应方程式和公式表示,语言要简明扼要。

(3)实验仪器与药品。

(4)实验步骤:尽量用表格、框图、符号等形式,表达要清晰,有条理。

(5)实验现象和数据记录:表述实验现象要正确、全面,数据记录要规范、完整,绝不允许主观臆造、弄虚作假。

(6)实验结果:对实验结果的可靠程度与合理性进行评价,并解释所观察到的实验现象;若有数据计算,务必将所依据的公式和主要数据表达清楚。

(7)问题与讨论:针对本实验中遇到的疑难问题,提出自己的见解或体会;也可以对实验方法、检测手段、合成路线、实验内容等提出自己的意见,从而训练自己的创新思维和创新能力。

(8)思考题。

第二章　实验室守则及事故处理

化学实验室是开展化学实验教学的主要场所,由于涉及许多仪器仪表、化学试剂甚至有毒药品,常常潜藏着发生爆炸、着火、中毒、灼伤、触电等事故的危险性。因此,操作者必须特别重视实验安全。

一、实验室规章制度

(1)实验前应认真预习,明确实验目的,了解实验原理,熟悉实验内容、方法和步骤,做好实验准备工作;严格遵守实验室的规章制度,听从教师的指导。

(2)实验中要保持安静,不得大声喧哗,不得随意走动;实验时要集中精力,认真操作,积极思考,仔细观察,如实记录。

(3)要爱护国家财物,正确使用实验仪器和设备,注意节约水、电和煤气。发现仪器有故障时应立即停止使用,并及时向教师报告。

(4)实验台上的仪器、试剂瓶等应整齐地摆放在一定的位置上,注意保持台面的整洁;每人应取用自己的仪器,公用或临时共用的玻璃仪器使用完后应洗净并放回原处。

(5)药品应按规定量取用,如未规定用量,应注意节约使用;已取出的试剂不能再放回原试剂瓶中,以免带入杂质。取用药品的用具应保持清洁、干燥。取用药品后应立即盖上瓶塞,以免放错瓶塞,污染药品。放在指定位置的药品未经允许不得擅自拿走,用后要及时放回原处;实验中用过又规定要回收的药品,应倒入指定的回收瓶中。

(6)实验中的废渣、纸、碎玻璃、火柴梗等应倒入废品杯内;废液应倒入指定的废液缸,剧毒废液由实验室统一处理;未反应完的金属应洗净后回收;实验室的一切物品不得私自带出实验室。

(7)实验结束后,所用仪器应洗净并放回实验橱内,橱内仪器应保持清洁整齐,存放有序;学生应轮流打扫实验室内公共卫生,并检查水、电、煤气,关好门窗。

二、实验室安全守则

(1)一切易燃、易爆物质的操作都要在离火较远的地方进行;一切有毒的或有恶臭的物质的实验,都应在通风橱中进行。

(2)不要用湿手接触电源;水、煤气、电用后应立即关闭水龙头、煤气阀门,拉掉电闸;点燃的火柴用后应立即熄灭,不得乱扔。

(3)严禁在实验室内吃东西或抽烟,或把食具带进实验室。防止有毒药品(如铬盐、钡盐、铅盐、砷的化合物、汞及汞的化合物、氰化物等)进入口内或接触伤口。

(4)绝对不允许随意混合各种化学药品,以免发生意外。

(5)加热试管时,不要将试管口对着自己或别人,也不要俯视正在加热的液体,以免溅出的液体烫伤自己;在闻瓶中气体的气味时,不要将鼻子直接对着瓶口(或管口),而应用手轻轻地在瓶口扇动,仅使少量气体飘入鼻孔。

（6）倾注药剂时,切勿使其溅在皮肤或衣服上,更应注意防护眼睛;稀释酸、碱（特别是浓硫酸）时,应将其慢慢注入水中,并不断搅拌,切勿将水直接注入浓酸、碱中;强氧化剂（如氯酸钾、硝酸钾、高锰酸钾等）或其混合物不能研磨,以防引起爆炸;银氨溶液不能留存,因久置后会析出黑色的氮化银沉淀,后者极易爆炸。

（7）金属钾、钠及白磷等暴露在空气中易燃烧,故应将金属钾、钠保存在煤油中,将白磷保存在水中,取用时要用镊子;金属汞易挥发,并通过呼吸道进入人体内,逐渐积累会引起慢性中毒,一旦出现金属汞洒落,必须尽可能地收集起来,并用硫黄粉盖在洒落的地方,使金属汞转变成不挥发的硫化汞。一些有机溶剂（如乙醚、乙醇、丙酮、苯等）极易引燃,使用时必须远离明火、热源,用毕立即盖紧瓶盖。

（8）实验室所有药品不得携出室外。每次实验后,必须洗净双手后才可离开实验室。

三、意外事故的紧急处理

因各种原因发生事故后,千万不要慌张,应沉着冷静,立即采取有效措施处理事故。

（1）割伤:先将伤口中的异物取出,不要用水洗伤口,伤轻者可涂以紫药水（或红汞、碘酒）或贴上"创可贴"包扎;伤势较重时先用酒精清洗消毒,再用纱布按住伤口,压迫止血,立即送医院治疗。

（2）烧伤、烫伤:被火烧伤或被高温物体烫伤后,不要用冷水冲洗或浸泡,若伤处皮肤未破,可将碳酸氢钠粉调成糊状敷于伤处,也可用10%的高锰酸钾溶液或者苦味酸溶液洗灼伤处,再涂上獾油或烫伤膏。

（3）受强酸腐蚀:立即用大量水冲洗,再用饱和碳酸氢钠或稀氨水冲洗,最后用水冲洗;若酸液溅入眼睛,用大量水冲洗后,立即送医院诊治。

（4）受浓碱腐蚀:立即用大量水冲洗,再用2%醋酸溶液或饱和硼酸溶液冲洗,最后用水冲洗;若碱液溅入眼睛,用3%硼酸溶液冲洗,然后立即到医院治疗。

（5）受溴腐蚀致伤:用苯或甘油洗濯伤口,再用水洗。

（6）受磷灼伤:应立即用1%硝酸银溶液、5%硫酸铜溶液或浓高锰酸钾溶液洗濯伤处,除去磷的毒害后,再按烧伤的治疗方法处置。

（7）吸入刺激性或有毒气体:吸入氯气、氯化氢气体时,可吸入少量酒精和乙醚的混合蒸气解毒;吸入硫化氢或一氧化碳气体而感到不适（头晕、胸闷、欲吐）时,应立即到室外呼吸新鲜空气。但应注意:氯气、溴中毒不可进行人工呼吸,一氧化碳中毒不可施用兴奋剂。

（8）毒物入口:可内服一杯含有5~10 mL稀硫酸铜溶液的温水,再用手指伸入咽喉部,促使呕吐,然后立即送医院治疗。

（9）常压操作时整套装置应有一处与大气相通,切不可形成封闭体系,以免因体系内压太大而使反应物冲出或玻璃仪器炸裂。减压蒸馏时,蒸馏瓶和接收瓶应用梨形或圆形、茄形烧瓶,以免受压不均而炸裂。

（10）触电:立即切断电源,或尽快地用绝缘物（干燥的木棒、竹竿等）将触电者与电源隔开,必要时进行人工呼吸。

（11）起火:要立即灭火,并采取措施防止火势蔓延(如切断电源,移走易燃药品等),必要时应报火警(119)。要针对起火原因选择合适的灭火方法和灭火设备。

①一般的起火,小火用湿布、石棉布或沙子覆盖燃烧物即可灭火;大火用水、泡沫灭火器、二氧化碳灭火器灭火。

②活泼金属(如钠、钾、镁、铝等)引起的着火,不能用水、泡沫灭火器、二氧化碳灭火器灭火,只能用沙土、干粉灭火器灭火;有机溶剂着火时切勿使用水、泡沫灭火器灭火,而应该用二氧化碳灭火器、专用防火布、沙土、干粉灭火器等灭火。

③精密仪器、电气设备着火时,首先切断电源,小火可用石棉布或沙土覆盖灭火,大火用四氯化碳灭火器灭火,亦可以用干粉灭火器或 1211 灭火器灭火。不可用水、泡沫灭火器灭火,以免触电。

④身上衣服着火时,切勿惊慌乱跑,应赶快脱下衣服或用专用防火布覆盖着火处,或就地卧倒打滚,也可起到灭火的作用。

⑤使用易燃易爆气体(如氢气、甲烷、乙炔等),要打开室内排风装置且严禁明火及防止一切火星产生。

第三章　常用仪器的使用

在化学实验中,离不开各种实验仪器和设备。正确地认识、选择和使用仪器,有助于顺利地完成实验工作,是开展实验、培养学生实践能力的基本要求。

1. 试管

试管可用作少量试剂的反应容器,也可用于收集少量气体。试管包括普通试管和离心试管(图 1-1)。普通试管常分为平口试管、翻口试管和具支试管。平口试管适用于一般化学反应;翻口试管适合加配橡胶塞;具支试管可用作气体发生器,也可用作洗气瓶或用于少量蒸馏。离心试管主要用于沉淀分离。

试管的规格用试管外径(mm)与管长(mm)的乘积来表示, 如 10 mm × 100 mm、12 mm × 100 mm、15 mm × 150 mm、18 mm × 180 mm、20 mm × 200 mm、32 mm × 200 mm 等。

试管的使用方法和注意事项如下。

（1）应根据试剂的用量选用合适的试管。使用试管时,应将拇指、食指和中指三指握持在离试管口 1/3 管长处。振荡试管时要腕动臂不动。

（2）试管中液体的量不应超过试管容积的 1/2;加热时,液体的量不应超过试管容积的 1/3。

（3）盛装粉末状试剂时,要用纸槽将其送入试管;盛装粒状或块状固体时,应将试管倾斜,使粒状或块状物沿试管壁慢慢滑入管底。

（4）加热试管时,应将试管外部的水分擦干,不能手持试管加热,而应用试管夹夹持。试管夹应夹持在距管口 1/3 管长处。加热液体时,管口不要对着人,并将试管倾斜与桌面成

45°角;加热固体试剂时,管口应略向下倾斜。加热完毕后,应让其自然冷却,要注意避免骤冷以防止炸裂。

（5）离心试管不可直接加热。

2. 烧杯

烧杯（图 1-2）通常用作反应容器,适用于反应物量较多的情况。此外,还可用它来配制溶液、溶解物质、蒸发溶液等。容量较大的烧杯可代替水槽或用作简易水浴的盛水用器。烧杯的种类和规格较多,常见的分类方法有硬质和软质、低型和高型、有刻度和无刻度等几种。常用的是硬质低型有刻度烧杯。有刻度烧杯的体积刻度并不十分精确,允许误差一般在 ±5%,所以在烧杯上印有"APPROX"字样,表示"近似容积",故有刻度烧杯不能作为量器使用。烧杯的规格以其容积大小来表示,如 50 mL、100 mL、200 mL、250 mL、400 mL、500 mL、1 000 mL、2 000 mL。

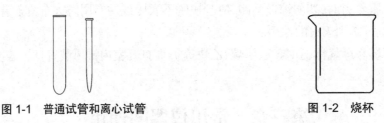

图 1-1　普通试管和离心试管　　　　　　　　　图 1-2　烧杯

使用烧杯时应注意以下事项。

（1）烧杯所盛溶液不宜过多,不应超过容积的 2/3。加热时,所盛溶液体积不能超过容积的 1/3。

（2）烧杯不能空烧,须盛有液体方可进行加热;烧杯也不能直接加热,须垫上石棉网后才能加热。

（3）拿取烧杯时,要握住外壁,勿使手指接触内壁。拿取热烧杯时要用烧杯夹。

（4）需用玻璃棒搅拌烧杯内所盛溶液时,应使玻璃棒在烧杯内均匀旋动,切勿撞击杯壁或杯底"出声",防止烧杯破损或烧杯内壁受玻璃棒摩擦而变得不光滑。

（5）烧杯不宜长期存放化学试剂,用后应立即洗净,烘干,倒置存放。

3. 量筒

量筒（图 1-3）属量出式量器（用符号"Ex"标记）,常用于粗略地量取所需液体的体积,被量取的液体的体积为该液体液面在量筒内某刻度值时所示的数值。量筒容量有 10 mL、25 mL、50 mL、100 mL 等,实验中可根据所选溶液的体积来选用。量筒有以下两种:面对分度表时,量筒倾液嘴向右,便于左手操作,这种量筒称为左执式量筒;面对分度表时,量筒倾液嘴向左,便于右手操作,这种量筒称为右执式量筒。常用的量筒均为右执式量筒。

使用量筒时应注意以下事项。

（1）应竖直放置或持直量筒,读数时视线应和液面相平,读取与弯月面最低点相切的刻度。正确读取量筒刻度示值的方法如图 1-4 所示,偏高偏低都是不正确的。

（2）量筒不可加热,不能用作实验（如溶解、稀释等）容器,不可量取热的液体。

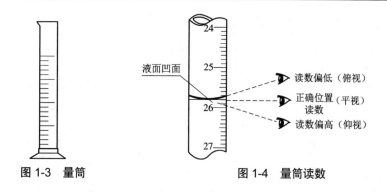

图 1-3　量筒　　　　　　　　图 1-4　量筒读数

4. 温度计

温度计(图 1-5)是用于测量温度的仪器。温度计的种类很多,如普通温度计、数字温度计、热敏温度计等。实验室中常用的是普通温度计。

根据用途和测量精度,温度计分为精密温度计和普通温度计两种。精密温度计的刻度精细,量程为 0~50 ℃,测量精度高,主要用于温度的精确测量或校正其他温度计。普通温度计中,酒精温度计的量程为 0~100 ℃,水银温度计的量程有 0~100 ℃、0~200 ℃和 0~360 ℃三种。普通温度计常用于要求不太高的温度测试。

使用温度计时应注意以下事项。

(1)应选择适合测量范围的温度计,严禁超量程使用温度计。

(2)测液体温度时,水银温度计的水银泡部分应完全浸入液体中,但不得接触容器壁;测蒸气温度时,水银泡应在液面以上;测蒸馏馏分温度时,水银泡应略低于蒸馏烧瓶支管。

(3)读数时,视线应与水银温度计水银液柱凸面最高点或酒精温度计红色凹面最低点相平。

(4)禁止用温度计代替玻璃棒搅拌液体。温度计用完后应用水冲洗,擦拭干净,装入温度计套内,远离热源存放。

5. 容量瓶

容量瓶(图 1-6)是一种细颈梨形的平底瓶,配有磨口玻璃塞或塑料塞,容量瓶上标明使用的温度和容积,瓶颈上有刻度线。它是一种量入式量器,主要用来配制准确浓度的溶液。其规格有 5 mL、10 mL、25 mL、50 mL、100 mL、250 mL、500 mL、1 000 mL、2 000 mL 等几种。其容积是指在指定温度(刻于瓶上,一般为 20 ℃)下液体充满至标线时的体积。从颜色来分,容量瓶有无色(也称白色)和棕色两种,其中白色容量瓶最常用。配制见光易分解或反应的高锰酸钾、碘化钾、硝酸银之类的溶液时要用棕色容量瓶。

容量瓶在使用前应检查是否漏水,如漏水则不能使用。检查方法是:将水装至标线附近,盖好塞子,右手食指按住瓶盖,左手握住瓶底(图 1-7),将瓶倒置 2 min,观察瓶塞周围有无漏水现象。如不漏水,将瓶直立,转动瓶塞 180°后再试一次。如此仍不漏水,方可使用。容量瓶的塞子是配套使用的,为避免塞子被打破或遗失,应用橡皮筋把塞子系在瓶颈上。

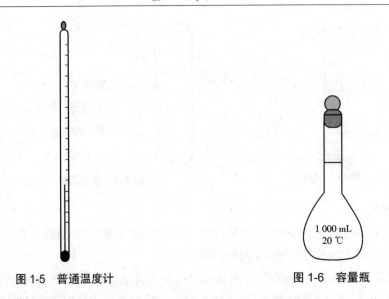

图 1-5　普通温度计　　　　　　　　　　　图 1-6　容量瓶

　　用容量瓶配制固体物质的溶液时,应先将已准确称量的固体放入烧杯内溶解,再将溶液转移到容量瓶中,转移溶液时用玻璃棒引流(图 1-8);再用少量蒸馏水冲洗烧杯和玻璃棒几次,冲洗液也转入容量瓶中;然后慢慢往容量瓶中加入蒸馏水至容量瓶 3/4 左右容积时,将容量瓶沿水平方向摇转几圈,使溶液初步混匀;继续加水至标线下约 1 cm 处,稍停,待附在瓶颈上的水充分流下后,仔细地用滴管或洗瓶加水至弯月面的最下沿与标线相切(小心操作,切勿过标线),塞好塞子,将容量瓶倒置摇动(图 1-9),重复几次,使溶液混合均匀。如固体是经加热溶解的,溶液冷却后才能转入容量瓶内。如果是用已知准确浓度的浓溶液稀释成准确浓度的稀溶液,可用移液管吸取一定体积的浓溶液于容量瓶中,然后按上述操作方法加水稀释至标线。

图 1-7　容量瓶的拿法　　　　图 1-8　将溶液移入容量瓶　　　　图 1-9　振荡容量瓶

　　不宜在容量瓶内长期存放溶液(尤其是碱性溶液)。配好的溶液如需保存,应转移到试剂瓶中,该试剂瓶预先应经过干燥或用少量该溶液淌洗 2 至 3 次。容量瓶用毕后应立即用水冲洗干净。如长期不用,磨口处应洗净擦干,并用纸片将磨口隔开。温度对量器的容积有影响,使用时要注意溶液的温度、室温以及量器本身的温度。容量瓶不得在烘箱中烘烤,也不能用其他任何方法进行加热。

6.漏斗

漏斗又称三角漏斗（图1-10），它是用于向小口径容器中加液或配上滤纸做过滤器而将固体和液体混合物分离的一种仪器。漏斗的规格以斗径大小表示，如40 mm、60 mm、90 mm等。漏斗有短径和长径之分，但都是圆锥体，圆锥角一般为57°~60°，投影图为三角形，故称三角漏斗。做成圆锥体是为了既便于折放滤纸，在过滤时又便于保持漏斗内液体常具一定深度，从而保持滤纸两边有一定压力差，有利于滤液通过滤纸。

图1-10　漏斗

使用漏斗进行过滤时应注意以下事项。

（1）漏斗应放在漏斗架或铁架台的铁圈上。漏斗内放入的滤纸大小要合适，滤纸的折叠顺序与放置方法见图1-11。先用蒸馏水将滤纸润湿，使之紧贴在漏斗内，滤纸与漏斗壁之间不能有气泡。滤纸边缘应低于漏斗边缘约2 cm，漏斗径下端要紧贴承接容器（如烧杯）的内壁。

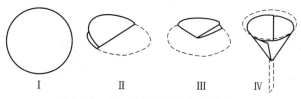

Ⅰ　　　　Ⅱ　　　　Ⅲ　　　　Ⅳ

图1-11　滤纸的折叠顺序与放置方法

（2）过滤时，玻璃棒的末端应轻轻靠在滤纸三层处，将混合物沿玻璃棒慢慢倒入漏斗中，漏斗内的液面要低于滤纸边缘1~2 cm。

（3）过滤前应使混合物充分沉降，过滤时先向漏斗内倒入上清液，然后移入沉淀物。必要时用水或合适的洗涤剂洗涤沉淀。

（4）漏斗不能直接用火加热。若需趁热过滤，应使用铜质的热滤漏斗。若无热滤漏斗，可先用热水浸泡漏斗进行预热，然后进行热过滤。

7.吸滤瓶

吸滤瓶又叫抽滤瓶，它与布氏漏斗配套组成减压过滤装置（图1-12），吸滤瓶用作承接滤液的容器。吸滤瓶的瓶壁较厚，能承受一定的压力。它与布氏漏斗配套后，利用真空泵或抽气管减压。在抽气管与吸滤瓶之间常连接一个洗气瓶做缓冲器，以防止倒流。吸滤瓶的规格以容积表示，常用的有250 mL、500 mL、1 000 mL等几种。布氏漏斗为瓷质，规格以直径（mm）表示。

使用吸滤瓶时应注意以下事项。

（1）不能直接对其加热。

（2）安装时，布氏漏斗的斜口要对准吸滤瓶的抽气嘴。抽滤时速度（用流水控制）要慢且均匀，吸滤瓶内的滤液液面高度不能超过抽气嘴。

（3）滤纸要略小于漏斗内径。要先开真空泵或抽气管，后过滤；抽滤完毕后，先分开真空泵或抽气管与抽滤瓶的连接处，后关真空泵或抽气管，以免水流倒吸。

（4）在抽滤过程中，若漏斗内滤饼有裂纹，要用玻璃棒或干净的角匙及时压紧消除，以保证吸滤瓶的低压,便于吸滤至干。

8. 干燥管

　　干燥管(图1-13)内装入干燥剂,用于除去混合气体中的水分或杂质气体。干燥管除直形单球外,还有直形双球、U形管、具支U形管、带活塞具支U形管等多种。其中带活塞具支U形干燥管使用非常方便,不用时可将活塞关闭,以防止干燥剂受潮。干燥管的规格以管外径和全长表示。例如常用直形单球干燥管有16 mm×100 mm、17 mm×140 mm、17 mm×160 mm等几种。

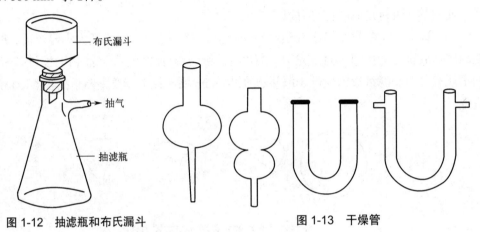

图1-12　抽滤瓶和布氏漏斗　　　　　　　　图1-13　干燥管

使用干燥管时应注意以下事项。

　　(1)干燥管内一般盛放固体干燥剂。选用干燥剂时要根据被干燥气体的性质和要求确定。

　　(2)干燥剂颗粒要大小适中,填充时要松紧适度。干燥剂应放置在球体内,两端还应填充少许棉花或玻璃纤维。

　　(3)干燥剂变潮后应立即更换,用后要将干燥管清洗干净。

　　(4)用时要正确连接,保证大头进小头出,要将其固定在铁架台上使用。

9. 洗气瓶

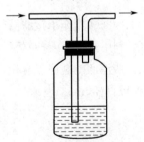

图1-14　洗气瓶

　　洗气瓶是用于除去气体中所含杂质的一种装置,如图1-14所示。洗气瓶的规格以容积大小表示,常用的有125 mL、250 mL和500 mL。含有杂质的气体通过洗气瓶中的液体试剂时,在通气鼓泡的过程中,杂质被洗去,同时气体中所含少量固体微粒或液滴也被液体试剂阻留下来,从而达到净化气体的目的。

　　使用洗气瓶时应注意以下事项。

　　(1)应根据净化气体的性质及所含杂质的性质和要求选用适宜的液体洗涤剂。洗涤剂的量一般以没过导管出气口1 cm为宜。

　　(2)使用前应检验洗气瓶的气密性,在导管磨口处涂一薄层凡士林。连接处要严密不漏气,特别注意不要把进、出气体的导管连接反(长管进气,短管出气)。

　　(3)空洗气瓶反接可做安全瓶或缓冲瓶使用。

　　(4)洗气瓶不能长时间盛放碱性液体洗涤剂,用后应及时将该洗涤剂倒入有橡胶塞的试剂瓶中存放待用,并将洗气瓶用水清洗干净。

10. 蒸发皿

蒸发皿(图 1-15)主要用于蒸发、浓缩溶液,有陶瓷、玻璃、石英、金属等材质,分为平底和圆底两种。平底具柄的通常称为蒸发勺。蒸发皿口大底浅,蒸发速度快,随蒸发液体性质不同可选用不同材质的蒸发皿。蒸发皿的规格一般用容积或上口直径表示,有 75 mL、150 mL、200 mL、400 mL 等几种。

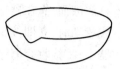

图 1-15　蒸发皿

使用蒸发皿时应注意以下事项。

(1)蒸发皿能耐高温,但不宜骤冷。

(2)一般将其放在石棉网上加热。

(3)蒸发皿盛液一般不超过 2/3 容积。若需要蒸发的溶液量多,可先蒸发一段时间,然后分次添加,继续蒸发。

11. 移液管和吸量管

移液管和吸量管(图 1-16)是用于准确移取一定体积液体的量出式玻璃量器。中间有一膨大部分的管颈上部刻有一条标线的是移液管,俗称胖肚吸管,管中流出的溶液的体积与管上所标明的体积相同;内径均匀、管上有刻度的是吸量管,也称刻度吸管,吸量管一般只用于取小体积的溶液。因管上带有刻度,可用来吸取不同体积的溶液,但准确度不如移液管。

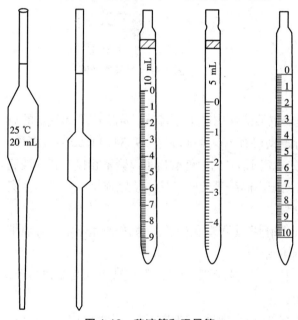

图 1-16　移液管和吸量管

移液管和吸量管的使用方法如下:使用前用少量洗液润洗后,依次用自来水、蒸馏水润洗几次,洗净的移液管和吸量管整个内壁和下部的外壁不挂水珠。再用滤纸将管尖内外的水吸去,然后用少量移取液润洗 2 至 3 次,以免溶液被稀释。润洗后,即可移液。

用洗液洗涤的方法如下:右手手指拿住移液管标线上部,插入洗液中,左手捏出洗耳球内空气,并以洗耳球嘴顶住移液管上口,借球内负压将洗液吸至移液管球部约 1/4 处,用右手食指按住管口,取出吸管,将其横过来,左、右两手分别拿住移液管上、下端,慢慢转动移液管,使洗液布满全管,然后将洗液倒回原瓶。

移液操作如下:用移液管移取溶液时,右手拇指及中指拿住管颈标线以上部位(图 1-17),将移液管下端竖直插入液面下 1~2 cm,插入太深,外壁携带溶液过多;插入太浅,液面下降时易吸空。左手持洗耳球,捏扁洗耳球挤出空气并将其下端尖嘴插入吸管上端口内,然后逐渐松开洗耳球吸上溶液,眼睛注意液体上升情况,随着容器中液面的下降,移液管逐渐下移。当溶液上升至管内标线以上时,拿去洗耳球,迅速用右手食指紧按管口。将移液管移离液面,靠在器壁上,稍微放松食指,同时轻轻转动移液管,使液面缓慢下降,当液面与标线相切时,立即按紧食指使溶液不再流出。将吸取了溶液的移液管插入准备接收溶液的容器中,将接收容器倾斜而保持移液管直立,使容器内壁紧贴移液管尖端管口,并成 45° 左右角。放开食指让溶液自然顺壁流下(图 1-18),待溶液流尽后再停靠约 15 s,取出移液管。最后尖嘴内余下的少量溶液不必吹入接收容器中,因在制管时已考虑到这部分残留液体所占体积。注意,有的移液管标有"吹"字,则一定要将尖嘴内余下的少量溶液吹入接收容器中。

图 1-17　移液管吸液

图 1-18　移液管放液

12. 标准口玻璃仪器

现在的有机化学实验室中,标准口玻璃仪器的使用已十分普遍。为适应不同容量的玻璃仪器,有不同型号的标准磨口,常用的标准磨口有 10、14、19、24、29、34、40、50 号等多种,这里的数字表示磨口最大端直径的毫米数。相同编号的内外磨口可以紧密相接。若两玻璃仪器因磨口编号不同无法直接相连,可借助于不同编号的磨口接头使之连接。一般学生实验中所用的标准口玻璃仪器为 14 号和 19 号。

使用标准口玻璃仪器可免去选塞打孔等麻烦,也可避免因软木塞、橡胶塞不洁或碎屑带来的污染,所以使用很方便,但须注意下列事项。

(1)磨口处必须洁净,若粘有杂物,会使磨口对接不密而导致漏气或粘死而难以打开;若杂物很硬,用力旋转磨口,则容易损坏磨口。

(2)一般情况下无须在磨口处涂润滑剂,以免污染反应物或产物。若反应中使用强碱,为避免磨口连接处因碱腐蚀粘住难以拆开,须涂以润滑剂。减压蒸馏时,若所需真空度较高,磨口处应涂真空封泥。涂润滑剂或真空封泥时,切勿涂得太多,以免污染产物。

(3)安装标准口玻璃仪器应注意整齐、正确,使磨口连接处不受歪斜的应力,否则易将仪器折断。

(4)用后应立即将仪器拆卸洗净。带活塞的玻璃仪器在使用时应在活塞上涂上薄薄一层凡士林,以免漏液(不可涂得太多,以免污染反应物或产物)。用完后应洗净,并在活塞与磨口间垫上纸片,以免久置后粘住。不要把活塞塞好放入烘箱内烘干,这样取出后常会粘住。若已粘住,可在活塞四周涂上润滑剂后用电吹风吹热风,或置于水浴中加热一段时间,再设法打开。有机化学实验常见标准口玻璃仪器如图 1-19 所示。

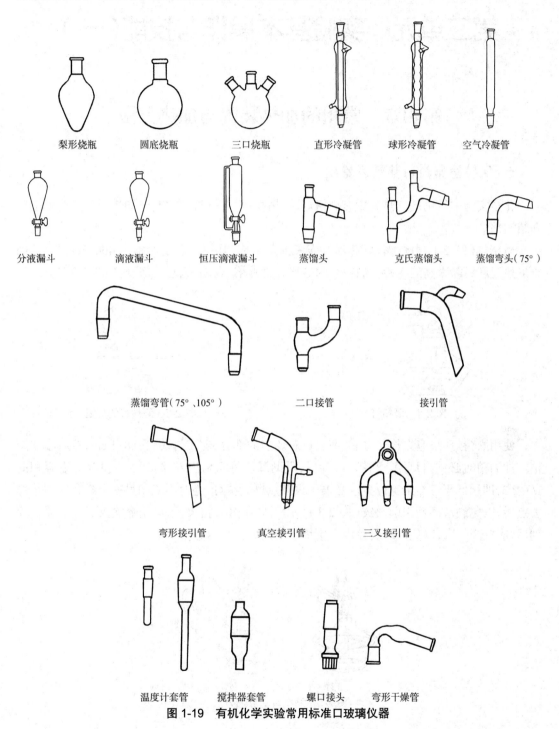

梨形烧瓶　　圆底烧瓶　　三口烧瓶　　直形冷凝管　　球形冷凝管　　空气冷凝管

分液漏斗　　滴液漏斗　　恒压滴液漏斗　　蒸馏头　　克氏蒸馏头　　蒸馏弯头（75°）

蒸馏弯管（75°、105°）　　二口接管　　接引管

弯形接引管　　真空接引管　　三叉接引管

温度计套管　　搅拌器套管　　螺口接头　　弯形干燥管

图 1-19　有机化学实验常用标准口玻璃仪器

第二单元　实验基本操作与技能（一）

第四章　常用的加热装置与加热方法

一、实验室常用的加热装置

化学实验中常用的加热装置有酒精灯、酒精喷灯、煤气灯、电炉、电加热套等。这里主要介绍酒精灯。

酒精灯（图2-1）由灯帽、灯芯和灯壶三部分组成，其加热温度通常为400~500 ℃，适用于加热温度不需太高的实验。酒精灯的灯焰分为外焰、内焰、焰心三部分，如图2-2所示。

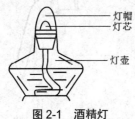

图2-1　酒精灯

图2-2　酒精灯的灯焰

使用酒精灯时，应先检查灯芯，剪去灯芯烧焦的部分，露出灯芯管0.8~1 cm，然后添加酒精。加酒精时必须将灯熄灭，待灯冷却后，借助漏斗将酒精注入，酒精加入量为灯壶容积的1/3~2/3，即稍低于灯壶最宽位置。必须用火柴点燃酒精灯，绝对不能用另一个燃着的酒精灯去点燃，以免洒落酒精引起火灾（图2-3）。用后要用灯罩盖灭，不可用嘴吹灭。灯罩盖上片刻后，应打开一次，以免冷却后盖内产生负压使以后打开困难。

正确　　　　　　　　错误

图2-3　酒精灯的点燃方法

二、实验室常用的加热方法

按加热方式不同，加热方法可分为直接加热和间接加热。

1. 直接加热

当被加热的液体在较高温度下稳定而不分解，又无着火危险时，可以把盛有液体的容器放在石棉网上用酒精灯直接加热。实验室中常用于直接加热的玻璃器皿，如烧杯、烧瓶、蒸发皿、试管等，能承受一定的温度，但不能骤冷骤热，因此在加热前必须将器皿外的水擦干，加热后也不能立即与潮湿物体接触。

1）试管加热

少量液体或固体一般置于试管中加热。用试管加热时，由于温度较高，不能直接用手拿试管加热，应用试管夹夹持试管或将试管用铁夹固定在铁架台上。加热液体时，应控制液体的量不超过试管容积的 1/3，用试管夹夹持试管的中上部进行加热，并使管口稍微向上倾斜（图 2-4）。为使液体各部分受热均匀，应先加热液体的中上部，再慢慢往下移动加热底部，并不时地摇动试管，以免因局部过热，蒸气骤然发生，将液体喷出管外，或因受热不均使试管炸裂。加热固体时，试管口应稍微向下倾斜（图 2-5），以免凝结在试管口处的水珠回流到灼热的试管底部，使试管破裂。加热固体时也可以将试管用铁夹固定在铁架台上。

2）烧杯、烧瓶、蒸发皿加热

蒸发液体或加热液体量较大时可选用烧杯、烧瓶或蒸发皿。用烧杯、烧瓶、蒸发皿等玻璃器皿加热液体时，不可用明火直接加热，应将器皿放在石棉网上加热（图 2-6），否则易因受热不均而破裂。使用烧杯或蒸发皿加热时，为了防止暴沸，在加热过程中要适当加以搅拌。加热时，烧杯中的液体量不应超过烧杯容积的 1/2。

  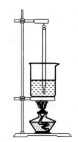

图 2-4　加热液体　　　　图 2-5　加热固体　　　　图 2-6　加热烧杯中的液体

蒸发、浓缩与结晶是物质制备实验中常用的操作之一，通过此步操作可将产品从溶液中提取出来。由于蒸发皿具有大的蒸发表面，有利于液体的蒸发，所以蒸发、浓缩通常在蒸发皿中进行。蒸发皿中的盛液量不应超过其容积的 2/3。加热方式可视被加热物质的性质而定。对热稳定的无机物，可以用灯直接加热（应先均匀预热），一般情况下采用水浴加热。加热时应注意不要使蒸发皿骤冷，以免炸裂。

3）坩埚加热

高温灼烧或熔融固体使用的装置是坩埚。灼烧是指将固体物质加热到高温以达到脱水、分解或除去挥发性杂质、烧去有机物等目的的操作。实验室常用的坩埚有瓷坩埚、氧化铝坩埚、金属坩埚等。至于要选用何种材料的坩埚则视需灼烧的物料的性质及需加热的温度而定。

加热时,将坩埚置于泥三角上,直接用煤气灯灼烧(图 2-7)。先用小火将坩埚均匀预热,然后加大火焰灼烧坩埚底部,根据实验要求控制灼烧温度和时间。夹取高温下的坩埚时,必须使用干净的坩埚钳。使用坩埚钳前先在火焰上预热一下,再去夹取。灼热的瓷坩埚及氧化铝坩埚绝对不能与水接触,以免爆裂。坩埚钳使用后应使尖端朝上(图 2-8)放在桌子上,以保证坩埚钳尖端洁净。用煤气灯灼烧可获得 700~900 ℃的高温,若需更高温度,可使用马弗炉或电炉。

图 2-7　灼烧坩埚

图 2-8　坩埚钳的放法

2. 间接加热

当被加热的物体需要受热均匀,而且受热温度又不能超过一定限度时,可根据具体情况,选择特定的热浴进行间接加热。所谓热浴是指先用热源对某些介质进行加热,介质再将热量传递给被加热物的一种加热方式。它是根据所用的介质来命名的,如用水作为加热介质称为水浴,类似的还有油浴、沙浴等。热浴的优点是加热均匀,升温平稳,并能使被加热物保持较恒定的温度。

(1)水浴。水浴是以水为加热介质的一种间接加热法。水浴加热常在水浴锅中进行。在水浴加热操作中,水浴锅中水的表面略高于被加热容器内反应物的液面,可获得更好的加热效果。如采用电热恒温水浴锅加热,则可使加热温度保持恒定。实验室中常用烧杯代替水浴锅,在烧杯上方放上蒸发皿,可作为简易的水浴加热装置,进行蒸发、浓缩。如将烧杯、蒸发皿等放在水浴盖上,通过接触水蒸气来加热,就是蒸汽浴。如果要求加热的温度稍高于100 ℃,可选用无机盐类的饱和水溶液作为热浴液。

(2)油浴。油浴也是一种常用的间接加热方式,所用油多为花生油、豆油、亚麻油、蓖麻油、菜籽油、硅油、甘油和真空泵油等。

(3)沙浴。在铁盘或铁锅中放入均匀的细沙,再将被加热的器皿部分埋入沙中,下面用灯具加热就成了沙浴。

第五章　化学试剂与试纸的相关知识

一、化学试剂的级别

根据国家标准(GB),化学试剂按其纯度和杂质含量,基本上可分为四种等级,其级别、名称、代号、瓶签颜色及适用范围如表 2-1 所示。

表 2-1 化学试剂的级别

级别	名称	代号	瓶签颜色	适用范围
一级品	优级纯	G.R.	绿色	用作基准物质,主要用于精密科学研究和分析
二级品	分析纯	A.R.	红色	主要用于一般科学研究和分析鉴定
三级品	化学纯	C.P.	蓝色	用于要求较高的有机和无机化学实验
四级品	实验试剂	L.R.	棕色、黄色	主要用于普通的实验和科研

一级(优级纯)试剂,杂质含量最低,纯度最高,适用于精密的分析及研究工作;二级(分析纯)及三级(化学纯)试剂,适用于一般的分析研究及教学实验工作;四级试剂,杂质含量较高,纯度较低,只能用于一般性的化学实验及教学工作,如在分析工作中作为辅助试剂(如发生或吸收气体,配制洗液等)使用。

除上述四种级别的试剂外,还有适合某一方面需要的特殊规格试剂,如:基准试剂,它的纯度相当于或高于一级试剂,是容量分析中用于标定标准溶液的基准物质,一般可直接得到滴定液,不需标定;生化试剂,用于各种生物化学实验;高纯试剂,它又细分为高纯、超纯、光谱纯试剂等。此外,还有工业生产中大量使用的化学工业品(也分为一级品、二级品)以及可供食用的食品级产品等。各种级别的试剂及工业品因纯度不同价格相差很大。在满足实验要求的前提下,只要能达到应有的实验效果,应考虑节约的原则,尽量选用较低级别的试剂。

二、化学试剂的存放

化学试剂的贮存在实验室中是一项十分重要的工作。一般化学试剂应贮存在通风良好、干净和干燥的房间,要远离火源,并要注意防止水分、灰尘和其他物质的污染。还要根据试剂的性质及方便取用原则来存放试剂,固体试剂一般存放在易于取用的广口瓶内,液体试剂则存放在细口瓶中。一些用量小而使用频繁的试剂,如指示剂、定性分析试剂等可盛装在滴瓶中。见光易分解的试剂(如 $AgNO_3$、$KMnO_4$、饱和氯水等)应装在棕色瓶中。H_2O_2 虽然是见光易分解的物质,但不能盛放在棕色的玻璃瓶中,因为棕色玻璃中含有催化分解 H_2O_2 的重金属氧化物,故通常将 H_2O_2 存放于不透明的塑料瓶中,置于阴凉的暗处。试剂瓶的瓶盖一般都是磨口的,密封性好,可使长时间保存的试剂不变质。但盛强碱性试剂(如 NaOH、KOH)及 Na_2SiO_3 溶液的瓶塞应换成橡胶塞,以免长期放置互相粘连。易腐蚀玻璃的试剂(如氟化物等)应保存于塑料瓶中。

特种试剂应采取特殊贮存方法,如:易受热分解的试剂必须存放在冰箱中;易吸湿或易氧化的试剂应贮存于干燥器中;金属钠要浸在煤油中;白磷要浸在水中;吸水性强的试剂,如无水碳酸盐、苛性钠、过氧化钠等,应严格用蜡密封。

易燃、易爆、强腐蚀性、强氧化性及剧毒品应分类单独存放。强氧化剂要与易燃、可燃物分开隔离存放;低沸点的易燃液体要放在阴凉通风处,并与其他可燃物和易产生火花的物品隔离放置,更要远离火源。闪点在 -4 ℃以下的液体(如石油醚、苯、丙酮、乙醚等)理想的存

放温度为 −4~4 ℃,闪点在 25 ℃以下的液体(如甲苯、乙醇、吡啶等)存放温度不得超过 30 ℃。

盛装试剂的试剂瓶都应贴上标签,并写明试剂的名称、纯度、浓度和配制日期,标签外应涂蜡或用透明胶带等加以保护。

三、化学试剂的取用方法

1. 化学试剂取用的一般规则

化学试剂的取用原则是既要质量准确又必须保证试剂的纯度(不受污染),具体规则如下。

(1)取用试剂时首先应看清试剂标签,不能取错。取用时,将瓶塞反放在实验台上,若瓶塞顶端不是平的,可放在洁净的表面皿上。

(2)不能用手或不洁净的工具接触试剂。瓶塞、药匙、滴管不得相互串用。

(3)应根据用量取用试剂。取出的多余试剂不得倒回原瓶,以防污染整瓶试剂。对确认可以再用的(或派作别用的),要另用清洁容器回收。

(4)每次取用试剂后都应立即盖好瓶盖,并把试剂放回原处,务使标签朝外。

(5)取用试剂时,转移的次数越少越好。

(6)取用易挥发的试剂时,应在通风橱中操作,以防止污染室内空气。取用有毒药品时,要在教师指导下按规程操作。

2. 固体试剂的取用

(1)取用固体试剂一般用干净的药匙(牛角匙、不锈钢药匙、塑料匙等),其两端为大小两个勺,按取用药量多少而选择使用哪一端。使用时要专匙专用。试剂取用后,要立即把瓶塞盖好,把药匙洗净、晾干,以备下次再用。

(2)要严格按量取用药品,少量固体试剂对一般常量实验指半个黄豆粒大小的体积,对微型实验为常量的 1/10~1/5 体积。注意不要多取。多取的药品不能倒回原瓶,可放在指定的容器中以供他用。

(3)定量药品要称量。一般固体试剂可以放在称量纸上称量;对于具有腐蚀性、强氧化性、易潮解的固体试剂,要用小烧杯、称量瓶、表面皿等装载后进行称量。不准使用滤纸来盛放称量物。颗粒较大的固体应在研钵中研碎后再称量。可根据称量精确度的要求,分别选择台秤和天平称量固体试剂。

(4)要把药品装入口径小的试管中时,应把试管平放,小心地把盛药品的药匙放入底部,以免药品黏附在试管内壁上(图 2-9)。也可先将一窄纸条折成"纸槽",用药匙将固体药品放在纸槽上,然后将装有药品的纸槽送入平卧的试管里,再把纸槽和试管竖立起来,并用手指轻轻弹纸槽,让药品慢慢滑入试管底部(图 2-10)。

(5)取用大块药品或金属颗粒时要用镊子夹取。先把容器平放,再用镊子将药品放在容器口,然后慢慢将容器竖起,让药品沿着容器壁慢慢滑到底部,以免击破容器。对试管而言,也可将试管斜放,让药品沿着试管壁慢慢滑到底部(图 2-11)。

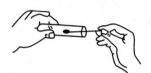
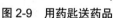
图 2-9　用药匙送药品

图 2-10　用纸槽送药品

图 2-11　块状固体沿管壁滑下

3. 液体试剂的取用

1)多量液体的取用

取用多量液体,一般采用倾倒法。把试剂移入试管的具体做法是:先取下瓶塞反放在桌面上或洁净的表面皿上,右手握持试剂瓶,使试剂瓶上的标签向着手心(如果是双标签,则要使其位于手心两侧),以免瓶口残留的少量液体腐蚀标签。左手持试管,使试管口紧贴试剂瓶口,慢慢把液体试剂沿管壁倒入(图 2-12)。倒出需要量后,将瓶口在试管上靠一下,再使瓶子竖直,这样可以避免遗留在瓶口的试剂沿瓶子外壁流下来。把试剂倒入烧杯时,可用玻璃棒引流。具体做法是:用右手握持试剂瓶,左手拿玻璃棒,使玻璃棒的下端斜靠在烧杯中,将瓶口靠在玻璃棒上,使液体沿着玻璃棒流入烧杯中(图 2-13)。

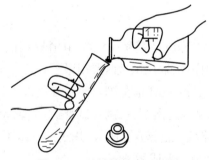
图 2-12　往试管中倾倒液体

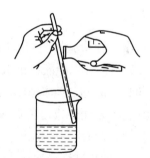
图 2-13　往烧杯中倾倒液体

2)少量液体的取用

取用少量液体通常使用胶头滴管。其具体做法是:先提起滴管,使管口离开液面,捏瘪胶帽以赶出空气,然后将管口插入液面吸取试剂。滴加溶液时,须用拇指、食指和中指夹住滴管,将它悬空地放在靠近试管口的上方滴加(图 2-14);滴管要竖直,这样滴入液滴的体积才能准确;绝对禁止将滴管伸进试管中或触及管壁,以免污染滴管口,使滴瓶内试剂受到污染。滴管不能倒持,以防试剂腐蚀胶帽使试剂变质。滴完溶液后,滴管应立即插回,一个滴瓶上的滴管不能用来移取其他试剂瓶中的试剂,也不能随便拿别的滴管伸入试剂瓶中吸取试剂。如试剂瓶不带滴管,又需从中取少量试剂,则可把试剂按需要量倒入小试管中,再用干净的滴管取用。

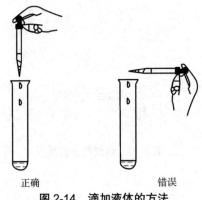

正确　　　　　　　　错误

图 2-14　滴加液体的方法

　　长时间不用的滴瓶,滴管有时与试剂瓶口粘连,这时不能直接提起滴管,可在瓶口处滴上 2 滴蒸馏水,让其润湿后再轻摇几下即可。

　　3)定量取用液体

　　在试管实验中经常要取"少量"溶液,这是一种估计体积,对常量实验是指 0.5~1.0 mL,对微型实验一般指 3~5 滴,根据实验的要求灵活掌握。要学会估计 1 mL 溶液在试管中占的体积和由滴管滴加的滴数相当的毫升数。要准确量取溶液,则需根据准确度和量的要求,选用量筒、移液管或滴定管等量器。

四、试　纸

　　试纸用来定性检验一些溶液的酸碱性,判断某些物质是否存在。常用的试纸有 pH 试纸、淀粉－碘化钾试纸、醋酸铅试纸等。试纸要密闭保存,取用试纸时要用镊子。

　　使用 pH 试纸,可快速检验出溶液的酸碱性及大致的 pH 值范围。使用方法为:将剪成小块的试纸放在表面皿或白色点滴板上,用玻璃棒蘸取待测溶液,滴在试纸上,观察试纸的颜色变化,并将其与所附的标准色板比较,便可粗略确定溶液的 pH 值(用过的试纸不能倒入水槽内)。不能将试纸浸泡在待测溶液中,以免造成误差或污染溶液。

　　pH 试纸分为两类:一类是广泛 pH 试纸,其变色 pH 值范围为 1~14,用来粗略地检验溶液的 pH 值,其变化为 1 个 pH 值单位;另一类是精密 pH 试纸,用于比较精确地检验溶液的 pH 值。精密试纸的种类很多,可以根据不同的需求选用,精密 pH 试纸的变化小于 1 个 pH 值单位。

　　用试纸检查挥发性物质及气体时,先将试纸用蒸馏水润湿,粘在玻璃棒上,悬空放在气体出口处,观察试纸的颜色变化。pH 试纸或石蕊试纸常用于检验反应所产生气体的酸碱性。此外还有检验各种气体的试纸,这实际上是利用气体与试纸上的试剂发生的特征反应进行判断,如用来检验 H_2S 气体的醋酸铅试纸,用来检验 SO_2 气体的 $KMnO_4$ 试纸等。

第六章 天平的使用和溶液的配制

一、天平

天平是化学实验室中最常用的称量仪器。天平的种类很多,按天平的平衡原理,可将天平分为杠杆式天平和电磁力式天平两类;根据天平的精度,天平可分为常量(0.1 mg)、半微量(0.01 mg)、微量(0.001 mg)天平等。选用何种天平进行称量,需视实验时对称量的精度要求而定。托盘天平(又叫台秤)和电子天平是化学实验中最常用的称量仪器。

1. 台秤

台秤一般能称准至 0.1 mg,用于对精度要求不高的称量或精密称量前的粗称。

1)构造

如图 2-15 所示,台秤由横梁、托盘、指针、刻度盘、游码标尺、游码、平衡调节螺丝、天平底座组成。

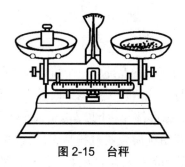

图 2-15 台秤

2)称量

称量物品前,要先调整台秤零点。将台秤游码拨到标尺"0"处,检查台秤指针是否停在刻度盘中间位置,若不在中间位置,可调节台秤托盘下侧的平衡调节螺丝。当指针在刻度盘中间位置左右摆动大致相等时,则台秤处于平衡状态,停摇时,指针即可停在刻度盘中间位置。该位置即为台秤的零点。零点调好后方可称量物品。

称量时,左盘放被称物品,右盘放砝码(10 g 或 5 g 以下的质量,可用游码),用游码调节至指针正好停在刻度盘中间位置,此时台秤处于平衡状态,指针所停位置称为停点(零点与停点之间的允许偏差在 1 小格以内),右盘上砝码的总质量与游码上读出的质量相加即得被称物品的质量。

3)注意事项

使用台秤应注意以下几点:不能称量热的物品;被称物品不能直接放在台秤托盘上,应放在称量纸、表面皿上或其他容器中;吸湿性强或有腐蚀性的药品(如氢氧化钠)必须放在玻璃容器中快速称量;砝码只能放在台秤托盘上(大的放在中间,小的放在大的周围)和砝码盒里,必须用镊子夹取;称量完毕应立即将砝码放回砝码盒内,将游码拨到"0"处,把托盘放在一侧或用橡皮圈将横梁固定,以免台秤摆动;保持台秤的整洁,托盘上不慎撒上药品或其他脏物时,应立即将其清除、擦净后,方能继续使用。

2. 电子天平

通过电磁力矩的调节使物体在重力场中实现力矩平衡的天平称为电子天平(图 2-16)。电子天平是最新一代的天平,可直接称量,全量程不需砝码,放上被称物品后,在几秒钟内即可达到平衡。电子天平具有称量速度快、精度高、使用寿命长、性能稳定、操作简便和灵敏度高的特点,其应用越来越广泛,并逐步取代机械天平。

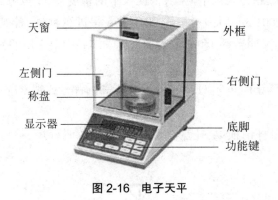

图 2-16　电子天平

1)结构

电子天平的外框为优质合金框架,上部有一个可以移动开的天窗,左、右各有一个可以移动开的侧门,天窗和侧门供称量或清理天平内部时使用。电子天平底座的下部有 3 个底脚(前 1 后 2),是电子天平的支撑部件,同时也是电子天平的水平调节器。调节天平的水平时,旋动后面的底脚即可。称盘由优质金属材料制成,是承受物品重量的装置,使用时要注意清洁,随时用毛刷除去洒落的药品或灰尘。水平仪位于天平侧门里左侧一角,用来指示天平是否处于水平状态。前部面板上分布着功能键,其中 ON 为开机键,OFF 为关机键,TARE 为去皮或清零键,CAL 为自动校准键。

2)电子天平的使用方法

(1)检查并调整天平至水平位置。

(2)检查电源电压是否匹配(必要时配置稳压器),按仪器要求通电预热,预热时间不短于 30 min。

(3)按一下 ON 键,显示器显示"0.0000 g",如果显示的不是"0.0000 g",应进行校准。方法是按 TARE 键,稳定地显示"0.0000 g"后,按一下 CAL 键,天平将自动进行校准,屏幕上显示"CAL",表示正在进行校准。"CAL"消失后,表示校准完毕,即可进行称量。

(4)将待称物品轻轻放在称盘上,轻按一下 TARE 键,天平将自动校对零点,打开电子天平侧门,逐渐加入待称物品,直到所需质量,然后关闭侧门,待显示屏上的数字稳定并出现质量单位 g 后,即可读数(最好再等几秒钟),显示屏所显示的数值即为所需物品的质量。

(5)称量结束后应及时移去物品,关上侧门,切断电源,盖好天平罩。

3)注意事项

电子天平应放置在牢固平稳的水泥台或木质台上,室内要求清洁、干燥及保持较恒定的温度,同时应避免光线直接照射到天平上。称量时应从侧门取放物品,读数时应关闭箱门,以免空气流动引起天平摆动。天窗仅在检修或清除残留物品时使用。若长时间不使用,则应定时通电预热,每周一次,每次预热2 h,以确保仪器始终处于良好状态。天平内应放置吸潮剂(如硅胶),当吸潮剂吸水变为红色时,应予以更换,以确保干燥剂的吸湿性能。具有挥发性、腐蚀性或强酸强碱性的物质应盛于带盖称量瓶内称量,以防止腐蚀天平。

二、度量仪器

根据需要,可用量筒、移液管、容量瓶和滴定管等度量液体体积。这些度量仪器的相关介绍详见第三章。

三、其他常用仪器

(1)电吹风:可吹冷风、热风,供干燥玻璃仪器用。电吹风宜放在干燥处,防潮、防腐蚀,每季加润滑油一次。

(2)调压变压器:它是调节电源电压的一种仪器,常用来调节电动搅拌器的转速和电热套的温度。调节时应缓慢旋转旋钮,防止因剧烈摩擦产生火花而使碳刷接触点受损;不宜长期带负载使用,否则容易烧毁;使用完毕应将旋钮调回零位,再切断电源。调压变压器应放在干燥处,防潮、防腐蚀。

(3)电动搅拌机:起搅拌作用,用调压变压器控制转速,不适合搅拌很黏稠的反应物。若超负载使用,或通电后马达不转(由于负载过重、反应物太黏稠或装置卡住),很容易发热烧毁。保管时要防潮、防腐蚀,每季加润滑油一次。

(4)电热干燥箱(烘箱):用于干燥玻璃仪器或烘干不挥发、无腐蚀性、加热时不分解的药品。挥发性易燃物或以酒精、丙酮淋洗过的玻璃仪器切勿放入烘箱,以免爆炸。往已开启的烘箱里放玻璃仪器时,应由上而下依次放入,以免残留水滴淌下使已烘热的玻璃仪器炸裂。取已烘干的仪器时,应用干布垫手,防止烫伤。刚取出的玻璃仪器不能遇水,以防炸裂。若无水要求较高,取出的热玻璃仪器可用电吹风吹入冷风使其冷却,以免因自行冷却而凝上水汽(特别在气温较低、湿度较大时)。

(5)磁力搅拌器:主要由可以旋转的磁铁和控制转速的电位器组成。使用时,向盛有需要搅拌的反应物的容器中投入一根由塑料(多数是聚四氟乙烯)或玻璃封住的小磁棒(又称搅拌子),将容器置于磁力搅拌器上,接通电源后,慢慢旋转控制旋钮,调至所需速度进行搅拌。欲停止搅拌时,先将旋钮慢慢转到零位,再切断电源。有的磁力搅拌器还带有加热装置。使用时不能让水漏进磁力搅拌器内部,以防短路,烧毁马达。磁力搅拌器宜放在干燥处保管,防潮、防腐蚀。

(6)旋转蒸发仪:用于蒸发溶剂。操作时由于烧瓶在不断旋转,不会暴沸。由于液体表面积很大,蒸发速度快,可加快实验进度,旋转蒸发仪已成为现代有机化学实验室中常用的仪器之一。

(7)电热套:它是常用的加热装置之一。虽然用电热套加热不及用油浴加热的温度均匀,但比用煤气灯、石棉网加热均匀得多,也比较安全。其最高使用温度比油浴高,可达250 ℃左右。

（8）气流烘干器：用于烘干玻璃仪器。

（9）钢瓶：在有机化学实验中经常用到氢气、氧气、氮气、二氧化碳、氯气等气体，通常这些气体都是在加压的情况下贮存于钢瓶（或称高压气瓶）中的。由于各种气体性质不同，对钢瓶的要求也不同。为了防止各种钢瓶混用，统一规定了钢瓶的颜色和标记，以示区别。

①我国常用的钢瓶标色如表 2-2 所示。

表 2-2　钢瓶标色

气瓶名称	表面颜色	字样	字样颜色	横条颜色
氮气瓶	黑	氮	黄	棕
压缩空气瓶	黑	压缩空气	白	—
二氧化碳气瓶	黑	二氧化碳	黄	—
氧气瓶	天蓝	氧	黑	—
氢气瓶	深绿	氢	红	红
氯气瓶	草绿	氯	白	白

②使用钢瓶时应注意以下事项。

（a）钢瓶应放置在阴凉、干燥、通风以及远离热源的地方，避免日光直晒，防止水浸，防止与强酸、强碱接触。要将钢瓶固定在一定地方。

（b）搬运钢瓶时要旋上瓶帽，轻拿轻放，防止摔碰或剧烈振动。有的钢瓶是玻璃钢制的，应避免尖锐硬物刺伤钢瓶。

（c）钢瓶中气体不可用完，一般应留有 0.5% 以上的气体，以防止重新灌气时发生危险（例如氢气钢瓶，若氢气用完可能漏入氧气，重灌氢气就会发生危险）。

（d）钢瓶应定期试压检验，逾期未经检验者不得使用。

（e）钢瓶的阀门若已锈蚀无法打开，切勿乱敲、乱拔，以免发生危险。遇此情况应将钢瓶送专门地方处理。

（f）钢瓶使用时都要用减压表。一般可燃性气体钢瓶阀门的螺丝是反向的，不燃或助燃气体钢瓶阀门的螺丝是正向的。各种减压表不可混用。开启阀门时应站在减压表另一侧，以防减压表脱出而被击伤。

（10）减压表：减压表由指示钢瓶压力的总压力表（又称高压表）、控制压力的减压阀（或称调压阀）、减压后的分压力表（又称低压表）以及控制低压气体气流的针形阀组成。使用时，把减压表与钢瓶连接好，将减压阀调至最松位置（即关闭状态，平时不使用时，都应调至此位置），然后打开钢瓶上的总气阀门，这时总压力表所示即为钢瓶内气体的压力。再缓慢旋转调压阀，调节到所需的输出压力（由分压力表显示），慢慢打开针形阀，将气体输入反应系统。使用完毕后，先关紧总气阀门，待总压力表与分压力表均指到零时，再旋松调压阀，关上针形阀。

四、配制溶液

在化学实验中，常需配制各种溶液来满足不同实验的要求。如实验对溶液浓度的准确性要求不高,一般利用台秤、量筒及带刻度烧杯等低准确度的仪器来粗配溶液即可;如要求较高,则须使用移液管、分析天平等高准确度的仪器精确配制溶液。不论是哪种配制方法,首先都要计算所需试剂的用量,然后进行配制。

1. 粗略配制溶液的方法

先计算出配制溶液所需的试剂用量,用台秤称取所需的固体试剂,加入带刻度烧杯中,加入少量蒸馏水搅拌使固体完全溶解后,冷却至室温,用蒸馏水稀释至刻度,即得所需浓度的溶液。也可将冷却至室温的溶液用玻璃棒移入量筒或量杯中,用少量蒸馏水洗涤烧杯和玻璃棒 2 至 3 次,将洗涤液也移入量筒,再用蒸馏水定容。

若用液体试剂配制溶液,则先计算出所需液体试剂的体积,用量筒或量杯量取所需液体,倒入装有少量水的烧杯中混合,待溶液冷却至室温,用蒸馏水稀释至刻度即可。

配好的溶液不可在烧杯或量筒中久存,混合均匀后,要移入试剂瓶中,贴上标签备用。

2. 精确配制溶液的方法

先算出所需试剂用量,用分析天平（或电子天平）准确称取固体试剂,倒入烧杯中,加少量蒸馏水搅拌使之完全溶解,冷却至室温,将溶液移入容量瓶（与所配溶液体积相同）中,用少量蒸馏水洗涤烧杯和玻璃棒 2 至 3 次,将洗涤液也移入容量瓶,再加蒸馏水定容,摇匀溶液后,移入试剂瓶中,贴上标签备用。

用浓溶液稀释配制稀溶液时,先计算出所需液体试剂的体积,用移液管或吸量管直接将所需液体移入容量瓶中,然后按要求稀释定容即可。配好的溶液最后也要移入试剂瓶中保存。

配制饱和溶液时,应加入比计算量稍多的溶质,先加热使其完全溶解,然后冷却,待结晶析出后再用,这样可保证溶液饱和。配制易水解的盐溶液时,不能直接将盐溶解在水中,而应先溶解在相应的酸溶液或碱溶液中,然后用蒸馏水稀释到所需的浓度,这样可防止盐水解。对于易氧化的低价金属盐类,不仅需要酸化溶液,而且应在溶液中加入少量相应的纯金属,以防低价金属离子被氧化。配好的溶液要保存在试剂瓶中,并贴好标签,注明溶液的浓度、名称以及配制日期。

第七章　气体的制备与收集

一、气体的制备

在实验室制备气体,可以根据所使用反应原料的状态及反应条件,选择不同的方法和反应装置进行制备。在实验室制取少量无机气体,常采用图 2-17、图 2-18 和图 2-19 所示装置。实验室制气,按反应物状态及反应条件,可分为四大类:第一类为固体或固体混合物加热的反应,此类反应一般采用图 2-17 所示装置;第二类为不溶于水的块状或粒状固体与液体之间不需加热的反应,一般选用图 2-18 所示装置;第三类为固液之间需加热的反应,或粉末状固体与液体间不需加热的反应,应使用图 2-19 所示装置;第四类为液液之间的反应,此类反应常需加热,也采用图 2-19 所示装置。

图 2-17　固体加热制气装置　　　图 2-18　启普发生器 1　　　图 2-19　气体发生装置

1. 固体加热制气装置

固体加热制气装置(图 2-17)一般由硬质试管、带导气管的单孔橡胶塞、铁架台、加热灯具(酒精灯或煤气灯)组成,适用于在加热的条件下,利用固体反应物制备气体(如 O_2、NH_3、N_2 等)。使用本装置时应注意使管口稍向下倾斜,以免加热反应时,在管口冷凝的水滴倒流到试管灼烧处而使试管炸裂,同时注意塞紧管口带导气管的橡胶塞,以免漏气。加热时,先用小火对试管进行均匀预热,然后将加热灯具放到有试剂的部位进行加热使之发生反应。

2. 启普发生器

启普发生器适用于不溶于水的块状或粗粒状固体与液体试剂间的反应,在不需加热的条件下制备气体,如 H_2、CO_2、H_2S 等。

启普发生器由球形漏斗和葫芦状玻璃容器(以下简称"葫芦体")两部分组成(图 2-20)。葫芦体由球体和半球体构成,球体上侧有气体出口,出口与配有玻璃旋塞(或单孔橡胶塞)的导气管连接,利用玻璃旋塞来控制气体流量;葫芦体的下部有一个液体出口,用于排放反应后的废液,反应时用磨口的玻璃塞或橡胶塞塞紧。如果用发生器制取有毒的气体(如 H_2S),应在球形漏斗口上安装安全漏斗(图 2-20(b)),在其弯管中加进少量水,利用水的液封作用防止毒气逸出。

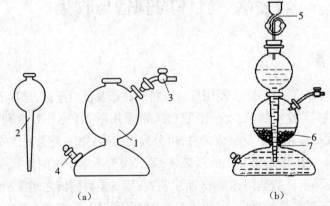

(a)　　　　　　　　　　(b)

1—葫芦状玻璃容器;2—球形漏斗;3—旋塞导气管;4—下口塞;5—安全漏斗;6—固体药品;7—玻璃棉

图 2-20　启普发生器 2

(a)拆分后的启普发生器　(b)带安全漏斗的启普发生器

启普发生器的使用方法如下。

（1）装配：在球形漏斗颈、半球部分的玻璃塞及导气管的玻璃旋塞的磨砂部分均匀涂抹一薄层凡士林，插好漏斗和旋塞并旋转，使之装配严密，以免漏气（图2-21）。

（2）检查气密性：打开导气管旋塞，从球形漏斗口注水至充满半球体，先检查半球体上的玻璃塞是否漏水，若漏水需重新处理塞子（取出擦干，重涂凡士林，塞紧后再检查）。若不漏水，关闭导气管旋塞，继续加水，至水到达漏斗球体一定位置时停止加水，记下水面的位置，静置片刻，然后观察水面是否下降。若水面不下降，则表明不漏气，可以使用，否则应找出漏气的原因并进行处理。最后，从下面废液出口处将水放掉，并塞紧下口塞。

（3）加料：加料前，在启普发生器中间圆球体底部与球形漏斗下部之间的间隙处，首先放置一些玻璃棉或橡胶垫圈（图2-20（b）），以免固体落入葫芦体下半球内。然后将固体从球体上侧气体出口加入（图2-22），加入量不宜超过球体的1/3，否则固液反应激烈，液体很容易被气体从导管中冲出。最后塞好塞子，打开导气管上的旋塞，从球形漏斗口加入液体，待加入的液体恰好与固体试剂接触时，立即关闭导气管的旋塞。加入的液体不宜过多，以免产生的气体量太多而把液体从球形漏斗中压出去。

图2-21　涂凡士林　　　　　　　　图2-22　装填固体

（4）制备气体：制气时，打开导气管旋塞，由于压力差，液体试剂自动从漏斗下降至中间球内与固体试剂接触而产生气体。停止制气时，关闭导气管旋塞，由于中间球体内继续产生的气体使压力增大，将液体压到球形漏斗中，使固体与液体分离，反应自动停止。再需要气体时，只要打开旋塞即可，产生气流的速度可通过调节旋塞来控制。

（5）添加或更换试剂：当发生器中的固体即将用完或液体试剂变得太稀时，反应逐渐变得缓慢，生成的气体量不足，此时应及时补充固体或更换液体试剂。更换或添加固体时，先关闭旋塞，将液体压入球形漏斗中，使其与固体分离，然后用橡胶塞将球形漏斗的上口塞紧，接着取下气体出口的塞子，即可从侧口更换或添加固体。中途更换液体试剂时（或实验结束后），先关闭旋塞，用塞子将球形漏斗的上口塞紧，然后用左手握住葫芦体半球体上部凹进部位，即所谓"蜂腰"部位，把发生器先仰放在废液缸上，使废液出口朝上，再拔出下口塞子，倾斜发生器，使下口对准废液缸，慢慢松开球形漏斗的橡胶塞，控制空气的进入速度，让废液缓缓流出（图2-23）。废液倒出后把下口塞塞紧，重新从球形漏斗口添加液体。中途更换液体试剂的另一种更方便和常用的方法是，先关闭旋塞，将液体压入球形漏斗中，然后用移液管将用过的液体抽吸出来，也可用虹吸管吸出，吸出液体量视需要而定，吸出废液后，即可添加新液体。

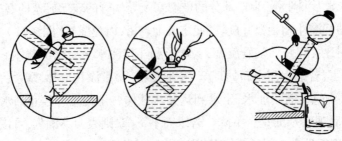

图 2-23　中途更换液体试剂

（6）清理：实验结束后，将废液倒入废液缸内（或回收）。剩余固体倒出洗净回收。仪器洗净晾干后，应在球形漏斗与球形容器连接处以及液体出口与玻璃旋塞间夹上纸条，以免长时间不用，磨口粘连在一起而无法打开。

使用启普发生器的注意事项如下。

①启普发生器不能加热。

②所用固体必须是颗粒较大或块状的固体。

③移动（或拿取）启普发生器时，应用手握住"蜂腰"部位，绝不可用手提（握）球形漏斗，以免葫芦体脱落打碎，造成伤害事故（图 2-24）。

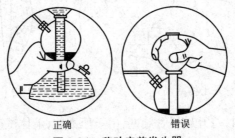

正确　　　　错误

图 2-24　移动启普发生器

二、气体的净化与干燥

在实验室中通过化学反应制备的气体一般含有水汽、酸雾等杂质。如果要求得到纯净、干燥的气体，则必须对产生的气体进行净化处理。通常使气体分别通过装有某些液体或固体试剂的洗气瓶、吸收干燥塔或 U 形管等装置（图 2-25），通过化学反应或者吸收、吸附等物理化学过程将杂质去除，达到净化的目的。液体试剂使用洗气瓶，而固体试剂一般选用干燥塔或 U 形管。各种气体的性质及所含的杂质虽不同，但通常都是先除杂质，再将气体干燥。

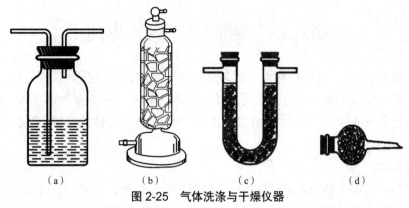

图 2-25　气体洗涤与干燥仪器
(a)洗气瓶　(b)干燥塔　(c)U 形管　(d)干燥管

要根据气体中杂质的性质选用合适的反应剂与其反应。对于还原性气体杂质,可用适当的氧化剂去除,如 SO_2、H_2S、AsH_3 等可使用 $K_2Cr_2O_7$ 与 H_2SO_4 组成的铬酸溶液或 $KMnO_4$ 与 KOH 组成的碱性溶液洗涤而除掉;对于氧化性气体杂质,可选择适当的还原性试剂去除,如杂质 O_2 可通过灼热的 Cu 粉、$CrCl_2$ 的酸性溶液或 $Na_2S_2O_4$(保险粉)溶液除掉;对于酸性、碱性气体杂质,宜分别选用碱性溶液、不挥发性酸液除掉,如 CO_2 可用 NaOH 溶液,NH_3 可用稀 H_2SO_4 溶液等。此外,许多化学反应都可以用来去除气体杂质,如用 $Pb(NO_3)_2$ 溶液除掉 H_2S,用石灰水或 Na_2CO_3 溶液去除 CO_2,用 KOH 溶液去除 Cl_2,等等。

选择除杂方法时,还应考虑所制备气体本身的性质。因此,相同的杂质,在不同的气体中,去除的方法可能不同。例如,制备的 N_2 和 H_2S 气体中都含有 O_2 杂质,N_2 气体中的 O_2 可用灼热的 Cu 粉除去,而 H_2S 气体中的 O_2 应选用 $CrCl_2$ 酸性溶液洗涤的方法去除。

气体中的酸雾可用水或玻璃棉除去。

对于除掉了杂质的气体,叮根据气体的性质选择不同的干燥剂进行干燥。选择干燥剂的基本原则是:气体不能与干燥剂反应。如具有碱性或还原性的气体(NH_3、H_2S 等),不能用浓 H_2SO_4 干燥。常用的气体干燥剂见表 2-3。

表 2-3　常用的气体干燥剂

气体	干燥剂	气体	干燥剂
H_2	$CaCl_2$、P_2O_5、浓 H_2SO_4	H_2S	$CaCl_2$
O_2	$CaCl_2$、P_2O_5、浓 H_2SO_4	NH_3	CaO 或 CaO-KOH
Cl_2	$CaCl_2$	NO	$Ca(NO_3)_2$
N_2	$CaCl_2$、P_2O_5、浓 H_2SO_4	HCl	$CaCl_2$
O_3	$CaCl_2$	HBr	$CaBr_2$
CO	$CaCl_2$、P_2O_5、浓 H_2SO_4	HI	CaI_2
CO_2	$CaCl_2$、P_2O_5、浓 H_2SO_4	SO_2	$CaCl_2$、P_2O_5、浓 H_2SO_4

第八章　物质的分离和提纯

在化学实验中,为了使反应物混合均匀迅速进行反应,或提纯固体物质,常常将固体物质溶解。当液相反应生成难溶的新物质,或加入沉淀剂除去溶液中某种离子时,常常需要将所生成的沉淀物从液相中分离出来,并进行洗涤。因此,掌握固体的溶解、蒸发、结晶和固液分离方法是十分必要的。

1. 固体溶解

将固体物质溶解于某一溶剂中形成溶液的过程称为溶解,该过程遵从相似相溶规律,即溶质在与它结构相似的溶剂中较易溶解。因此溶解固体时,要根据固体物质的性质选择适当的溶剂。此外,考虑到温度对物质溶解度及溶解速度的影响,可采用加热及搅拌等方法加速溶解。

固体溶解操作的一般步骤如下。

(1)研细固体。若待溶解固体颗粒极细或极易溶解,则不必研磨。易潮解及易风化固体不可研磨。

(2)加入溶剂。所加溶剂量应能使固体粉末完全溶解而又不致过量太多,必要时应根据固体的量及其在该温度下的溶解度计算或估算所需溶剂的量,再按量加入。

(3)搅拌溶解(图2-26)。搅拌可以使溶解速度加快。用玻璃棒搅拌时,应手持玻璃棒并转动手腕,用微力使玻璃棒在液体中均匀地转圈,使溶质和溶剂充分接触而加速溶解。搅拌时不可使玻璃棒碰到器壁(图2-27),以免损坏容器。

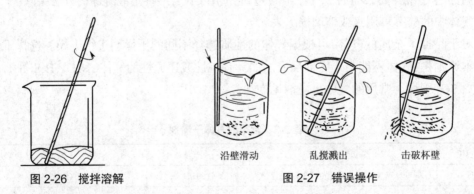

图2-26　搅拌溶解　　　　　沿壁滑动　　乱搅溅出　　击破杯壁　　图2-27　错误操作

(4)必要时应加热。加热一般可加速溶解过程,应根据物质对热的稳定性选用直接加热或水浴等间接加热方法。热解温度低于100 ℃的物质不宜直接加热。

2. 蒸发和结晶

为使溶解在较大量溶剂中的溶质从溶液中分离出来,常采用蒸发浓缩和冷却结晶的方法。溶剂受热不断蒸发,当蒸发至溶质在溶液中处于过饱和状态时,溶液经冷却便有结晶析出,经固液分离处理后得到该溶质的晶体。

蒸发皿具有大的蒸发表面,有利于液体的蒸发,故常压蒸发浓缩通常在蒸发皿中进行。

蒸发时蒸发皿中的盛液量不应超过其容量的 2/3。加热方式视被加热物质的热稳定性而定。对热稳定的无机物,可以直接加热。一般情况下采用水浴加热,水浴加热蒸发速度较慢,蒸发过程易控制。

蒸发时不宜把溶剂蒸干,少量溶剂的存在可以使一些微量的杂质由于未达饱和而不至于析出,这样得到的结晶较为纯净。由于不同物质的溶解度往往相差很大,所以控制好蒸发程度是非常重要的。对于溶解度随温度变化不大的物质,为了获得较多的晶体,应蒸发至有较多结晶析出,将溶液静置冷却至室温,便会得到大量结晶和少量残液(母液)共存的混合物,经分离后得到所需的晶体;若物质在高温时溶解度很大而在低温时变小,一般蒸发至溶液表面出现晶膜(液面上有一层薄薄的晶体),冷却即可析出晶体。某些结晶水合物在不同温度下析出时所带结晶水数目不同,制备此类化合物时应注意满足其结晶水条件。

向过饱和溶液中加入一小粒晶体(称为"晶种")或者用玻璃棒摩擦器壁,可加速晶体析出。析出晶体的颗粒大小与结晶条件有关。如果溶液浓度高、快速冷却并加以搅拌,则会析出细小晶体。这是由于短时间内产生了大量的晶核,晶核形成速度大于晶体生长速度。而溶液浓度较低或静置溶液并缓慢冷却则有利于大晶体生成。从纯度上看,小晶体由于结晶完美,表面积小,夹带的母液少,易于洗净,因此小晶体纯度高。

为了得到纯度更高的物质,可将第一次结晶得到的晶体加入适量的蒸馏水(水量以在加热温度下固体刚好完全溶解为宜)加热溶解后,趁热将其中的不溶物滤除,然后再次进行蒸发、结晶。这种操作叫作重结晶。根据纯度要求可以进行多次结晶。在重结晶操作中,为避免所需溶质损失过多,结晶析出后残存的母液不宜过多。因此,杂质含量较高的样品,直接用重结晶的方法进行纯化,往往达不到预期的效果。一般认为,杂质含量高于 5% 的样品,必须采用其他方法进行初步提纯后,再进行重结晶。

3. 固液分离

溶液和沉淀的分离方法有三种:倾析法、过滤法、离心法。应根据沉淀的形状、性质及数量,选用合适的分离方法。这里主要介绍倾析法和过滤法。

1)倾析法

此法适用于相对密度较大的沉淀或大颗粒晶体等静置后能较快沉降的固体的固液分离。

倾析法分离的操作方法是:先将待分离的物料置于烧杯中,静置,待固体沉降完全后,将玻璃棒横放在烧杯嘴,小心沿玻璃棒将上层清液缓慢倾入另一烧杯内,残液要尽量倾出,使沉淀与溶液分离完全。留在杯底的固体还黏附着残液,要用洗涤液洗涤除去。洗涤时先洗玻璃棒,再洗烧杯壁,将上面黏附的固体冲至杯底,搅拌均匀后,再重复上述静置沉降再倾析的操作,反复几次(一般 2~3 次即可),直至洗涤干净符合要求为止。洗涤液一般用量不宜过多。

2)过滤法

过滤是最常用的固液分离方法之一。过滤时,沉淀和溶液经过过滤器,沉淀留在过滤器上,溶液则通过过滤器而进入接收容器中,所得溶液称为滤液。常用的过滤方法有常压过滤

（普通过滤）、减压过滤（抽滤）和加热过滤三种。能将固体截留住只让溶液通过的材料除了滤纸之外，还有其他一些纤维状物质以及特制的微孔玻璃漏斗等。下面仅介绍最常用的滤纸过滤法。

（1）常压过滤法。

此法较为简单、常用，使用漏斗和滤纸进行。当沉淀物为胶体或细小晶体时，用此方法过滤较好。其缺点是过滤速度较慢。

①漏斗的选择：漏斗多为玻璃的，也有搪瓷的，通常分为长颈和短颈两种。玻璃漏斗锥体的角度为60°，颈直径通常为3~5 mm，若太粗，不易保留水柱。普通漏斗的规格按斗径（深）划分，常用的有30、40、60、100、120 mm等几种，选用的漏斗大小应以能容纳沉淀量为宜。若过滤后欲获取滤液，应按滤液的体积选择斗径大小适当的漏斗。在进行质量分析时，则必须用长颈漏斗。

②滤纸的选择：滤纸有定性滤纸和定量滤纸两种，除了对沉淀作质量分析外，一般选用定性滤纸。滤纸按孔隙大小又分为快速、中速、慢速三种，按直径大小分为7、9、12.5、15 cm等几种。应根据沉淀的性质选择滤纸的类型：对于细晶型沉淀，应选用慢速滤纸；对于粗晶型沉淀，宜选用中速滤纸；对于胶状沉淀，需选用快速滤纸。根据沉淀量的多少选择滤纸的大小，一般要求沉淀的总体积不得超过滤纸锥体高度的1/3。滤纸的大小还应与漏斗的大小相适应，一般滤纸上沿应低于漏斗上沿0.5~1 cm。

③滤纸的折叠：折叠滤纸前应先把手洗净擦干。选取一块合适大小的圆形滤纸对折两次（方形滤纸需剪成扇形），折痕不要压死，展开后呈圆锥形，内角成60°，恰好能与漏斗内壁密合。如果漏斗的角度大于或小于60°，应适当改变滤纸折叠的角度使之与漏斗壁密合。折叠好的滤纸还要在三层纸那边将外面两层撕去一个小角，以保证滤纸上沿能与漏斗壁密合而无气泡。

④滤纸的安放：安放时，用食指将滤纸按在漏斗内壁上（图2-28），用少量蒸馏水润湿滤纸，用玻璃棒轻压滤纸四周，赶去滤纸与漏斗壁间的气泡，务必使滤纸紧贴在漏斗壁上。为加快过滤速度，应使漏斗颈部形成完整的水柱。为此，加蒸馏水至滤纸边缘，让水全部流下，漏斗颈部内应充满水。若未形成完整的水柱，可用手指堵住漏斗下口。稍掀起滤纸的一边用洗瓶向滤纸和漏斗空隙处加水，使漏斗和锥体被水充满，轻压滤纸边，放开堵住漏斗口的手指，即可形成水柱。

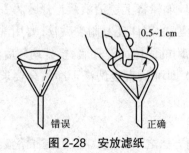

图2-28　安放滤纸

⑤过滤操作（图2-29、图2-30）：将准备好的漏斗放在漏斗架或铁圈上，下面放一个洁净

的容器承接滤液,调整漏斗架或铁圈高度,使漏斗颈斜口尖端一边紧靠接收容器内壁。为避免滤纸孔隙过早被堵塞,过滤时先滤上部清液,后转移沉淀,这样可加快整个过滤的速度。过滤时,应使玻璃棒下端与三层滤纸处接触,将待分离的液体沿玻璃棒注入漏斗,漏斗中的液面高度应略低于滤纸边缘 0.5~1 cm。待溶液转移完毕后,往盛有沉淀的容器中加入少量洗涤剂充分搅拌,然后将上方清液倒入漏斗过滤,如此重复洗涤两三遍,最后将沉淀转移到滤纸上。

⑥沉淀的洗涤:将沉淀全部转移到滤纸上,待漏斗中的溶液完全滤出后,为除去沉淀表面吸附的杂质和残留的母液,仍需在滤纸上洗涤沉淀。其方法是:用洗瓶吹出少量水流,从滤纸边沿稍下部位开始,按螺旋形向下移动(图 2-31),洗涤滤纸上的沉淀和滤纸几次,并借此将沉淀集中到滤纸锥体的下部。洗涤时应注意,切勿使洗涤液突然冲在沉淀上,以免沉淀溅失。为了提高洗涤效率,每次使用少量洗涤液,洗后尽量滤干,多洗几次,通常称为"少量多次"原则。

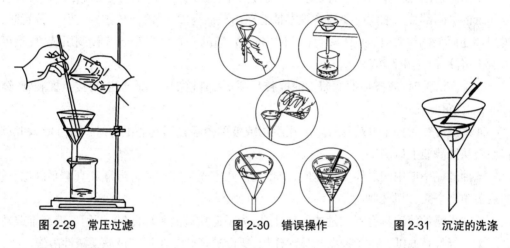

图 2-29　常压过滤　　　　　图 2-30　错误操作　　　　　图 2-31　沉淀的洗涤

(2)减压过滤法。

减压过滤法可以加快过滤速度,也可以将沉淀抽吸得较为干燥。但该法不宜用于过滤胶状沉淀和颗粒太小的沉淀,因为胶状沉淀在快速过滤时易穿透滤纸,颗粒太小的沉淀易在滤纸上形成密实的薄层,使得溶液不易透过。

减压过滤需借助真空泵或水流抽气管完成,它们起着带走空气的作用,使抽滤瓶内减压,从而使布氏漏斗内的溶液因压力差而加快通过滤纸的速度。减压过滤装置(图 2-32)的主要部件包括抽滤瓶、布氏漏斗和抽气装置。

抽滤瓶用来承接滤液,其支管用耐压橡胶支管与抽气系统相连。布氏漏斗为瓷质漏斗,内有一块多孔平板,漏斗颈插入单孔橡胶塞,与抽滤瓶相连。应注意橡胶塞插入抽滤瓶内的部分不能超过塞子高度的 2/3,漏斗颈下端的斜口要对着抽滤瓶的支管口。抽气装置常用真空泵或水流抽气泵(图 2-33)。如要保留滤液,常在抽滤瓶和抽气泵之间安装一个安全瓶,以防止关闭抽气泵或水的流量突然变小时,由于抽滤瓶内压力低于外界大气压而使自来水反吸入抽滤瓶内,弄脏滤液。安装时要注意安全瓶上长管和短管的连接顺序,不要连反。

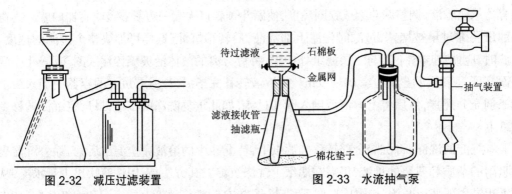

图 2-32　减压过滤装置　　　　　　　　图 2-33　水流抽气泵

减压过滤操作步骤及注意事项如下。

①按图装好仪器后,把滤纸平放入布氏漏斗内,滤纸应略小于漏斗的内径又能将全部小孔盖住。用少量蒸馏水润湿滤纸后,打开真空泵,抽气使滤纸紧贴在漏斗瓷板上。

②用倾析法先转移溶液,溶液量不得超过漏斗容量的 2/3。待溶液快流尽时再转移沉淀至滤纸的中间部分。抽滤时要注意观察抽滤瓶内液面高度,当液面快达到支管口位置时,应拔掉抽滤瓶上的橡胶管,从抽滤瓶上口倒出溶液,瓶的支管口只用于连接调压装置,不可从中倒出溶液,以免弄脏溶液。

③洗涤沉淀时,应拔掉抽滤瓶上的橡胶管,用少量洗涤剂润湿沉淀,再接上橡胶管,继续抽滤,如此重复几次。

④将沉淀尽量抽干,取下抽滤瓶,用手指或玻璃棒轻轻揭起滤纸边缘,取出滤纸和沉淀。将滤液从抽滤瓶上口倒出。

⑤抽滤完毕或中间需停止抽滤时,应特别注意需先拔掉连接抽滤瓶和真空泵的橡胶管,然后关闭真空泵,以防倒吸。

⑥如过滤的溶液具有强酸性或强氧化性,为了避免溶液破坏滤纸,可用玻璃纤维或玻璃砂芯漏斗等代替滤纸。由于碱易与玻璃作用,所以玻璃砂漏斗不宜过滤强碱性溶液。

（3）加热过滤法。

把玻璃漏斗套在一个金属制的漏斗套中,套内两壁间充水,如溶剂是水,可加热热水漏斗的侧管,见图 2-34;如溶剂是可燃性的,过滤时应先熄灭火焰。过滤时要先用少量热溶剂润湿滤纸,避免在过滤时因滤纸吸附溶剂而使结晶析出。

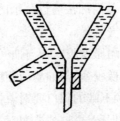

图 2-34　热水漏斗

加热过滤法的优点是,在热水漏斗的保温下可防止在过滤过程中因温度降低而在滤纸上或漏斗颈部析出结晶。如在加热过滤时滤纸上或漏斗颈部有晶体析出,必须用小刀把晶体刮下,用玻璃棒把晶体慢慢捅出,置于原来的瓶中,加适量溶剂加热溶解后再进行过滤。

　　加热过滤时,常使用有效面积较大的折叠型滤纸,俗称折叠滤纸或菊花形滤纸。其折叠方法如下:将双层的半圆形滤纸对折,得折痕 1—2、2—3、2—4,再折成八个等份,即在 2—3与 2—4 之间对折出 2—5,在 1—2 与 2—4 间对折出 2—6,再在 1—2 与 2—6、2—6 与 2—4、2—4 与 2—5、2—5 与 2—3 间对折出 2—10、2—8、2—7、2—9。从上述折痕的相反方向,在相邻两个折痕间都对折一次,乃呈双层的扇形,最后拉开双层即可得菊花形滤纸,见图2-35。

　　折叠时勿折至滤纸的中心,否则,因中心太薄易在过滤时破裂。

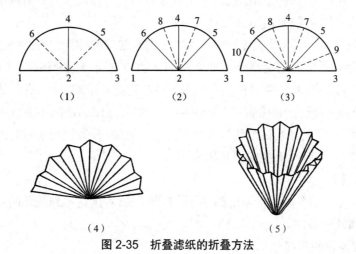

图 2-35　折叠滤纸的折叠方法

第三单元　实验基本操作与技能(二)

第九章　重结晶

通过化学方法制备的或从自然界得到的物质往往是不纯的,必须经过提纯才能得到纯品。提纯物质常用的方法是重结晶法。利用待提纯物质与杂质在同一溶剂中的溶解性能的差异将其分离的操作称为重结晶(Recrystallization)。

物质在溶剂中的溶解度受温度影响很大。一般来说,升高温度会使物质的溶解度增大,而降低温度则使物质的溶解度减小。如果将固体物质制成热饱和溶液,然后使其冷却,这时,由于溶解度下降,原来的热饱和溶液变成了冷的过饱和溶液,因而有晶体析出。同一种溶剂对于不同的物质而言,其溶解性是不同的。重结晶操作就是利用混合物中各组分在某种溶剂中的溶解度不同,经热过滤将溶解性差的杂质滤除,或者让溶解性好的杂质在冷却结晶过程中仍保留在母液中,而使它们互相分离。

1. 溶剂的选择

在重结晶法中,选择一种适当的溶剂是非常重要的,否则达不到纯化的目的。理想的溶剂必须满足下面几个条件。

(1)与待提纯物质不起化学反应。

(2)在该溶剂中,待提纯物质必须具备在较高温度时溶解度较大、在较低温度时溶解度较小的特性。

(3)对杂质的溶解度应非常小或非常大,这样杂质可在趁热过滤时作为不溶解组分或在冷却后抽滤时作为溶解组分而被除去。

(4)在该溶剂中,待提纯物质能生成较好的结晶。

(5)溶剂的沸点不宜太低,也不宜太高。溶剂的沸点太低时,待提纯物质的溶解度改变不大,会降低收率且给操作带来不便;溶剂的沸点太高时,其挥发性小,附着在晶体表面时不易被去除。

常用溶剂有水、乙醇、苯、石油醚、氯仿、乙酸乙酯等。如同时有几种溶剂都适用,可根据产品的收率,溶剂的毒性、易燃性、价格,操作难易等因素择优选用。

在选择溶剂时还必须考虑到溶质的结构,因为溶质往往易溶于与其结构近似的溶剂中,即遵循相似相溶原理。综上所述,溶剂的最终选择还要通过实验来确定。其方法是:将0.1 g待提纯物质的固体粉末置于一只小试管中,逐滴滴加溶剂,不断振荡,待加入的溶剂约为1 mL时,小心加热至沸(注意溶剂的可燃性),如完全溶解且冷却后能析出很多晶体,这种溶剂一般认为是可用的;如样品在冷却或温热时都溶于1 mL溶剂中,则这种溶剂不合用;若样品不溶于1 mL沸腾的溶剂中,分批加入溶剂,每次加入约0.5 mL,并加热至沸,总共用 3 mL 热溶剂而样品仍未溶解,则这种溶剂不合用;若样品溶于 3 mL 以内的热溶剂中,冷却后却无结晶析出,则这种溶剂不合用。

按照上述方法逐一试验不同的溶剂,如发现冷却后有结晶析出的,比较其结晶收率,选择结晶收率最高的作为重结晶的溶剂。

当难以选择一种合用的溶剂时,常使用混合溶剂。其中一种较易溶解待提纯物质,另一种较难溶解待提纯物质,并且两种溶剂能以任何比例完全互溶,使用时两种组分按最佳比例配成。用混合溶剂重结晶时,可将两种溶剂先行混合,其操作与使用单一溶剂时相同,也可先将待提纯物质在接近良溶剂的沸点时溶于良溶剂中,若所得溶液无色透明,则于此溶液中缓慢加入已预热好的不良溶剂,边加边小心振摇,直至热溶液中出现浑浊且不消失时为止。最后,加入少许良溶剂或稍加热使其恰好透明,再将溶液冷却至室温,待晶体析出完全后,抽滤得较纯产品。

常用的混合溶剂有乙醇－水、乙酸－水、丙酮－水、吡啶－水、乙醚－石油醚、苯－石油醚、乙醇－氯仿、乙醇－丙酮等。一般化合物可通过查阅化学手册、化合物制备手册等找出可选择的溶剂或可供选择的溶剂的大致范围。

2. 重结晶操作

1)待提纯物质的溶解

将待提纯物质溶于适当的热溶剂中制成饱和溶液。溶解待提纯物质时,常用锥形瓶或圆底烧瓶做容器。为避免溶剂挥发、可燃溶剂着火及有毒溶剂对人体的伤害,应在容器上装配回流用的冷凝管;如果溶剂是水,可以不用回流装置,添加溶剂时可由冷凝管的上口加入。此外,还应根据溶剂的沸点及可燃性,选择适当的热浴加热方式,以确保操作安全进行。

溶解操作通常是先将样品装入容器,再加入计算量的溶剂,搅拌并加热至沸,直至样品全部溶解。当无法计算溶剂的量时,可先加入少量溶剂,加热至沸,如样品不全溶,再添加少量溶剂,每次加完溶剂后都需加热至沸,直至样品完全溶解。

注意:对于装有冷凝管的装置,必须待锥形瓶或圆底烧瓶里的溶剂温度低于沸点时,才可从冷凝管上口加入溶剂。

要使重结晶得到的产品具有高纯度和高收率,溶剂的用量很关键。一般来说,溶剂不过量可减少样品溶解时的损失,然而在热过滤的过程中却经常使晶体在滤纸上或漏斗颈内析出,造成溶质损失和操作上的麻烦。因此,溶剂的实际用量常比制成饱和溶液时所需的溶剂量要大,多用的量往往控制在所需要量的 20% 以下。

2)趁热过滤

样品全部溶解后,若溶液无色透明,即可趁热过滤除去不溶性杂质;若溶液有色或有树脂状杂质,必须脱色并除去杂质。最常用的方法是:移去热源,待溶液稍冷后(低于沸点),加入占粗产品质量 1%~5% 的活性炭(根据溶液颜色深浅而定),继续煮沸约 2 min,再趁热过滤。

3)晶体的析出

热滤液冷却后,晶体就会析出。用冷浴迅速冷却热滤液并剧烈搅拌,得到的晶体颗粒比在室温下静置、缓缓冷却得到的晶体颗粒小得多。小晶粒内包含的杂质较少,但因总面积大,吸附的杂质就较多。因此,常使滤液在室温或保温的条件下冷却,尽量不搅拌,以期析出颗粒均匀且较大的晶体,提高产品的纯度。容易析出大晶体的有机物,用冷水冷却即可;不容易形成大晶体的有机物,应缓缓冷却。

如滤液冷却后晶体还未析出,可用玻璃棒摩擦液面下的容器壁;也可加入事先准备好的晶种;若无晶种,可用玻璃棒蘸些滤液,待溶剂挥发后,即有晶体析出在玻璃棒上。如果以上方法都不行,加热浓缩滤液也可促使晶体析出。

4)晶体的过滤和收集

一般采用减压过滤的方法分离母液,以除去在溶剂中溶解度大的、仍残留在母液中的杂质,用少量溶剂洗涤晶体几次,抽干后将晶体放在表面皿上。

5)晶体的干燥

在抽滤、洗涤后的晶体表面上,还会吸附少量的溶剂,为此需要将晶体进一步干燥。干燥后的晶体纯度可采用测定其熔点的方法进行鉴定。

第十章　萃取、洗涤与物质的提取

萃取(Extraction)是利用溶质在互不相溶的溶剂里溶解度的不同,用一种溶剂把溶质从其与另一种溶剂所组成的溶液里提取出来的操作。在有机实验中,萃取和洗涤都是从反应后混合物中分离出有机物或从天然产物中析出所需有机物的操作。在此操作过程中,某物质从被溶解或悬浮的相中转移到另一相中。萃取和洗涤的原理是相同的,只是操作的目的不同。如果从混合物中或天然产物中抽取的物质是人们需要的,这种操作称为萃取或提取,反之,叫作洗涤。提取是指通过溶剂处理、蒸馏、脱水、受压力或离心力作用,或通过其他化学或机械工艺过程从物质中制取某种组成成分的操作。

一、实验原理

一种物质在互不相溶的两种溶剂 A 与 B 中都能溶解,当建立平衡后,该物质在两种液相中的浓度比是常数,这就是分配定律。该常数叫作分配系数。其计算式如下:

$$k = c_A / c_B$$

式中:k 为分配系数;c_A 为有机物在溶剂 A 中的溶解度(g/mL);c_B 为有机物在溶剂 B 中的溶解度(g/mL)。

把定量的溶剂分成几份多次萃取,可节省溶剂用量,提高萃取效率。

$$W_n = W_0 [kV / (kV+S)]^n$$

式中:W_n 为溶质在溶剂 A 中的剩余量;W_0 为溶质在溶剂 A 中的初始量;V 为溶液体积(mL);n 为萃取次数;S 为每次加入溶剂 B 的体积(mL)。

例如:在 15 ℃时, 4 g 正丁酸溶于 100 mL 水中,用 100 mL 苯来萃取其中的正丁酸。15 ℃时正丁酸在水与苯中的分配系数为 $k=1/3$,若一次用 100 mL 苯来萃取,则萃取后正丁酸在水溶液中的余量为 $W_1 = 4 \times [(1/3 \times 100)/(1/3 \times 100+100)] = 1.0$ g,则萃取效率为

(4-1)/4 × 100% = 75%

若 100 mL 苯分三次萃取,即每次用 100/3 mL 苯来萃取,经过三次萃取后正丁酸在水溶

液中的剩余量为 W_2=4×[（1/3×100）/（1/3×100+1/3×100）]³=0.5 g，则萃取效率为
（4−0.5）/4×100%=87.5%

故从计算可知，对于一定量的溶剂，分多次萃取的效率高于一次用全量溶剂萃取的效率。

由于有机物在有机溶剂中的溶解度比在水中大，故实际操作时常用有机溶剂将所需的有机物从水相中萃取出来。此外，还常用 5% 的氢氧化钠溶液、5%~10% 的碳酸钠溶液、饱和碳酸氢钠的水溶液、浓硫酸或稀盐酸等与溶在有机相中的有机物反应，以达到从混合物中分离所需物质或除去少量杂质的目的。例如：可用碱性萃取液将有机相中的羧酸转变为可溶于水的羧酸钠盐，随水相分离出来；利用浓硫酸与醇、醚反应生成能溶于浓硫酸的锌盐，而卤代烷不溶于浓硫酸的性质，可用浓硫酸除去卤代烷中含有的少量醇和醚。

二、实验方法

1. 固体物质的提取

固体物质的提取方法很多，如果要提取的固体物质在溶剂中的溶解度不大，最好能采用索氏提取器（Soxhlet Extractor）来提取，见图 3-1。

提取时，把固体物质装入提取器内的滤纸套筒中，溶剂的蒸气从烧瓶上升到冷凝管中，冷凝成液体后又流回到固体物质里，溶剂在提取器内达到一定的高度时，就与所提取的物质一起，从侧面的虹吸管流入烧瓶中。溶剂就这样在仪器内循环流动，达到多次萃取的效果，把要提取的物质富集到烧瓶中。

如果样品量少，可用简易半微量提取器，操作方便，效果也好，见图 3-2。

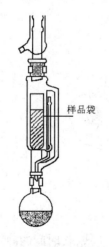

图 3-1　索氏提取器

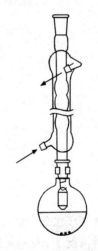

图 3-2　半微量提取器

样品袋

2. 液体的萃取和洗涤

从溶液中（通常是从水溶液中）萃取或洗涤物质是有机化学中重要的基本操作之一。此项操作是用分液漏斗进行的，常用的分液漏斗见图 1-19。

在萃取或洗涤前，应选择大小、形状适宜的漏斗，使加入液体的总体积不超过其容量的 3/4；漏斗的形状越细长，振摇后两液相分层的时间越长，分得越彻底。

选好漏斗后,要认真检查漏斗上的塞子和活塞是否严密。检查的方法通常是用水进行试验。首先拔出活塞,在活塞孔的两旁仔细地涂上凡士林(注意:不要弄进孔内),再塞回原处,旋转至均匀透明,然后加入水振摇,观察是否有水泄漏,泄漏者不能使用。

萃取前还需准备好一个铁架台,台上固定有一个铁圈,圈上缠有石棉绳或其他柔软物,圈的直径应小于漏斗的最大直径,用于放置分液漏斗。

在萃取或洗涤时,先将待萃取液及萃取剂用三角漏斗或借助于玻璃棒从分液漏斗的上口倒入,塞好塞子并将塞子上的凹缝与漏斗上口颈部的小孔错开,振摇漏斗,使两液层充分接触。

振摇的方法是:先将分液漏斗倾斜,使其上口略朝下,右手握住它的上口颈部,用食指根部或手心压紧塞子,以免塞子松动泄漏液体;左手握住活塞,握时既要防止活塞在振摇时转动或脱出,又要能灵活地旋开活塞,如图3-3所示。然后由外向里或由里向外振摇3~5次,开始的振摇要慢,每摇几圈后,下口朝上,慢慢地旋开活塞,放出过量的蒸气或萃取混合物中组分间反应生成的气体,解除漏斗内压力,保持内外压平衡(注意:放气时漏斗颈口不要对准别人)。若用了易挥发的溶剂(如乙醚、苯等)或用碳酸钠中和酸液,更应注意及时旋开活塞,放出气体后,再关闭活塞。以上操作重复数次后,把分液漏斗放在铁圈上,旋转上口塞子,使塞子上的凹缝对准漏斗上口颈部的小口,静置。待分液漏斗内的液体分成清晰的两层以后,把漏斗的下口颈靠在接收器的壁上,旋开活塞,让液体流下。当两相液体间的界面接近活塞时,关闭活塞,按顺时针或逆时针方向轻轻摇动漏斗后再静置片刻,这时下层液体往往会增加一些,仔细地放出下层液体,最后将上层液体由漏斗的上口倒入另一容器中。注意:分液时,下层液体应经活塞放出,上层液体应从上口倒出。分出的上、下两层液体要保存到整个实验结束,否则一旦操作失误,就无法检查和弥补。

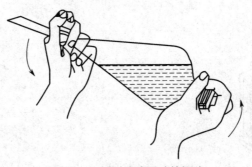

图3-3　振摇时分液漏斗的握法

有时两相液体在振摇后会形成稳定的乳浊液,特别是液体呈强碱性时,更易出现这种乳化现象。在这种情况下,应避免剧烈振荡,如已有乳浊液生成,长时间的静置可达分层的目的。若两相中有一相是水相时,可加入少量氯化钠或饱和食盐水,利用盐析作用促使分层。如两液相密度相差很小,不能清晰分层时,也可加入少量氯化钠促使分层。若因溶液的碱性而产生乳化现象,可加入少量稀硫酸促使分层。

注释:

(1)分液时如果一时不知哪一层是萃取层,则可以通过再加入少量萃取剂来判断:当加入的萃取剂穿过分液漏斗中的上层液溶入下层液,则下层是萃取相;反之,则上层是萃取相。

为了避免出现失误,最好将上下两层都保留到操作结束。

(2)用索氏提取器来提取物质,最显著的优点是节省溶剂。不过,由于待萃取物要在烧瓶中长时间受热,对于受热易分解或易变色的物质就不宜采用这种方法。此外,所使用溶剂的沸点也不宜过高。

第十一章　搅拌与搅拌器

　　搅拌是有机制备实验中常用的一项操作,目的是使反应物间充分混合,避免由于反应物浓度不均匀、受热不均匀导致副反应的发生或有机物分解。通过搅拌,使反应物充分混合,受热均匀,从而缩短反应时间,提高反应产率。

　　搅拌的使用条件如下:

　　(1)反应在非均相体系中进行;

　　(2)反应过程中需逐渐加入原料物;

　　(3)反应产物中有固体,影响反应顺利进行。

一、搅拌方法

　　1)人工搅拌

　　反应时间不长且反应体系中放出无毒气体的简单制备实验可以用此法。

　　2)机械搅拌

　　反应时间较长且反应体系中放出有毒气体的比较复杂的制备实验用此法。机械搅拌又可分为磁力搅拌和电动搅拌两种。

　　(1)磁力搅拌。

　　磁力搅拌常使用磁力搅拌器。磁力搅拌器是有机实验中广泛应用且方便的一种搅拌装置,见图3-4。

图3-4　磁力搅拌器

　　它主要由一个电动小马达带动的可旋转的磁铁和一个密封在化学惰性材料中的小磁体（俗称"搅拌子"）组成。使用时可按容器大小、形状选用不同大小、形状的搅拌子投入容器中，容器放在托盘上，开动马达即可搅拌。

　　磁力搅拌器中常配有加热装置，可通过控制开关达到控温目的，但不宜在较高温度下长时间加热。若需长时间加热搅拌，可在托盘上装配适当热浴。

　　（2）电动搅拌。

　　电动搅拌常用电动搅拌器（图3-5）完成。电动搅拌器包括三个部分：电动机、搅拌棒和密封装置。电动机是动力部分，固定在支架上，搅拌棒与电动机相连。当接通电源后，电动机就带动搅拌棒转动而进行搅拌。密封装置是搅拌棒与反应器的连接装置，它可防止反应器中的蒸气外逸。搅拌棒常用玻璃棒或不锈钢棒制成，样式很多，不同样式的搅拌效果也不同。常用的搅拌棒见图3-6。

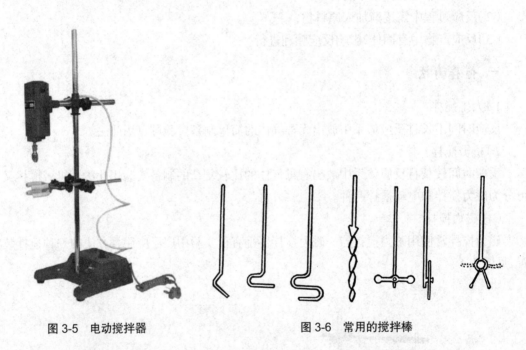

图3-5　电动搅拌器　　　　　　　　图3-6　常用的搅拌棒

　　密封装置有简易密封装置和聚四氟乙烯密封装置。简易密封装置见图3-7（a），它借助乳胶管将搅拌棒与塞子（塞子上套有比搅拌棒稍粗的玻璃管）连接在一起，实现密封的目的。在胶管和玻璃管的缝隙里滴入少许石蜡油或甘油，可以起到润滑作用。

　　市售的聚四氟乙烯塞是有标准口径的，能与标准口玻璃仪器配套使用，见图3-7（b）。使用前将搅拌棒套上密封圈后插入塞孔内，旋紧塞子上端的螺扣，即能起到较好的密封效果且能顺利搅拌。

二、回流及搅拌装置的组装

　　若采用磁力搅拌器，仪器组装比较方便，只需将选好的大小、形状合适的搅拌子置于容器中,将容器置于托盘中部即可。装好后,进行试运转,待运转正常后,即可向容器中加料,开始实验。

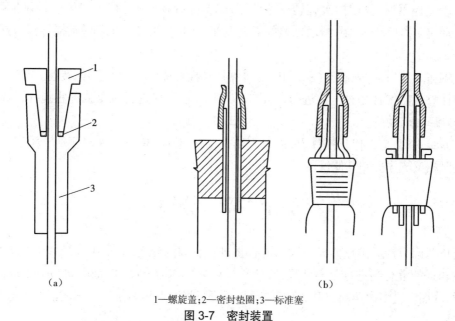

1—螺旋盖;2—密封垫圈;3—标准塞

图 3-7 密封装置

(a)简易密封装置 (b)聚四氟乙烯密封装置

如反应体系中有较多的固体,或反应混合液较黏稠,搅拌子的转动会相当困难,这时往往采用电动搅拌器。若用电动搅拌器,组装程序比较复杂,大致如下。

(1)选好合适的搅拌棒及密封装置。

(2)组装各部件。其方法是:先固定好热源、容器,然后将搅拌棒连接在搅拌器的旋转轴上,调节电动马达的高度和位置,使搅拌棒顺直,并距瓶底 0.5~1 cm。

(3)检查马达是否固定牢固,启动搅拌器进行试运转,如运转正常,即可装上冷凝管等其他所需仪器,再进行试运转,如正常,即可装料进行实验。(图 3-8)

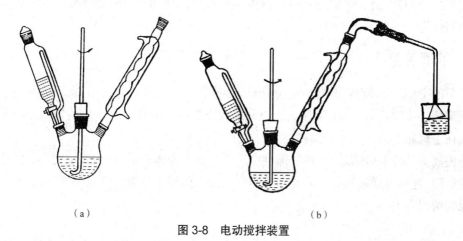

(a) (b)

图 3-8 电动搅拌装置

(a)回流、滴加搅拌装置 (b)带气体吸收装置的回流、滴加搅拌装置

三、搅拌操作

启动搅拌器时,应按挡次旋转调速旋钮,调节搅拌棒(或搅拌子)转速,控制搅拌的程度。电动搅拌器启动时,阻力较大,最好能在调速的同时,用另一只手转动搅拌棒,帮助其启动。

若调速装置失灵,则需连接上调压变压器控制搅拌棒(或搅拌子)的转速。整个搅拌过程中应注意观察搅拌是否正常进行,如出现不正常现象,应进行调整或停止搅拌,待故障查清并排除后再启动搅拌。

实验结束时,应先停止搅拌,拔去电源插头,撤去热源,待反应液温度低于沸点后,再按与组装时相反顺序拆卸其他仪器。

第十二章　分馏

简单蒸馏只能对沸点差异较大的混合物进行有效的分离,而采用分馏柱进行蒸馏则可对沸点相近的混合物进行分离和提纯,这种操作方法称为分馏(Fractional Distillation)。简单地说,分馏就是多次蒸馏,利用分馏技术甚至可以将沸点相差仅 1~2 ℃的混合物分开。

一、实验原理

当混合物受热沸腾时,其蒸气首先进入分馏柱。由于柱内外存在温差,柱内蒸气中高沸点组分受柱外空气的冷却易被冷凝,并流回至烧瓶,从而导致继续上升的蒸气中低沸点组分的含量相对增加,这一过程可以看作一次简单蒸馏。当高沸点冷凝液在回流途中遇到新蒸上来的蒸气时,两者之间发生热交换,上升的蒸气中,同样是高沸点组分被冷凝,低沸点组分继续上升,这又可以看作一次简单蒸馏。蒸气就是这样在分馏柱内反复地进行着气化、冷凝和回流的过程,或者说重复地进行着多次简单蒸馏。因此,只要分馏柱的效率足够高,从分馏柱上端蒸出的蒸气组分就能接近低沸点单组分的纯度,而高沸点组分仍回流到蒸馏烧瓶中。需要指出的是,由于共沸混合物具有恒定的沸点,与蒸馏一样,分馏操作也不可用来分离共沸混合物。

二、仪器装置

简单的分馏装置包括圆底烧瓶、分馏柱、冷凝管和接收器四个部分,如图 3-9 所示。分馏柱顶端插一支温度计,其水银球上缘与分馏柱支管接口下缘相平。该装置与蒸馏装置不同之处在于烧瓶上插了一支分馏柱。

为提高分馏柱的分馏效率,在分馏柱中装入具有大表面积的填充物,填充物之间要保留一定的空隙,这样可增加回流液体与上升蒸气的接触面积。分馏柱的效率与柱长、填充物类型和保温情况有关。

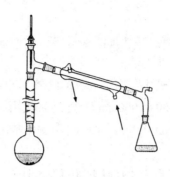

图 3-9　分馏装置

1)柱长

分馏柱越长,蒸气和冷凝液接触的机会就越多,热量交换就越充分。从理论上讲,分馏效率就越高。但如分馏柱太长,馏出物很长时间升不到柱的上端,分馏速度慢,收集液量少,故分馏柱不宜太长。

2)填充物类型

填充物类型较多,其中玻璃管填料(6~20 mm 的小段)分馏效率较低,金属丝(铁丝、铜丝)绕成固定形状效率较高。在填装填充物时要遵守适当紧密且均匀的原则。

3)保温情况

如果保温不好、散热太快,上升的蒸气与回流冷凝液间就难以达成两相平衡,故常在分馏柱外缠上石棉绳用来保温,以保证分馏顺利进行。

将待分馏物质装入圆底烧瓶,放入 2 至 3 粒沸石,然后依序安装分馏柱、温度计、冷凝管、接引管及接收瓶,参见图 3-9。

接通冷凝水,开始加热,使液体平稳沸腾。当蒸气缓缓上升时,注意控制温度,使流出速度维持在 2 至 3 滴 /s。记录第一滴馏出液滴入接收瓶时的温度,然后根据具体要求分段收集馏分,并记录各馏分的沸程及体积。

分流完成后,先停止加热,待温度降至沸点以下(液体表面停止沸腾),然后按接收瓶、接引管、冷凝管、温度计、分馏柱和圆底烧瓶的次序卸下反应装置。

在分馏过程中,要注意调节加热温度,使流出速度适中。如果流出速度太快,就会产生液泛现象,即回流液来不及流回烧瓶,逐渐在分馏柱中形成液柱。若出现这种现象,应停止加热,待液柱消失后重新加热,使气液达到平衡,再恢复收集馏分。

第十三章　红外光谱分析

从 20 世纪 50 年代初以来,红外光谱(Infrared Spectroscopy,IR)开始广泛用于有机分析。作为一种吸收光谱,红外光谱主要用来迅速鉴定分子中含有哪些官能团以及鉴定两个有机化合物是否相同。将红外光谱和其他几种光谱技术结合,可以在较短时间内完成一些复杂未知物的结构的测定。

1. 红外基本原理

当红外光照射化合物分子时,部分光被吸收,并引起化合物分子振动和转动能级的跃迁而形成的分子吸收光谱称为红外光谱。

红外光谱用于测量一个有机化合物所吸收的红外光的频率和波长。一般常用的电磁光谱的红外区域的频率范围是 $650\sim4\,000$ cm^{-1}(波数),或用波长表示为 $2.5\sim15$ μm,也称中红外区。波长常用的单位是微米(μm),$1\,\mu m=10^{-6}\,m$;频率则常用波数来表示,它与波长的关系为

$$v=1/\lambda \times 10^4$$

红外区域所对应的能量范围为 $4.186\sim41.86$ kJ/mol,相当于分子振动能级跃迁所需要的能量。分子吸收红外光能,将分子的振动由基态激发到高能态,产生红外吸收光谱。由于分子振动能级跃迁的同时,伴随着转动能级的跃迁,因此吸收峰为宽的谱带而不是类似于原子吸收光谱中的尖锐的峰线。由于仪器和操作条件不同,红外光谱中吸收峰的强度也有所差异,但其相对强度一般是可靠的。

有机分子不是刚性结构,组成分子的原子很像由弹簧连接起来的一组球的集合体,弹簧的强度对应于各种强度的化学键,大小不等的球对应于各种质量不同的原子。分子中存在着两种基本振动形式,即伸缩振动和弯曲振动。伸缩振动伴随着键的伸长和缩短,需要较高的能量,往往在高频区产生吸收;弯曲振动(或变角振动)包括面内弯曲和面外弯曲振动,伴随着键角的扩大或缩小,需要较低的能量,通常在低频区产生吸收。分子中各种振动能级的跃迁同样是量子化的,并且在红外区内。如果用频率连续改变的红外光照射分子,当分子中某个化学键的振动频率和红外光的振动频率相同时,就产生了红外吸收。需要指出的是并非所有的振动都会产生红外吸收,只有那些偶极矩的大小和方向发生变化的振动,才能产生红外吸收,这称为红外光谱的选择规律。

如果我们忽略分子的其他部分,把个别的化学键看成用弹簧连接起来的质量为 m_1 和 m_2 的两个小球,弹簧的质量忽略不计,这样就可以近似地把双原子的伸缩振动看作简谐振动,从而利用双原子的振动公式来理解化学键的振动。其振动频率以波数表示为

$$v=1/2\pi c[k(\,1/m_1\,)+(\,1/m_2\,)]^{1/2}$$

式中:c 为光速;k 为键的力常数;m_1、m_2 为原子的质量。将 m_1、m_2 换算成原子的相对质量 M_1、M_2,并将 π、c 的值代入,得到

$$v=1\,303[K(\,1/M_1+1/M_2\,)]^{1/2}$$

式中 $K=k \times 10^{-5}$ dyn/cm(1 dyn$=10^{-7}$ N/m)。可以看出,($1/M_1+1/M_2$)或 K 的值愈大,v 的数值也愈大,即吸收带的频率越高。

从上式也可以看出,原子质量愈小,振动愈快,频率愈高。组成 O—H、N—H、C—H 键的原子中都有相对质量最小的氢原子,因此这些键的伸缩振动出现在频率较高的区域($2\,850\sim3\,700$ cm^{-1})。

2. 样品测定方法

测定液体样品最简便的办法是液膜法。可在两个盐片之间滴一滴样品,使之成为极薄

的液膜,然后用它来进行测定。滴入样品后应将盐片压紧并轻轻转动,以保证形成的液膜无气泡;也可将液体放入样品池中进行测定,或者将待测样品夹于两层聚乙烯薄膜之间。但这种方法对 2 900 cm⁻¹、1 465 cm⁻¹ 和 1 380 cm⁻¹ 吸收峰产生干扰,仅当无须关注—CH₃ 和—CH₂—基团时,才可以用此方法。

固体样品的测定可用两种方法,一种叫石蜡油研糊法。将 2~3 mg 的固体试样与 1~2 滴石蜡油在玛瑙研钵中研磨成糊状,使试样均匀地分散在石蜡油中,然后把糊状物夹在盐片之间,放在样品池中进行测定。此法的缺点是石蜡油本身在 2 900 cm⁻¹、1 465 cm⁻¹ 和 1 380 cm⁻¹ 附近有强烈的吸收。

另一种方法称为溴化钾压片法。取 2~3 mg 试样与约 300 mg 无水溴化钾放于玛瑙研钵中,研细后放在金属模具中,在真空下用加压机加压制成含有分散样品的卤盐薄片,这样可以得到没有杂质吸收的红外光谱。具体操作方法如下:

(1)取 200~300 mg 无水 KBr 与 2~3 mg 试样放于玛瑙研钵中,研细。

(2)把磨细的粉末放在压样模具内两光面压芯中,将模具放入压片机中压片。

(3)将模具置于工作台的中央,用旋转杆拧紧后,前后摇动手动压把,达到所需压力(6~7 MPa),保压 2 min 后,拆卸压模,取出透明薄片。

此方法的缺点是卤盐易吸水,有时难免在 3 710 cm⁻¹ 附近产生吸收,对样品中是否存在羟基容易产生怀疑。

所有用红外光谱分析的试样,都必须保证无水并有高的纯度(有时混合物样品的解析例外),否则由于杂质和水的吸收,光谱图变得无意义。水不仅在 3 710 cm⁻¹ 和 1 630 cm⁻¹ 有吸收,而且对金属卤化物制作的样品池有腐蚀作用。

3. 实验操作

(1)开启红外光谱仪电源,预热 30 min。

(2)打开计算机桌面上"光谱"(Spectrum)程序。

(3)出现"登录"(Login)界面:在"登录名字"(LoginName)下拉列表框中选择"Admin";在"仪器"(Instrument)下拉列表框中选择"Ⅰ.Spectrum One";在"激活红外助手"(Activate IR Assitant)下拉列表框中选择"No"。

(4)将空白溴化钾片放入样品架上,点击"背景"(Background)按钮,呈现"背景合集"(Background Collection)状态,点击"OK"按钮。

(5)在样品架上放入制备好的待测样品压片。

(6)选择"Instrument",点击"扫描"(Scan)按钮。给出样品名称,点击"应用"(Apply)按钮,点击"Scan"按钮进行样品测试。

(7)待谱图出来后进行谱图分析,然后存储谱图,取出样品。

(8)当日样品测试完毕,依次关闭 Spectrum 程序、红外光谱仪、计算机电源。

4. 红外光谱解析

由于多原子分子的振动自由度数目较大,加之振动耦合等因素的影响,红外光谱图变得相当复杂。尽管如此,人们在研究大量有机化合物红外光谱图的基础上发现,不同化合物中相同的官能团和化学键在红外光谱图中有大体相同的吸收频率,一般称之为官能团或化学键的特征吸收频率。特征吸收频率受分子具体环境的影响较小,在比较狭窄的范围出现,彼此之间极少重叠,且吸收强度较大,很容易辨认,这是红外光谱用于分析化合物结构的重要依据。表 3-1 列出了常见的官能团和化学键的特征吸收频率。

表 3-1　常见官能团和化学键的特征吸收频率

基　团		强　度	频率 / cm^{-1}
A. 烷基			
C—H(伸缩)		(m~s)	2 853~2 962
—CH(CH$_3$)$_2$		(s)	1 380~1 385、1 365~1 370
—C(CH$_3$)$_3$		(m)	1 385~1 395
		(s)	约 1 365
B. 烯烃基(均为 C—H 面外弯曲)			
C—H(伸缩)		(m)	3 010~3 095
C=C(伸缩)		(s)	1 620~1 680
R—CH=CH$_2$		(v)	985~1 000、905~920
R$_2$C=CH$_2$		(s)	880~900
(Z)—RCH=CHR		(s)	675~730
(E)—RCH=CHR		(s)	960~975
C. 炔烃基			
≡C—H(伸缩)		(s)	约 3 300
C≡C(伸缩)		(v)	2 100~2 260
D. 芳烃基			
Ar—H(伸缩)		(v)	约 3 030
芳烃取代类型 (C—H 面外弯曲)	一取代	(v,s)	690~710、730~770
	邻二取代	(s)	735~770
	间二取代	(s)	680~725、750~810
	对二取代	(s)	790~840
E. 醇、酚和羧酸			
—OH(醇、酚)		(宽,s)	3 200~3 600
—OH(羧酸)		(宽,s)	2 500~3 600
F. 醛、酮、酯和羧酸			
C=O(伸缩)		(s)	1 690~1 750
G. 胺			
N—H(伸缩)		(m)	3 300~3 500
H. 腈			
C≡N(伸缩)		(m)	2 200~2 600

注:s 表示高强度;m 表示中等强度;v 表示强度不定。

为了便于解析图谱,通常把红外光谱分成两个区域,即官能团区和指纹区,波数 1 400~4 000 cm⁻¹ 的频率范围为官能团区,吸收主要是由分子的伸缩振动引起的。常见的官能团在这个区域内一般都有特定的吸收峰。低于 1 400 cm⁻¹ 的区域称为指纹区,其间吸收峰的数目较多,是由化学键弯曲振动和部分单键的伸缩振动引起的,吸收带的位置和强度因化合物而异。如同人有不同的指纹一样,许多结构类似的化合物,在指纹区可找到它们的差异,因此指纹区对鉴定化合物起着非常重要的作用。如未知物的红外光谱图中的指纹区与某一标准样品相同,就可能断定它与标准样品是同一化合物。

分析红外光谱图的顺序是先官能团区,后指纹区;先高频区,后低频区;先强峰,后弱峰。即先在官能团区找出最强的峰的归宿,然后在指纹区找出相关峰。对许多官能团来说,往往不是存在一个而是存在一组彼此相关的峰。也就是说,除了主证,还需有佐证,才能证实其存在。

目前,人们已把已知化合物的红外光谱图陆续汇集成册,这就为鉴定未知物带来了极大的方便。如果未知物和某已知物具有完全相同的红外光谱,那么这个未知物的结构也就确定了。应当指出的是,红外光谱只能确定一个分子所含的官能团,即能确定化合物的类型,要确定分子的准确结构,还必须借助其他波谱甚至化学方法。苯甲酸乙酯的红外光谱图指明了每个特征吸收谱带的位置,具体列于表 3-2 中。

表 3-2 苯甲酸乙酯红外光谱图解析

波 数 /cm⁻¹	振 动 峰	对应结构
3 087、3 063、3 034	苯环上 C—H 伸缩振动峰	苯环
1 603、1 583、1 491、1 452	苯环骨架 C=C 伸缩振动峰	苯环
1 174、1 070、1 028、1 001	苯环上 C—H 面内振动峰	苯环
709	芳氢的面外弯曲振动峰	单取代苯环
686	苯环的折叠振动峰	单取代苯环
1 720	C=O 伸缩振动峰(共轭)	C=O
2 982、2 901	—CH₃ 中 C—H 伸缩振动峰	—CH₃
1 464、1 367	—CH₃ 中 C—H 弯曲振动峰	—CH₃
2 928、2 848	—CH₂—中 C—H 伸缩振动峰	—CH₂—
1 473、1 392	—CH₂—中 C—H 弯曲振动峰	—CH₂—
1 275	C—O—C 不对称伸缩振动峰	C—O—C
1 107	C—O—C 对称伸缩振动峰	C—O—C

第四单元　无机及分析实验

实验一　仪器的认领和洗涤

[实验目的]

（1）熟悉无机化学实验规则和要求。

（2）领取无机化学实验常用仪器，熟悉其名称、用途，了解其使用方法和注意事项。

（3）学会常用仪器的洗涤和干燥方法。

[实验步骤]

1. 玻璃仪器的洗涤

1）仪器洗涤

为了得到正确的实验结果，实验所用的玻璃仪器必须是洁净的，甚至是干燥且洁净的，所以需对玻璃仪器进行洗涤和干燥。应根据实验要求、污物性质和玷污程度选用适宜的洗涤方法。玻璃仪器的洗涤方法有冲洗、刷洗、药剂洗涤等。

对一般黏附的灰尘及可溶性污物可用水冲洗。洗涤时先往容器内注入约占容器容积1/3 的水，稍用力振荡后把水倒掉，如此反复冲洗数次。

当容器内壁附有不易冲洗掉的污物时，可用毛刷刷洗，通过毛刷对器壁的摩擦去掉污物。刷洗时需要选用合适的毛刷。毛刷可按所洗涤的仪器的类型、规格（口径）来选择。刷洗后，用水连续振荡数次。必要时还应用蒸馏水淋洗三次。

对于用以上两种方法都洗不去的污物，则需要用洗涤剂或药剂来洗涤。对有机污物，可用毛刷蘸取肥皂液、合成洗涤剂或去污粉来刷洗。对更难洗去的污物或口径较小、管身细长不便刷洗的仪器可用铬酸洗液或王水洗涤，也可针对污物的化学性质选用其他适当的药剂洗涤（例如碱、碱性氧化物、碳酸盐等可用 $6\ mol \cdot L^{-1}$ HCl 溶液溶解）。用铬酸洗液或王水洗涤时，先往仪器内注入少量洗液，使仪器倾斜并慢慢转动，让仪器内壁全部被洗液润湿；再转动仪器，使洗液在内壁流动几圈，然后把洗液倒回原瓶（不可倒入水池或废液桶，铬酸洗液变暗绿色失效后可另外回收再生使用）。对玷污严重的仪器，可用洗液浸泡一段时间，或者用热洗液洗涤。倾出洗液后，用水冲洗或刷洗，必要时还应用蒸馏水淋洗。

2）洗净标准

仪器是否洗净可通过器壁是否挂水珠来检查。将洗净后的仪器倒置，如果器壁透明，不挂水珠，则说明仪器已洗净；如果器壁有不透明处，或器壁上附着水珠或有油斑，则仪器未洗净，应予重洗。

2. 玻璃仪器的干燥

（1）晾干：让残留在仪器内壁的水分自然挥发而使仪器干燥。

（2）烘箱烘干：将仪器口朝下放置于烘箱中，在烘箱的最下层放一陶瓷盘，接住从仪器上滴下来的水，以免损坏电热丝。

（3）烤干：烧杯、蒸发皿等可放在石棉网上，用小火烤干；试管可用试管夹夹住，在火焰上来回移动，直至烤干，但管口须低于管底。

（4）气流烘干：试管、量筒等适合在气流烘干器上烘干。

（5）电热风吹干。

［实验习题］

（1）烤干试管时为什么使试管口略向下倾斜？

（2）什么样的仪器不能用加热的方法进行干燥？为什么？

（3）画出离心试管、多用滴管、井穴板、量筒、容量瓶的简图，讨论其规格、主要用途、使用方法和注意事项。

［注意事项］

（1）洗涤试管和烧瓶时，端头无直立竖毛的秃头毛刷不可使用，以免戳破仪器底部。

（2）已洗净的仪器不能用布或纸抹干。

（3）带有刻度的计量仪器不能用加热的方法进行干燥。

（4）不要多支试管一起刷洗。

（5）用水原则是少量多次。

实验二　玻璃加工和塞子钻孔

［实验目的］

（1）了解酒精灯和酒精喷灯的构造和原理，掌握正确的使用方法。

（2）练习玻璃管（棒）的截断、弯曲、拉制、熔烧等基本操作。

（3）练习塞子钻孔的基本操作。

（4）完成玻璃棒、滴管的制作和洗瓶的装配。

［实验步骤］

1. 灯的使用

酒精灯和酒精喷灯是实验室常用的加热器具。酒精灯的火焰温度一般为 400~500 ℃，酒精喷灯的火焰温度可达 700~1 000 ℃。

1）酒精灯

酒精灯由灯壶、灯帽和灯芯构成,其正常火焰分为三层:焰心、内焰(还原焰)和外焰(氧化焰)。进行实验时,一般都用外焰来加热。

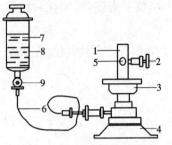

1—灯管;2—酒精喷灯开关;3—预热盆;4—灯座;5—气孔;6—橡胶管;7—酒精;8—储罐;9—酒精储罐开关

图 4-1 酒精喷灯的构造

2）酒精喷灯

（1）按类型和构造,酒精喷灯分为座式和挂式两种。

（2）使用方法如下。

①使用酒精喷灯时,首先用捅针捅一捅酒精蒸气出口,以保证出气口畅通。

②借助小漏斗向酒精壶内添加酒精。酒精壶内的酒精不能装得太满,以不超过酒精壶容积(座式)的 2/3 为宜。

③打开酒精壶的开关,拧紧酒精灯旋钮,然后往预热盘里注入一些酒精,点燃酒精使灯管受热,待酒精接近燃完且在灯管口有火焰时,上下移动调节器调节火焰为正常火焰。

④用毕后,先关闭酒精壶的开关,待橡胶管内和灯内的酒精燃烧完,火焰自然熄灭,再关紧酒精灯旋钮。若长期不用,须将酒精壶内剩余的酒精倒出。

2. 玻璃加工

1）玻璃管(棒)的截断

将玻璃管(棒)平放在桌面上,依需要的长度左手按住要切割的部位,右手用锉刀的棱边在要切割的部位朝一个方向(不要来回锯)用力锉出一道凹痕。然后双手持玻璃管(棒),两拇指齐放在凹痕背面,并轻轻地由凹痕背面向外推折,同时两食指和拇指将玻璃管(棒)向两边拉,如此将玻璃管(棒)截断。

2）玻璃管(棒)的熔光

经切割的玻璃管(棒),其截断面的边缘很锋利容易割破皮肤、橡皮管或塞子,所以必须将其放在火焰中熔烧,使之平滑,这个操作称为熔光(或圆口)。将刚切割的玻璃管(棒)的一头插入火焰中熔烧。熔烧时,玻璃棒与水平方向夹角为 45°,不断来回转动玻璃管(棒),直至管口变红热平滑为止。

熔烧时,加热时间过长或过短都不好:过短,管(棒)口不平滑;过长,管径会变小。转动不匀,会使管口不圆。灼热的玻璃管(棒),应放在石棉网上冷却,切不可直接放在实验台上,以免烧焦台面;也不要用手去摸,以免烫伤。

3）玻璃管(棒)的弯曲

第一步,烧管。先将玻璃管用小火预热一下,然后双手持玻璃管,把要弯曲的部位斜插入喷灯火焰中,以增大玻璃管的受热面积,同时缓慢而均匀地转动玻璃管,使之受热均匀。两手用力均等,转速缓慢一致,以免玻璃管在火焰中扭曲。加热至玻璃管发黄变软时,即可自火焰中取出,进行弯管。

第二步,弯管。将变软的玻璃管取离火焰后稍等一两秒钟,使各部温度均匀,用"V"字形手法(两手在上方,玻璃管的弯曲部分在两手中间的正下方)缓慢地将其弯成所需的角度。弯好后,待其冷却变硬才可撒手,然后将其放在石棉网上继续冷却。冷却后,应检查其角度是否准确,整个玻璃管是否处于同一个平面上。

120°以上的角度可一次弯成,但弯制较小角度的玻璃管,或灯焰较窄,玻璃管受热面积较小时,需分几次弯制(切不可一次完成,否则弯曲部分的玻璃管就会变形)。首先弯成一个较大的角度,然后在第一次受热弯曲部位稍偏左或稍偏右处进行第二次加热弯曲,如此第三次、第四次加热弯曲,直至变成所需的角度为止。

4)毛细管和滴管的制备

第一步,烧管。拉细玻璃管时,加热玻璃管的方法与弯玻璃管时基本一样,不过要烧得时间长一些,使玻璃管软化程度更大一些,直到玻璃管烧成红黄色。

第二步,拉管。待玻璃管烧成红黄色软化以后,将其取出,两手顺着水平方向边拉边旋转玻璃管,拉到所需要的细度时,一手持玻璃管向下垂一会儿。冷却后,按需要的长度截断,形成两个尖嘴管。如果要求细管部分具有一定的厚度,应在加热过程中待玻璃管变软后,将其轻缓地向中间挤压,缩短它的长度,使管壁增厚,然后按上述方法拉细。

第三步,滴管的扩口。将未拉细的另一端玻璃管口以40°角斜插入火焰中加热,并不断转动。待管口灼烧至红热后,将金属锉刀柄斜放入管口内迅速而均匀地旋转,将其管口扩开。另一扩口的方法是待管口烧至稍软化后,将玻璃管口垂直放在石棉网上,轻轻向下按一下,将其管口扩开。冷却后,安上胶头即成滴管。

3. 塞子与塞子钻孔

为了能在塞子上装置玻璃管、温度计等,需对塞子预先钻孔。常用的钻孔器是一组直径不同的金属管。它的一端有柄,另一端很锋利,可用来钻孔。

1)塞子大小的选择

塞子的大小应与仪器的口径相匹配,塞子塞进瓶口或仪器口的部分不能少于塞子本身高度的1/2,也不能多于2/3。

2)钻孔器大小的选择

选择一个比要插入橡胶塞的玻璃管口径略粗一点的钻孔器,因为橡胶塞有弹性,孔道钻成后由于收缩而使孔径变小。

3)钻孔的方法

将塞子小头朝上平放在实验台上的一块垫板上(避免钻坏台面),左手用力按住塞子,不得移动,右手握住钻孔器的手柄,并在钻孔器前端涂点甘油或水。将钻孔器按在选定的位置上,沿一个方向,一面旋转一面用力向下钻动。钻孔器要垂直于塞子的端面,不能左右摆动,更不能倾斜,以免把孔钻斜。钻至深度约达塞子高度一半时,反方向旋转并拔出钻孔器,用带柄捅条捅出嵌入钻孔器中的橡皮或软木。然后调换塞子大头,对准原孔的方位,按同样的方法钻孔,直到两端的圆孔贯穿为止。也可以不调换塞子的方位,仍按原孔直接钻通到垫板上为止。拔出钻孔器,再捅出钻孔器内嵌入的橡皮或软木。

孔钻好以后,检查孔道是否合适,如果选用的玻璃管可以毫不费力地插入塞孔里,说明塞孔太大,塞孔和玻璃管之间不够严密,塞子不能使用。若塞孔略小或不光滑,可用圆锉适当修整。

4. 实验内容——实验用具的制作

（1）乳头滴管。切取长 26 cm、内径约为 5 mm 的玻璃管,将中部置火焰上加热,拉细玻璃管。要求玻璃管细部的内径为 1.5 mm,毛细管长约 7 cm,切断并将口熔光。把尖嘴管的另一端加热至发软,然后在石棉网上压一下,使管口外卷,冷却后,套上橡胶乳头即制成乳头滴管。

（2）洗瓶。准备 500 mL 聚氯乙烯塑料瓶一个,适合塑料瓶瓶口大小的橡胶塞一个,33 cm 长玻璃管一根（两端熔光）。制作步骤如下。

①按前面介绍的塞子钻孔的操作方法,给橡胶塞钻孔。

②先将 33 cm 长的玻璃管距一端 5 cm 处放在酒精喷灯上加热后拉一尖嘴,弯成 60°角,插入橡胶塞塞孔后,再将另一端弯成 120° 角（注意两个弯角的方向）,即配制成一个洗瓶。

（3）玻璃管。弯制 15 cm 长的 60° 角弯管一支,10 cm 长滴管两支。

[实验习题]

（1）在酒精灯和酒精喷灯的使用过程中,应注意哪些安全问题?

（2）在加工玻璃管时,应注意哪些安全问题?

（3）在切割玻璃时,怎样防止割伤和刺伤手和皮肤?

（4）烧过的灼热的玻璃管和冷的玻璃从外表往往很难分辨,怎样防止烫伤?

（5）制作滴管时应注意哪些问题?

（6）酒精喷灯火焰分几层? 各层的温度和性质是怎样的?

[注意事项]

（1）切割玻璃管、玻璃棒时要防止划破手。

（2）使用酒精喷灯前,必须先准备一块湿抹布备用。

（3）灼热的玻璃管、玻璃棒应依次放在石棉网上,切不可直接放在实验台上,防止烧焦台面;未冷却之前,也不要用手去摸,防止烫伤手。

（4）装配洗瓶时,拉好玻璃管尖嘴,弯好 60° 角后,要先装橡胶塞,再弯 120° 角,并且注意 60° 角与 120° 角在同一方向同一平面上。

实验三　分析天平的使用

[实验目的]

（1）熟悉分析天平的使用方法。

（2）检查分析天平的稳定性。

（3）学会用直接称量法和减量法称量试样。

（4）学会正确使用称量瓶。

[**实验步骤**]

（1）检查分析天平的外观。

在使用天平之前,首先要检查天平放置得是否水平,机械加码装置是否指示 0.00 位置,圈码是否齐全,有无跳落,两盘是否空着,确认无问题后,然后用毛刷将天平盘清扫一下。

（2）测定示值变动性。

①调零点。天平的零点指天平空载时的平衡点。每次称量之前都要先测定天平零点。测定时接通电源,轻轻开启升降枢,此时可以看到缩微标尺的投影在光屏上移动。当标尺投影稳定后,若光屏上的刻线不与标尺 0.00 重合,可拨动扳手,移动光屏位置,使刻线与标尺 0.00 重合,零点即调好。若光屏移到尽头刻线还不能与标尺 0.00 重合,则在教师指导下通过旋转平衡螺丝来调整。

②准确测出天平的 L_0,关掉旋钮。

③空盘天平的示值变动性为 $L_{0max} - L_{0min}$。

④载重天平的示值变动性。准确地测出天平的零点 L_0,关掉旋钮,然后在左、右两盘各加上 20 g 砝码,再测出天平的平衡点 L_0,如此反复测定 L_0 四次。

⑤天平的示值变动性为 $L_{0max} - L_{0min}$。

（3）测定灵敏度。

①测定空盘灵敏度:轻旋旋钮以放下天平横梁,记下天平零点后,关上旋钮,托起天平横梁,用镊子夹取 10 mg 圈码置于左盘中央,重新开旋钮,待指针稳定后,读取平衡点,关上旋钮,由平衡点和零点算出灵敏度。

②测定载重灵敏度:天平左、右盘各加 20 g 砝码,方法同上。

（4）称量物体。

①在使用分析天平称量物体之前,应将物体放在台秤上粗称,然后把物体放入天平左盘中央,把比粗称数略重的砝码放在右盘中央,慢慢打开升降枢,根据指针的偏转方向或光屏上标尺的移动方向来变换砝码。如果标尺向反方向移动,即光屏上标尺的零点偏向标尺的右方,则表示砝码重,应立即关好升降枢,减少砝码后再称重。反复加减砝码至物体比砝码重不超过 1 g 时,再转动指数盘加减圈码,直至光屏上的刻线与标尺投影上某一读数重合为止。

②称量方法包括直接称量法和减量法两种。

③读数:当光屏上的标尺投影稳定后,即可从标尺上读出 10 mg 以下的质量。标尺上读数一大格为 0.1 mg,待称量物体质量(g)= 砝码质量 + $\dfrac{1}{1000}$ 圈码质量 + $\dfrac{1}{1000}$ 光标尺读数。

（5）数据记录与处理。

（6）称后检查。

称量完毕,记下物体质量,将物体取出,并将砝码依次放回盒内原来位置。然后关好边门,将圈码指数盘恢复到 0.00 位置,拔下电插销,罩好天平罩。

[实验习题]

（1）分析天平的灵敏度主要取决于天平的什么零件? 称量时应如何维护天平的灵敏性?

（2）掌握减量法的关键是什么?

（3）什么情况下用直接称量法称量? 什么情况下用减量法称量?

（4）用半自动电光天平称量时,不能直接判断是该加码还是减码,这是何故?

（5）用减量法称取试样时,若称量瓶内的试样吸湿,对称量结果会造成什么样的误差?若试样倾倒入烧杯内以后再吸湿,对称量结果是否有影响?

[注意事项]

（1）天平室应避免阳光照射,保持干燥;天平应放在稳固的台上,避免震动。

（2）天平箱内应保持清洁,要定期更换吸湿变色的干燥剂,以保持干燥。

（3）待称量物体不得超过天平的最大载重量(一般为 200 g)。

（4）不得在天平上称量热的物体或散发腐蚀性气体的物体。

（5）开关天平要轻缓。夹取物体和砝码时,应先关天平的升降枢。

（6）加减砝码时,必须用镊子夹取,取下的砝码应放在砝码盒内固定的位置上,不能到处乱放,更不能用其他天平的砝码。

（7）待称量的物品,必须放在适当的容器中,不得直接放在天平盘上。

（8）称量完毕,应将各部件恢复原位,关好天平门,罩上天平罩,切断电源,并检查盒内砝码是否完整无缺和清洁,最后在天平使用登记本上写清使用情况。

（9）禁止在天平开启状态开侧门、添加(或减少)砝码或物品。

（10）不要让天平长时间处于工作状态。

实验四　二氧化碳相对分子质量的测定

[实验目的]

（1）学会用化学方法在实验室中制取气体。

（2）掌握实验室中制气装置的安装、操作方法,学会使用启普发生器;了解使用蒸馏烧瓶制备气体的装置的安装及操作方法。

（3）学习气体的净化、干燥和收集等基本操作方法。

（4）学习用气体相对密度法测定相对分子质量的原理和方法,加深对理想气体状态方程式和阿伏加德罗定律的理解。

（5）进一步练习使用电子天平和托盘天平。

[实验原理]

同温同压下，A、B 两种气体（V 相同）均符合理想气体状态方程式：

$$p_A V_A = \frac{m_A}{M_A} RT \qquad p_B V_B = \frac{m_B}{M_B} RT$$

则

$$\frac{m_A}{m_B} = \frac{M_A}{M_B}$$

根据上式，则在本实验中，有

$$\frac{m_{CO_2}}{m_{空气}} = \frac{M_{CO_2}}{M_{空气}}$$

$$M_{CO_2} = \frac{m_{CO_2}}{m_{空气}} \times 29.00$$

$$2HCl + CaCO_3 == CO_2 \uparrow + CaCl_2 + H_2O$$
$$NaCl + H_2SO_4 == HCl \uparrow + NaHSO_4$$

[实验用品]

（1）仪器：托盘天平、电子天平、启普发生器、洗气瓶、分液漏斗、蒸馏烧瓶、碘量瓶、集气瓶、干燥管、酒精灯、石棉网、铁架台、铁圈、止水夹、电子气压温度计。

（2）药品：6 mol·L⁻¹ HCl 溶液、1 mol·L⁻¹ NaHCO₃ 溶液、1 mol·L⁻¹ CuSO₄ 溶液、Ca(OH)₂ 饱和溶液、无水氯化钙（s）。

（3）材料：石子、玻璃导管、橡皮管、广泛 pH 试纸。

[实验步骤]

（1）二氧化碳的制备。

①装配启普发生器，检验其气密性。

②按图 4-2 安装制取二氧化碳的实验装置，安装时遵循"自下而上、从左到右"的原则。装好后检验装置气密性，如气密性良好，即可加入药品。

注意：石子要敲碎，以能装入启普发生器为准；石子用水或很稀的盐酸洗涤，以除去石子表面的灰尘。

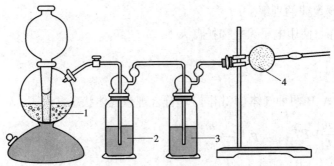

1—石子 + 稀 HCl；2—CuSO$_4$ 溶液；3—NaHCO$_3$ 溶液；4— 无水氯化钙

图 4-2　制取、净化和干燥二氧化碳的实验装置

（2）用电子天平称量碘量瓶质量 + 空气质量 = m_A。

（3）打开启普发生器出气口的止水夹，制取 CO$_2$ 气体，采用向上排空气法收集 CO$_2$ 气体。收满 CO$_2$ 气体后称量碘量瓶质量 +CO$_2$ 质量 = m_B；重复收集 CO$_2$ 气体和称量的操作，直至前后两次的质量相差不超过 2 mg 为止。

（4）测定碘量瓶容积 $V_{瓶}$（即 V_{CO_2}）：在瓶内装满水，塞上塞子，用大台秤称量碘量瓶质量 + 水质量 = m_C，则

$$V_{瓶} = \frac{m_C - m_A}{1\,000}$$

（5）记下室温和大气压。

[数据处理]

室温 $T/℃$ ＿＿＿＿＿＿　　大气压 p/Pa ＿＿＿＿＿＿

（空气＋瓶＋塞）的质量（m_A）：＿＿＿＿＿＿ g

（CO$_2$ ＋瓶＋塞）的质量（m_B）：①＿＿＿＿＿ g；②＿＿＿＿＿ g；③＿＿＿＿＿ g

（水＋瓶＋塞）的质量（m_C）：＿＿＿＿＿＿ g

瓶的容积 $V_{瓶} = \dfrac{m_C - m_A}{1\,000} =$ ＿＿＿＿＿＿ mL

$$m_{空气} = \frac{p_{大气}V \times 29.00}{RT} = \underline{\qquad} \ g$$

瓶和塞子的质量 $m_D = m_A - m_{空气} =$ ＿＿＿＿＿＿ g

二氧化碳的质量 $m_{CO_2} = m_B - m_D =$ ＿＿＿＿＿＿ g

二氧化碳的相对分子质量 $M_{CO_2} =$ ＿＿＿＿＿＿

相对误差 $= \dfrac{测定值 - 理论值}{理论值} \times 100\%$（相对误差为 ±5% 即可）＝＿＿＿＿＿＿

[实验习题]

（1）指出制取 CO$_2$ 装置图中各部分的作用并写出有关反应方程式。

（2）如何装配和使用启普发生器？使用时要注意哪些事项？

[注意事项]

（1）实验后将废酸液倒入指定大烧杯内,并将石子倒入托盘内。

（2）实验最后一组人员要洗净启普发生器、洗气瓶及分液漏斗,将磨砂瓶口及旋塞处擦干并垫纸置于仪器橱内保存。

实验五　摩尔气体常数的测定

[实验目的]

（1）加深对气体状态方程和分压定律的理解。

（2）练习测定摩尔气体常数的微型实验操作。

（3）进一步学习使用分析天平。

（4）了解气压计的工作原理,掌握正确的使用方法。

[实验原理]

（1）用镁与过量的稀盐酸反应生成 H_2,在一定温度和压力下,测出生成 H_2 的体积 V_{H_2},代入 $pV=nRT$,求 R。反应为

$$Mg(s) + 2HCl(aq) === MgCl_2(aq) + H_2(g)$$

（2）在一定的温度和压力下,测出放出气体的体积（V）。

（3）由于收集的 H_2 中含有水蒸气,需查此温度下水的饱和蒸气压 p_{H_2O}。根据分压定律 $p = p_{H_2} + p_{H_2O}$,得 $p_{H_2} = p - p_{H_2O}$,则摩尔气体常数

$$R = \frac{(p - p_{H_2O})V_{H_2}}{nT} \qquad (V_{H_2} = V - 0.20 \text{ mL})$$

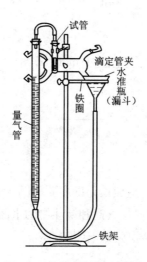

图 4-3　气体常数测定装置

[实验步骤]

（1）准确称取两份已擦去表面氧化膜的镁条，镁条质量为 0.025~0.030 g（称准至 0.000 1 g），长 2.5~3 cm。

（2）按上图装好仪器，打开反应试管的胶塞，由液面调节管往量气管内装水至略低于"0"刻度为止，上下移动调节管以赶尽胶管和量气管内的气泡，然后将试管接上并塞紧塞子。

（3）检验气密性。抬高（或下移）液面调节管，如量气管内液面只在初始时稍有下降，以后维持不变（观察 3~4 min），即表明装置不漏气。

（4）把液面调节管移回原位，取下试管，将镁条用水稍微润湿后贴于管壁合适的位置，然后用小量筒小心注入 4 mL 2 mol·L⁻¹ HCl 溶液，注意切勿玷污镁条一边的管壁，装好后再次确定量气管水面位置并检验气密性。

（5）将液面调节管靠近量气管，使两管液面保持水平，记下量气管液面位置（V_1）。将试管底部略为提高，使镁条与酸反应产生 H_2，反应过程中可适当下移液面调节管，使之与量气管液面相平行。

（6）反应结束后，待反应试管冷至室温，调两液面水平一致，读取量气管数值，1~2 min 后，再次读取量气管数值，直至两次读数一致，记下读数（V_2）。

（7）取下反应试管，洗净后换另一根镁条，重复测量一次。

[数据处理]

室温：_____ ℃　　大气压：_____ mmHg _____ Pa

m_{Mg}：①_____ g；②_____ g

V_{H_2}：①_____ m³；②_____ m³　　　$V_{H_2} = V_2 - V_1$

n_{H_2}：①_____ mol；②_____ mol

p_{H_2}：①_____ Pa

R：①_____ J·mol⁻¹·K⁻¹；②_____ J·mol⁻¹·K⁻¹

$R_{理论值} = 8.314\ 3$ J·mol⁻¹·K⁻¹

相对误差 $= \dfrac{R_{测定值} - R_{理论值}}{R_{理论值}} \times 100\% =$ _____

[实验习题]

（1）这个实验的关键是什么？造成误差的主要原因有哪些？

（2）读取液面位置时，为何要使量气筒和漏斗中的水面保持同一水平面？

（3）为什么 H_2 的体积 V_{H_2} = 体积读数 −0.20 mL？

[注意事项]

（1）镁条的质量应在 0.025~0.030 g 之间，否则误差太大或导致实验失败。

（2）用多用滴管加盐酸时，不能让盐酸沿试管壁流下，应将滴管伸到试管底部加。反应后静置 5 min，把气泡赶到上层空间。

（3）水的饱和蒸气压 p_{H_2O} 数据可查阅有关参考书。

（4）温度应在水溶液中测量。

（5）镁的处理：实验前镁条要擦干净，以除掉表面的氧化膜。

实验六　溶液的配制

[实验目的]

（1）掌握几种常用的配制溶液的方法。

（2）熟悉有关溶液的计算。

（3）练习使用量筒、比重计、移液管、容量瓶。

（4）配制几份备用溶液。

[实验用品]

（1）仪器：分析天平、量筒、烧杯、移液管、容量瓶、洗耳球、玻璃棒。

（2）药品：98% 的浓 H_2SO_4、NaOH 固体、36% 的乙酸溶液、草酸晶体、蒸馏水。

[实验步骤]

1. 配制 6 mol·L⁻¹ H_2SO_4 50 mL

（1）需取浓 H_2SO_4 体积 V=6 mol·L⁻¹ × 50 × 10⁻³ L × 98 g·mol⁻¹/（1.84 g·mL⁻¹）≈ 16 mL。

（2）实验过程如下。

①在烧杯中加 20 mL 左右的水。

②用量筒量取 16 mL 浓 H_2SO_4，将浓 H_2SO_4 缓慢倒入水中，并不断搅拌。

③冷却后将 H_2SO_4 溶液倒入 50 mL 量筒中，洗涤烧杯 3 次，并将洗液注入量筒。

④加水至量筒的 50 mL 刻度。

2. 配制 6 mol·L⁻¹ NaOH 50 mL（ 两人合作 ）

（1）需取 NaOH 质量 6 mol·L⁻¹ × 50 × 10⁻³ L= $\dfrac{m_{NaOH}}{40\ g·mol^{-1}}$，所以 m_{NaOH}=12 g。

（2）实验过程如下。

①用台秤称 12 g NaOH 固体，称量时将药品置于烧杯中。

②用少量水溶解 NaOH 固体，待溶液冷却后将其注入 50 mL 量筒，洗涤烧杯 3 次，并将

洗涤液注入量筒,加水至量筒 50 mL 刻度线定容。

3. 配制 0.010 0 mol·L⁻¹H₂C₂O₄ 溶液 100 mL

（1）需取草酸晶体质量 m=0.010 0 mol·L⁻¹× 100 × 10⁻³ L × 126 g·mol⁻¹=0.126 0 g。

（2）实验过程如下。

①用分析天平称量 0.126 0 g 草酸晶体。

②用少量水溶解草酸晶体,将溶液注入 100 mL 容量瓶,洗涤烧杯 3 次,并将洗涤液注入容量瓶中。

③加水至刻度线,振荡,摇匀。

4. 由 0.200 mol·L⁻¹HOAc 溶液配制 0.010 0 mol·L⁻¹HOAc 溶液 100 mL

（1）需取醋酸体积 $V_{HOAc} = \dfrac{0.010\ 0\ mol·L^{-1}×100\ mL}{0.200\ mol·L^{-1}} = 5\ mL$。

（2）实验过程如下。

①将 5 mL 移液管下端置于溶液中,左手执洗耳球,利用负压使移液管中液面上升至零刻度线以上。

②迅速用右手拇指堵住管口上端,用右手控制液面缓慢下降至零刻度线。

③移出移液管,将溶液注入 100 mL 容量瓶。

④加水至刻度线,振荡,摇匀。

5. 用 36% 的乙酸稀释成 2 mol·L⁻¹HOAc 溶液 50 mL

（2）计算 $V = \dfrac{0.05×2×60}{36%×1.04}$ =16 mL。

（3）实验过程如下。

①用 50 mL 量筒取 16 mL 36% 的乙酸溶液。

②加水稀释至离刻度 2~3 mL 时改用胶头滴管滴定至刻度,用玻璃棒搅拌,摇匀。

[实验习题]

（1）由浓 H_2SO_4 配制稀 H_2SO_4 溶液过程中应注意哪些问题?

（2）使用比重计时应注意些什么?

（3）用容量瓶配制溶液时,容量瓶是否需要干燥? 能否用量筒量取溶液?

（4）使用吸管时应注意些什么?

（5）如何使用称量瓶? 从称量瓶往外倒样品时应如何操作,为什么?

[注意事项]

（1）浓 H_2SO_4 有强腐蚀性,取用时要小心;NaOH(s)易潮解,称量要迅速。

（2）本次实验需称量草酸晶体 0.126 0 g,精度要求较高,误差只能为 0.000 1 g,称量难度大,应使用减量法称量,小心敲击。

实验七　酸碱滴定

[实验目的]

（1）了解酸碱滴定的原理和基本操作。
（2）初步掌握滴定管的洗涤和使用方法。

[实验原理]

$$H_2C_2O_4 + 2NaOH\!\!=\!\!=\!\!=Na_2C_2O_4 + 2H_2O$$
$$NaOH + HCl\!\!=\!\!=\!\!=NaCl + H_2O$$

根据摩尔定律,酸碱刚好完全中和（滴定达到终点）时,酸的物质的量等于碱的物质的量,即 $c_{酸}V_{酸}=c_{碱}V_{碱}$,其中 $c_{酸}$、$c_{碱}$ 分别为摩尔浓度,$V_{酸}$、$V_{碱}$ 分别为消耗的酸、碱的体积。因此,如果取一定体积某浓度待测的酸（或碱）溶液,用标准碱（或酸）溶液滴定,达到终点后就可以所用的酸溶液和碱的体积（$V_{酸}$ 和 $V_{碱}$）以及标准碱（或酸）溶液的浓度来计算待测的酸（或碱）溶液的浓度。

中和滴定的终点可借助于指示剂的颜色变化来确定。指示剂本身是一种弱酸或弱碱,在不同的 pH 范围显示不同的颜色。例如:酚酞的变色范围为 pH=8.0~10.0,在 pH<8.0 时为无色, pH>10.0 时为红色, pH 在 8.0~10.0 之间时显浅红色;甲基橙的变色范围为 pH=4.4~6.2,pH<4.4 时显红色,pH>6.2 时显黄色,pH 在 4.4~6.2 之间时显橙色或橙红色。用强碱滴定强酸时,常用酚酞溶液作指示剂。显然,利用指示剂的变色来确定的终点与酸碱中和时的等当点（当碱溶液与酸溶液中和达到二者的当量数相同时称等当点）可能不一致。如以强碱滴定强酸,在等当点时 pH 应等于 7,而用酚酞作指示剂,它的变色范围是 pH=8.0~10.0。这样滴定到终点（溶液由无色变为红色）时就需要额外消耗一些碱。因而,这就可能带来滴定误差。但是,根据计算,这些滴定终点与等当点不相一致所引起误差是很小的,对酸碱的浓度影响很小,因此可以忽略不计。

[实验用品]

（1）仪器:酸式滴定管、碱式滴定管、5 mL 移液管、10 mL 移液管、锥形瓶、洗耳球、量筒。
（2）药品:酚酞、甲基橙、0.010 0 mol·L⁻¹ 草酸溶液、约 0.1 mol·L⁻¹ NaOH 溶液、约 0.1 mol·L⁻¹HCl 溶液。

[实验步骤]

1. 滴定管的洗涤

洗涤滴定管时,应先用自来水冲洗,再用蒸馏水洗 2 至 3 次,最后用待测液润洗 3 次。

2. 以强碱滴定强酸

用量筒量取 5 mL 未知浓度的 HCl 溶液于锥形瓶中,加水 20 mL 左右,并滴入 2 滴酚酞指示剂。把 NaOH 溶液注入碱式滴定管内,左手挤压玻璃球,右手持锥形瓶,滴定开始,同时缓慢旋转摇荡锥形瓶。若锥形瓶内溶液的颜色半分钟不褪色,采取反滴定,直到溶液颜色变为粉红色。

3. 以强酸滴定强碱

用量筒量取 5 mL 未知浓度 NaOH 溶液于锥形瓶中,加水约 20 mL,加 2 至 3 滴甲基橙指示剂。把 HCl 溶液注入酸式滴定管内,右手持锥形瓶,左手转动活塞,滴定开始,同时缓慢旋转摇荡锥形瓶。待黄色溶液变为橙红色,滴定完毕。若盐酸过量,可采取反滴定。

4. 氢氧化钠溶液的滴定

(1)用一支洁净的移液管取 10.00 mL 草酸溶液(浓度为 0.010 0 mol·L^{-1})于锥形瓶内,加 1 滴酚酞于其中。

(2)右手握锥形瓶,左手捏小圆珠进行滴定,注意观察锥形瓶内溶液的颜色,右手不断振荡溶液,直到溶液变为粉红色,且粉红色不褪去,计算消耗的 NaOH 溶液的体积。

(3)以同样步骤重复滴定两次。

5. HCl 溶液的滴定

(1)用 5 mL 移液管准确移取 10 mL NaOH 于锥形瓶内,加 1 滴甲基橙溶液。

(2)先用少量蒸馏水洗酸式滴定管,再用盐酸润洗,最后用 5 mL 移液管移取约 10 mL 盐酸于滴定管中,使液面不高于"0"刻度,记下始读数。

(3)滴定开始,左手控制开关,右手握锥形瓶慢慢振动,双眼注视锥形瓶内颜色的变化,直至溶液呈橙红色,且半分钟不褪色,记下滴定终读数。

(4)重复上述步骤滴定两次。

[实验习题]

试以已知当量浓度的盐酸测定未知当量浓度的氢氧化钠溶液为例(选用甲基橙溶液为指示剂),讨论中和滴定实验的误差。

(1)滴定管只经过蒸馏水洗,未经标准酸液润洗。

(2)滴定管末端尖嘴处未充满标准溶液或有气泡。

(3)滴定完毕后,滴定管尖嘴处有酸液剩余。

(4)锥形瓶用水洗后,又用碱液冲洗。

(5)最后 1 滴酸液滴入后红色消失,又补加 2 滴酸液。

(7)观察滴定终点时仰视液面。

[注意事项]

(1)振荡锥形瓶时,不能使溶液溅出,这样会使结果偏小。

(2)滴定完毕后,若玻璃尖嘴外留有液滴,会使结果偏大;若尖嘴内留有气泡,会使结果偏小。

（3）已达滴定终点的溶液放久后仍会褪色，是由于空气中 CO_2 的影响。

实验八 用电导法测定醋酸的电离度和电离常数

[实验目的]

（1）加深对醋酸电离度、电离常数和溶液浓度与电导关系的理解。

（2）了解电导法测电离度的原理，学习在井穴板中进行电导率测量的操作。

（3）进一步掌握溶液的配制方法。

[实验原理]

$$HOAc \rightleftharpoons H^+ + OAc^- \qquad K_c^\ominus = \frac{\frac{c}{c^\ominus}\alpha^2}{1-\alpha}$$

测不同浓度下的电离度 α，采用电导法 $L = \dfrac{1}{R} = \kappa\dfrac{A}{D}$，其中：$\kappa$ 为电导率或比电导，$S \cdot m^{-1}$；R 为电阻；A 为电极面积；D 为电极距离；A/D 为电极常数或电导池常数。κ 仅取决于电解质的性质及其浓度。

引入摩尔电导的概念以消除浓度因素。因此 Λ_m 与离子极限摩尔电导率成正比。

当浓度为 $c(\mathrm{mol \cdot L^{-1}})$ 时，$\Lambda_m = \kappa\dfrac{10^{-3}}{c}(S \cdot m^2 \cdot mol^{-1})$。

当浓度无限小，即 $c \to 0$ 时，电离度 $\alpha \to 1$，$L \to$ 极限摩尔电导 Λ_m^∞。

一定温度下 $\alpha = \dfrac{\Lambda_m}{\Lambda_m^\infty}$，故 $K_c^\ominus = \dfrac{\frac{c}{c^\ominus}\Lambda_m^2}{\Lambda_m(\Lambda_m^\infty - \Lambda_m)}$。

[电导率仪的使用]

1. DDS-11A 型电导率仪及其使用技术

1）检查、准备

（1）接通电源前表头指针应指向零。若不在零位，可调节表头螺丝，使指针指向表左端的零位。

（2）按说明书选择 DJS-I 型铂黑电极 1 支，用待测溶液润洗电极头 2 次，把电极固定在电极支架上，然后插入待测溶液（浸没铂片部分）。调节电极常数调节器，指向所用电极常数数值处（电极上已标明）。

（3）将"量程"开关右旋到最高挡（即 ×10⁴ 挡），"校正 / 测量"开关拨到"校正"位置，"高 / 低周"开关放在"高周"位置。

（4）打开"电源"开关，指示灯亮，预热 5~10 min。

2）校正、测量

（1）将电极的插头插入电极插口，拧紧插口边的小螺丝。

（2）调节校正调节器,使指针指向满刻度(在表的右端)。

（3）将"校正 / 测量"开关拨向"测量"位置,"量程"开关由大到小地调倍率至适当的位置。将"量程"开关扳在带黑点的挡,读表面上行刻度(0~1);扳在带红点的挡,读表面下行刻度(0~3)。此时,表头所指读数乘以"量程"开关选择的倍率,即为被测溶液实际电导率。

注:测纯水的电导率时,将"量程"开关扳在 ×10 挡,"高 / 低周"开关放在"低周"。高于 30 mS·m⁻¹ 时,放在"高周"。重复以上(2)、(3)步,取两个读数的平均值。

测量完毕,将"量程"开关还原到最高挡,"校正 / 测量"开关拨到"校正"位置,关闭电源,拔下电极,用蒸馏水冲洗后,将电极放回电极盒中。

2. DS-11D 型电导率仪及其使用技术

1）检查、准备

（1）接通电源,打开"电源"开关,指示灯亮。

（2）用温度计测出被测介质温度后,把"温度"旋钮置于相应介质温度的刻度上。注:若把旋钮置于 25 ℃线上,仪器就不能进行温度补偿。

（3）选择电极,调节常数旋钮,把旋钮置于与所使用电极的常数数值一致的位置上。

（4）将"量程"开关拨向"检查"位置,调节"校正 / 测量"开关,使电表指示满偏(在表的右端)。

2）测量

（1）把"量程"开关拨至所需的测量挡。如预先不知被测介质电导率的大小,应先把其拨到最大电导率挡,然后逐挡下降,以防表针打坏。

（2）电极插头插入插座时,应使插头之凹槽对准插座之凹槽,然后用食指按一下插头之顶部,即可插入。拔出时捏住插头之下部,往上一拔即可,再把电极浸入介质。

（3）将"量程"开关扳到带黑点的挡,读表面上行的刻度(0~1);扳到带红点的挡,读表面下行的刻度(0~3)。

（4）测量完毕,将"量程"开关扳到最高挡,关闭电源,拔下电极,用蒸馏水冲洗后,将电极放回电极盒中。

[实验习题]

（1）什么是电导? 什么是电导率? 什么是摩尔电导? 稀释 HOAc 溶液时,κ 与 Λ_m^∞ 值是怎样变化的?

（2）在井穴板中测定电导率时应注意哪些事项? 井穴板测定电导率有什么优点?

[注意事项]

（1）在测量高纯水时应避免污染。

（2）为确保测量精度,电极在使用前应用小于 0.5 μS·cm⁻¹ 的蒸馏水冲洗 2 次,然后用被测试样冲洗 3 次后方可测量。

（3）电极插座绝对禁止沾水,以防造成不必要的测量误差。

（4）注意保护好电极头,防止损坏。

（5）井穴板一定要清洁干燥,但不能烘干。测电导率时,溶液一定要由稀溶液到浓溶液。

（6）井穴板中溶液不能注满。

（7）电极要全部浸入溶液中。

实验九　电离平衡

[实验目的]

（1）巩固 pH 值的概念,掌握测试溶液 pH 值的基本方法。

（2）加深对水解的认识。

（3）理解电离平衡、水解平衡和同离子效应的基本原理。

（4）学会配制缓冲溶液并试验其性质。

（5）掌握 pH 计的使用。

[实验原理]

（1）弱酸、弱碱等电解质在溶液中存在电离平衡。例如:

$$HOAc + H_2O \rightleftharpoons H_3O^+ + OAc^- \quad K_a$$
$$NH_3 \cdot H_2O \rightleftharpoons NH_4^+ + OH^- \quad K_b$$

化学平衡移动规律同样适合这种平衡体系。

（2）同离子效应:在弱电解质的溶液中加入含有相同离子的另一种电解质,会使弱电解质的电离度减小。例如:

$$H_2O + HOAc \rightleftharpoons H_3O^+ + OAc^- \quad NaOAc \rightleftharpoons Na^+ + OAc^-$$

（3）盐类水解是中和反应的逆反应,组成盐的离子与水电离出的 H^+ 和 OH^- 生成弱电解质,水解后的溶液的酸碱性取决于盐的类型。

（4）缓冲溶液:一般由浓度较大的弱酸及其共轭碱或弱碱及其共轭酸所组成。它们在稀释时,或在其中加入少量的酸、碱时,pH 值改变很小。

$$HOAc + H_2O \rightleftharpoons OAc^- + H_3O^+ \qquad K = \frac{[H^+][OAc^-]}{[HOAc]}$$

在一元弱酸 HA 及其盐 A^- 所组成的缓冲体系中,$[OH^-]=K$。设 $[HA]=c_a$,$[A^-]=c_s$,则有

$$[H^+] = K_a \frac{c_a}{c_s}$$

同理,在一元弱碱及其盐所组成的缓冲体系中,有

$$[OH^-] = K_b \frac{c_b}{c_s} = \frac{K_h c_碱}{c_s}$$

[酸度计的使用]

酸度计,也称 pH 计,是用来测量溶液 pH 值的仪器。实验室中常用的酸度计有雷磁 25 型、pHS-2C 型等。它们的原理相同,结构略有差异。酸度计除了可以测量溶液的酸度外,还可以测量电池电动势。

1. pHS-2C 型酸度计的使用

（1）安装:将电源的插头小心插到电源插口内,将复合电极的插头插到电极插口内,并夹在电极夹子上。

注意:

①电源为交流电。

②若使用的电极是玻璃电极和甘汞电极,则玻璃电极只能插到电极插口内。将甘汞电极(参比电极)引线接在线柱上。

③电极使用前要按要求浸泡数小时。不使用时要注意保护电极头。

（2）校正:步骤如下。

①接通电源,指示灯亮。

②用温度计测量被测溶液的温度。

③调节温度补偿器到被测溶液的温度值。

④调节斜率到最大值。

注意:使用前为保持仪器性能稳定,要预热 15 min 以上。

（3）定位:仪器附有两种标准缓冲溶液(pH 值分别为 4.00、6.81),可选用一种与被测溶液的 pH 值较接近的缓冲溶液一起进行定位。

步骤如下。

①向小烧杯内倒入已知 pH 值的标准缓冲溶液。

②将洗净的电极插入缓冲溶液中,并轻轻摇动,同时观察读数表盘上的示数。

③调节定位调节器使示数为缓冲溶液的 pH 值,并使示数稳定。

④将电极上移,移去标准缓冲溶液,用蒸馏水洗净电极头部,并用滤纸将水吸干。

注意以下事项。

①仪器定好位,测量时,调节定位调节器和斜率调节器。

②使用电极时,要注意保护电极头部的玻璃泡,不要将其碰到硬物上。

③实验室一般采用二次定位法定位,即用两种缓冲溶液定位。但要注意:

（a）第一次用 pH ≈ 6.81 的缓冲溶液定位,且将斜率调节器调到最大,然后调节定位调节器,第二次用 pH ≈ 4.00 的缓冲溶液定位时,不调节定位调节器,只调节斜率调节器;

（b）每次使用电极后,要用蒸馏水将电极头部洗净,并用滤纸将水吸干。

（4）测量:步骤如下。

①放上盛有待测溶液的烧杯,移下已洗净的电极,将烧杯轻轻摇动几下。

②观察读数表盘上的示数,待示数稳定后,记下读数,移走溶液,用蒸馏水冲洗电极,将

电极保存好。

2. pHS-25 型酸度计的使用

（1）安装,校正:方法同 pHS-2C 型酸度计。

（2）定位:步骤如下。

①用蒸馏水清洗电极,然后用滤纸将水吸干,再把电极放入一已知 pH 值的缓冲溶液中。

②将"选择"开关置于所测标准缓冲溶液的 pH 范围这一挡(如:对 pH=4.00、pH=6.81 的缓冲溶液,置"0~7"挡;对 pH=9.20 的缓冲溶液,则置"7~14"挡)。

③调节"定位"旋钮,使表盘指针指示缓冲溶液的 pH 值。

④上移电极,移去缓冲溶液,用蒸馏水清洗电极头部,并用滤纸将水吸干。

注意:定好位后,不再动定位调节器。

（3）测量:步骤如下。

①将已洗净的电极插在待测溶液中,轻轻摇动烧杯。

②置"选择"开关于被测溶液的可能 pH 值范围。

③待指针稳定后,记下示数,即为待测溶液的 pH 值。

[实验习题]

（1）影响盐类水解的因素有哪些? 实验室如何配制 $CuSO_4$ 和 $FeCl_3$ 溶液?

（2）实验测得磷酸溶液呈酸性,磷酸二氢钠溶液呈微酸性,磷酸氢二钠呈微碱性,试用磷酸的 K_{a1}、K_{a2}、K_{a3} 数据给予解释。

[注意事项]

（1）酸碱性不同的溶液应分两台仪器测量。

（2）电极在测量前要彻底冲洗干净,以免留有残液。

（3）电极要小心轻放,以免损坏玻璃球。

（4）转动各旋钮时,不要用力太大。

（5）测量完毕后,洗净电极头部,罩好仪器。

实验十　弱电解质电离常数的测定

[实验目的]

（1）测定醋酸的电离常数,加深对电离度和电离常数的理解。

（2）学习正确使用 pH 计。

[实验原理]

醋酸(CH_3COOH)常简写成 HOAc。它在溶液中存在如下平衡:

$$HOAc \rightleftharpoons H^+ + OAc^-$$

$$K_i = \frac{[H^+][OAc^-]}{[HOAc]}$$

式中的 $[H^+]$、$[OAc^-]$ 和 $[HOAc]$ 分别是 H^+、OAc^- 和 HOAc 的平衡浓度,K_i 为电离常数。HOAc 溶液的总浓度可用标准 NaOH 溶液滴定测得。其电离出来的 H^+ 浓度,可以在一定的温度下,用 pH 计测定 HOAc 溶液的 pH 值,再根据 pH=−lg $[H^+]$ 关系式计算出来。另外,根据各物质之间的浓度关系可求出 $[OAc^-]$、$[HOAc]$,全部代入上式便可计算出该温度下的 K_i 值,并可计算出电离度 α。

[实验用品]

(1)仪器:雷磁 25 型酸度计,50 mL 碱式滴定管,25 mL、10 mL 移液管,250 mL 锥形瓶,50 mL、100 mL 烧杯,50 mL 容量瓶,滴定管夹,洗耳球,滴定台,洗瓶,玻璃棒。

(2)药品:标准 NaOH 溶液、HOAc 溶液。

[实验步骤]

1. pHS-25 型酸度计(图 4-4)的使用

接通电源,打开电源开关,电源指示灯亮(下图中的电源开关在仪器背后)。给仪器预热 15~20 min。

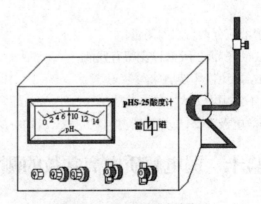

图 4-4　pHS-25 型酸度计外形

1)定位

将擦干的电极插入装有已知 pH 值的缓冲溶液的小烧杯中,轻轻摇动小烧杯。将"量程选择器"拨至所测 pH 缓冲溶液的范围这一挡。调节"温度补偿器",使所指示温度与溶液温度相同。调节"定位调节器",使电表指示该缓冲溶液准确的 pH 值。此时定位结束。定位后,定位钮不应再有任何变动。将图中的"量程选择器"拨至"0"挡,将"功能选择器"置于中间位置。

2)测量待测液的 pH 值

将电极从缓冲溶液中取出,用去离子水冲洗后再用待测液淋洗。将电极插入装有待测液的小烧杯中,稍稍摇动小烧杯。将"量程选择器"拨至相应的 pH 挡。观察电表表头,指针不再漂移时直接读数,此数即为待测液的 pH 值。

3)收尾

将"量程选择器"拨至"0"挡;从待测液中取出电极,用去离子水冲洗电极并用滤纸吸干,套上所有的帽。用双电极的,要将玻璃电极泡在盛有去离子水的小烧杯中(但不要将甘汞电极也泡在去离子水中),然后关闭电源。

2. 实验步骤

(1)用标准 NaOH 溶液测定 HOAc 溶液的浓度,用酚酞作为指示剂(操作方法参照酸碱滴定实验,终点应出现什么颜色?)。

(2)分别吸取 2.50 mL、5.00 mL 和 25.00 mL 上述的 HOAc 溶液于三个 50 mL 的容量瓶中,用蒸馏水稀释至刻度,摇匀,并分别计算出各溶液的准确浓度。

(3)用四个干燥的 50 mL 烧杯,分别取约 30 mL 上述三种浓度的 HOAc 溶液及未经稀释的 HOAc 溶液,由稀到浓分别用 pH 计测定它们的 pH 值。

[实验习题]

(1)在醋酸溶液的平衡体系中未电离的醋酸、醋酸根离子和氢离子的浓度如何获得?
(2)在测定同一电解质溶液的不同 pH 值时,测定的顺序为什么要由稀到浓?

[注意事项]

(1)若用复合电极,则要取下电极下部的塑料保护帽和电极侧面的胶皮帽。
(2)读数时要注意所测的 pH 值范围应从右向左还是从左向右读。

实验十一 $I_3^- \rightleftharpoons I_2 + I^-$ 体系平衡常数的测定

[实验目的]

(1)测定 $I_3^- \rightleftharpoons I_2 + I^-$ 体系的平衡常数,加深对化学平衡和平衡常数的理解。
(2)巩固滴定操作。

[实验原理]

碘溶解于碘化钾溶液,主要生成 I_3^-。在一定温度下,它们建立如下平衡:

$$I_3^- \rightleftharpoons I_2 + I^-$$

其平衡常数是

$$K_\alpha = \frac{\alpha_{I_2} \cdot \alpha_{I^-}}{\alpha_{I_3^-}} = \frac{[I_2][I^-]}{[I_3^-]} \cdot \frac{\gamma_{I_2} \cdot \gamma_{I^-}}{\gamma_{I_3^-}} \quad\quad\quad (1)$$

式中 α、$[\ ]$、γ 分别表示各物质的活度、物质的量浓度以及活度系数。K_α 越大,表示 I_3^- 越不稳定,故 K_α 又称为 I_3^- 的不稳定常数。

在离子强度不大的溶液中,由于

$$\frac{\gamma_{I_2} \cdot \gamma_{I^-}}{\gamma_{I_3^-}} \approx 1$$

故

$$K_\alpha \approx \frac{[I_2][I^-]}{[I_3^-]} = K_c \quad\quad\quad (2)$$

为了测定上述平衡体系中各组分的浓度,可将已知浓度 c 的 KI 溶液与过量的固体碘一起摇荡,达到平衡后用标准 $Na_2S_2O_3$ 溶液滴定,便可求得溶液中碘的总浓度 c_1(即 $[I_3^-]_平 + [I_2]_平$)。其中的 $[I_2]_平$ 可用 I_2 在纯水中的饱和浓度代替。因此,将过量的碘与蒸馏水一起振荡,平衡后用标准 $Na_2S_2O_3$ 溶液滴定,就可以确定 I_2 的平衡浓度 $[I_2]_平$,同时也确定了 $[I_3^-]_平$:

$$[I_3^-]_平 = c_1 - [I_2]_平 \quad\quad\quad (3)$$

由于形成一个 I_3^- 要消耗一个 I^-,所以平衡时 I^- 的浓度为

$$[I^-]_平 = c - [I_3^-]_平 \quad\quad\quad (4)$$

将 $[I_2]_平$、$[I_3^-]_平$、$[I^-]_平$ 代入式(2),便可求出该温度下的平衡常数 K_c。

[实验用品]

(1)仪器:托盘天平,10 mL 移液管,250 mL 锥形瓶,100 mL、500 mL 碘量瓶,50 mL 酸式滴定管,吸耳球。

(2)药品:I_2(s),0.100 mol·L⁻¹、0.200 mol·L⁻¹、0.300 mol·L⁻¹ KI 溶液,0.050 0 mol·L⁻¹ $Na_2S_2O_3$ 标准溶液,0.5% 淀粉溶液。其中 KI 和 $Na_2S_2O_3$ 溶液必须预先标定。

[实验步骤]

(1)取三个 100 mL 干燥的碘量瓶和一个 500 mL 碘量瓶,按表 4-1 所列的量配好溶液。

(2)将上述配好的溶液在室温下强烈振荡 25 min,静置,待过量的固体 I_2 沉于瓶底后,取清液分析。

(3)在 1~3 号瓶中分别吸取上层清液 10.00 mL 于锥形瓶中,加入约 30 mL 蒸馏水,用标准 $Na_2S_2O_3$ 溶液滴定至淡黄色,然后加入 2 mL 淀粉溶液,继续滴定至蓝紫色刚好消失,记下 $Na_2S_2O_3$ 消耗的体积。于第四号瓶中,量取出 100 mL 清液,以标准 $Na_2S_2O_3$ 溶液滴定,记录标准溶液消耗的体积。

表 4-1　平衡常数测定的溶液配比

编　号	1	2	3	4
$c_{KI}/(mol \cdot L^{-1})$	0.100	0.200	0.300	—
V_{KI}/mL	50	50	50	—
m_{I_2}/g	2.0	2.0	2.0	2.0
V_{H_2O}/mL	—	—	—	250

（4）记录和结果。

①列表记录有关数据，分别求出碘的总浓度 c_1 和 $[I_2]_平$。

②分别求出三种编号溶液中的 $[I_3^-]_平$、$[I^-]_平$ 以及平衡常数 K_c。

[实验习题]

（1）在固体碘和 KI 溶液反应时，如果碘的量不够，将有何影响？碘的用量是否一定要准确称量？

（2）在实验过程中，如果：①吸取清液进行滴定时不小心吸进一些碘微粒；②饱和的碘水放置很久才进行滴定；③振荡的时间不够，对实验结果将产生什么影响？

[注意事项]

（1）由于碘容易挥发，吸取清液后应尽快滴定，不要放置太久，在滴定时不宜过于剧烈地摇动溶液。

（2）本实验所有含碘废液都要回收。

实验十二　化学反应速度和活化能的测定

[实验目的]

（1）了解浓度、温度和催化剂对反应速度的影响。

（2）测定（NH_4）$_2S_2O_8$ 与 KI 反应的平均反应速度、反应级数、速度常数和活化能。

[实验原理]

在水溶液中，（NH_4）$_2S_2O_8$ 与 KI 发生如下的反应：

$$（NH_4）_2S_2O_8 + 3KI = （NH_4）_2SO_4 + K_2SO_4 + KI_3$$

反应的离子方程为

$$S_2O_8^{2-} + 3I^- = 2SO_4^{2-} + I_3^- \tag{1}$$

该反应的平均反应速度与反应物浓度的关系可用下式表示：

$$v = \frac{-\Delta[S_2O_8^{2-}]}{\Delta t} \approx k[S_2O_8^{2-}]^m \cdot [I^-]^n$$

式中：$\Delta[S_2O_8^{2-}]$ 为 $S_2O_8^{2-}$ 在 Δt 时间内物质的量的浓度的改变值；$[S_2O_8^{2-}]$、$[I^-]$ 分别为两种离子的初始浓度，$mol \cdot L^{-3}$；k 为反应速度常数；m 和 n 为反应级数。

为了能够测定 $\Delta[S_2O_8^{2-}]$，在混合（NH_4）$_2S_2O_8$ 和 KI 溶液时，同时加入一定体积的已知浓度的 $Na_2S_2O_3$ 溶液和作为指示剂的淀粉溶液，这样在反应（1）进行的同时，也进行着如下的反应：

$$2S_2O_3^{2-} + I_3^- = S_4O_6^{2-} + 3I^- \tag{2}$$

反应（2）进行得非常快，几乎瞬间完成，而反应（1）却慢得多，所以由反应（1）生成的 I_3^- 立即与 $S_2O_3^{2-}$ 作用生成无色的 $S_4O_6^{2-}$ 和 I^-，因此，在反应的开始阶段，看不到碘与淀粉作用而显示出来特有的蓝色。但是一旦 $Na_2S_2O_3$ 耗尽，反应（1）继续生成的微量 I_3^- 立即使淀粉溶液显示蓝色。所以蓝色的出现就标志着反应（2）的完成。

从反应方程式（1）和（2）的计量关系可以看出，$S_2O_8^{2-}$ 浓度减少的量等于 $S_2O_3^{2-}$ 减少量的一半，即

$$\Delta[S_2O_8^{2-}] = \frac{\Delta[S_2O_3^{2-}]}{2}$$

由于 $S_2O_3^{2-}$ 在溶液显示蓝色时已全部耗尽，所以 $\Delta[S_2O_8^{2-}]$ 实际上就是反应开始时 $Na_2S_2O_3$ 的初始浓度。因此，只要记下反应开始到溶液出现蓝色所需的时间 Δt，就可以求算反应（1）的平均速度。

在固定 $[S_2O_3^{2-}]$、改变 $[S_2O_8^{2-}]$ 和 $[I^-]$ 的条件下进行一系列实验，测定不同条件下的反应速度，就能根据 $v = k[S_2O_8^{2-}]^m [I^-]^n$ 的关系推出反应的反应级数。再由下式可进一步求出反应速度常数 k：

$$k = \frac{v}{[S_2O_8^{2-}]^m [I^-]^n}$$

根据阿伦尼乌斯公式，反应速度常数 k 与反应温度有如下的关系：

$$\lg k = \frac{-E_a}{2.303RT} + \lg A$$

式中：E_a 为反应的活化能；R 为气体常数；T 为绝对温度。因此，只要测定不同温度时的 k 值，以 $\lg k$ 对 $1/T$ 作图，可得一直线，由直线的斜率可求得反应的活化能 E_a：

$$斜率 = \frac{-E_a}{2.303R}$$

[实验用品]

（1）仪器：10 mL、20 mL 量筒，100 mL 烧杯，玻璃棒，秒表，温度计。

（2）药品：0.2 mol·L⁻¹ KI、0.20 mol·L⁻¹（NH₄）₂SO₄、0.010 mol·L⁻¹ Na₂S₂O₃、0.20 mol·L⁻¹ KNO₃、0.2% 淀粉溶液、0.20 mol·L⁻¹（NH₄）₂S₂O₈、0.020 mol·L⁻¹ Cu（NO₃）₂ 溶液。

[实验步骤]

1. 浓度对反应速度的影响

室温下按表 4-2 实验编号 1 的用量分别量取 KI、淀粉、Na₂S₂O₃ 溶液于 150 mL 烧杯中，用玻璃棒搅拌均匀。再量取（NH₄）₂S₂O₈ 溶液，迅速加到烧杯中，同时按动秒表，立刻用玻璃棒将溶液搅拌均匀。观察溶液，刚一出现蓝色，立即停止计时，并记录反应时间。

表 4-2 浓度对反应速度的影响

	实验编号	1	2	3	4	5
试剂用量 /mL	0.2 mol·L⁻¹ KI	20	20	20	10	5.0
	0.2% 淀粉溶液	4.0	4.0	4.0	4.0	4.0
	0.010 mol·L⁻¹ Na₂S₂O₃	8.0	8.0	8.0	8.0	8.0
	0.20 mol·L⁻¹ KNO₃				10	15
	0.20 mol·L⁻¹（NH₄）₂SO₄		10	15		
	0.20 mol·L⁻¹（NH₄）₂S₂O₈	20	10	5.0	20	20
各物质浓度	[KI]					
	[Na₂S₂O₃]					
	[（NH₄）₂S₂O₈]					
	反应时间 Δt/s					
	反应速度 v=[Na₂S₂O₃]/2Δt					
	lg v					
	lg[S₂O₈²⁻]					
	lg[I⁻]					
	作图求得 m					
	作图求得 n					
	反应速度常数 k					

用同样方法进行 2~5 次实验。为了使溶液的离子强度和总体积保持不变，在实验编号 2~5 中所减少的 KI 或（NH₄）₂S₂O₈ 的量分别用 KNO₃ 和（NH₄）₂SO₄ 溶液补充。

2. 温度对反应速度的影响

按表 4-2 实验编号 4 的用量分别加入 KI、淀粉、Na₂S₂O₃ 和 KNO₃ 溶液于 150 mL 烧杯中，搅拌均匀。在一个大试管中加入（NH₄）₂S₂O₈ 溶液，将烧杯和试管中溶液的温度控制在 283 K 左右，把试管中的（NH₄）₂S₂O₈ 迅速倒入烧杯中，搅拌并记录反应时间和温度。分别在 293 K、303 K 和 313 K 的条件下重复上述实验，将反应时间和温度记录在表 4-3 中。

表 4-3　温度对反应速度的影响

实验编号	1	2	3	4
反应温度				
反应时间 Δt/s				
反应速度 v				
反应速度常数 k				
$\lg k$				
$1/T$				
作图求得 E_a/(kJ·mol^{-1})				

3. 催化剂对反应速度的影响

按表 4-2 实验编号 4 的用量分别加入 KI、淀粉、$Na_2S_2O_3$ 和 KNO_3 溶液于 150 mL 烧杯中,加入 2 滴 0.020 mol·L^{-1}Cu(NO_3)$_2$ 溶液,搅拌均匀,迅速加入(NH_4)$_2S_2O_8$ 溶液,搅拌,记录反应的时间,并记入表 4-4 中。

表 4-4　催化剂对反应速度的影响

实验编号	催化剂	反应时间 Δt/s
1	无	
2	2 滴 0.020 mol·L^{-1} Cu(NO_3)$_2$	

[实验习题]

(1)在向 KI、淀粉和 $Na_2S_2O_3$ 混合溶液中加入(NH_4)$_2S_2O_8$ 时,为什么越快越好?

(2)在加入(NH_4)$_2S_2O_8$ 时,先计时后搅拌或者先搅拌后计时,对实验结果各有何影响?

[注意事项]

(1)将各种试剂混合之后,最后加入(NH_4)$_2S_2O_8$;加入时动作要迅速,并马上计时。

(2)做温度对反应速度的影响的实验时,KI、淀粉、$Na_2S_2O_3$ 和 KNO_3 等溶液混合后的温度应调至所需的温度,(NH_4)$_2S_2O_8$ 溶液也应调至同一温度,然后迅速加入(NH_4)$_2S_2O_8$,并计时。

实验十三　银氨配离子配位数的测定

[实验目的]

(1)应用配位平衡和溶度积原理测定银氨配离子 [Ag(NH_3)$_n^+$] 的配位数 n。

（2）复习配位平衡和溶度积等基本概念。

[实验原理]

在硝酸银水溶液中加入过量的氨水，即生成稳定的银氨配离子 $[Ag(NH_3)_n^+]$。再往溶液中加入溴化钾溶液，直到刚出现的溴化银沉淀不消失为止，这时混合溶液中同时存在着如下平衡：

$$Ag^+ + nNH_3 \rightleftharpoons [Ag(NH_3)_n^+]$$

$$\frac{[Ag(NH_3)_n^+]}{[Ag^+][NH_3]^n} = K_稳 \tag{1}$$

$$AgBr(s) \rightleftharpoons Ag^+ + Br^-$$

$$[Br^-][Ag^+] = K_{sp} \tag{2}$$

（1）式 ×（2）式得

$$\frac{[Ag(NH_3)_n^+][Br^-]}{[NH_3]^n} = K_稳 \cdot K_{sp} = K \tag{3}$$

整理（3）式得

$$[Br^-] = \frac{K[NH_3]^n}{[Ag(NH_3)_n^+]} \tag{4}$$

$[Br^-]$、$[Ag(NH_3)_n^+]$ 和 NH_3 皆是平衡时的浓度（ $mol \cdot L^{-1}$ ），它们可以近似地计算如下。

设最初取用的 $AgNO_3$ 溶液的体积为 V_{Ag^+}，浓度为 $[Ag^+]$，加入氨水（过量）和滴定时所需溴化钾溶液的体积为 V_{NH_3} 和 V_{Br^-}，其浓度分别为 $[NH_3]$ 和 $[Br^-]$，混合溶液的总体积为 $V_总$，则平衡时体系各组分的浓度近似为

$$[Br^-] = [Br^-]_0 \frac{V_{Br^-}}{V_总} \tag{5}$$

$$[Ag(NH_3)_n^+] = [Ag^+]_0 \frac{V_{Ag^+}}{V_总} \tag{6}$$

$$[NH_3] = [NH_3]_0 \frac{V_{NH_3}}{V_总} \tag{7}$$

将（5）、（6）、（7）代入（4）式整理后得

$$V_{Br^-} = \left. KV_{NH_3}^n \left(\frac{[NH_3]_0}{V_总}\right)^n \middle/ \frac{[Br^-]_0}{V_总} \cdot \frac{[Ag^+]_0 V_{Ag^+}}{V_总} \right. \tag{8}$$

本实验是在改变氨水的体积，各组分起始浓度和 $V_总$、V_{Ag^+} 在实验过程均保持不变的情况下进行的，所以（8）式可写成

$$V_{Br^-} = V_{NH_3}^n \cdot K' \tag{9}$$

（9）式两边取对数得方程式

$$\lg V_{Br^-} = n\lg V_{NH_3} + \lg K'$$

以 $\lg V_{Br^-}$ 为纵坐标、$\lg V_{NH_3}$ 为横坐标作图，直线的斜率便是 $[Ag(NH_3)_n^+]$ 的配位数 n。

[实验用品]

（1）仪器：250 mL 锥形瓶、50 mL 酸式滴定管。

（2）药品：0.010 mol·L⁻¹ AgNO₃ 溶液、0.010 mol·L⁻¹ KBr 溶液、2.0 mol·L⁻¹ NH₃·H₂O 溶液。

[实验步骤]

按表 4-5 各编号所列数量依次加入 AgNO₃ 溶液、NH₃·H₂O 和蒸馏水于各号锥形瓶中，在不断缓慢摇荡下从滴定管中逐滴加入 KBr 溶液，直到溶液开始出现的浑浊不再消失为止（沉淀为何物？），记下所用 KBr 溶液的体积。从编号 2 开始，当滴定接近终点时，还要补加适量的蒸馏水，继续滴至终点，使溶液的总体积都与编号 1 的体积基本相同。

表 4-5　记录和结果

编号	V_{Ag^+}/mL	V_{NH_3}/mL	V_{H_2O}/mL	V_{Br^-}/mL	V_{H_2O}/mL	$V_{总}$/mL	$\lg(V_{NH_3}/mL)$	$\lg(V_{Br^-}/mL)$
1	20.0	40.0	40.0		0.0			
2	20.0	35.0	45.0					
3	20.0	30.0	50.0					
4	20.0	25.0	55.0					
5	20.0	20.0	60.0					
6	20.0	15.0	65.0					
7	20.0	10.0	70.0					

（1）根据有关数据作图，求出 $[Ag(NH_3)_n^+]$ 配离子的配位数 n。

（2）查出必要数据，求出 $K_{稳}$ 值。

[实验习题]

在计算平衡浓度 $[Br^-]$、$[Ag(NH_3)_n^+]$ 和 $[NH_3]$ 时，为什么可以忽略生成 AgBr 沉淀时所消耗的 Br⁻ 和 Ag⁺ 的浓度，同时也可以忽略 $[Ag(NH_3)_n^+]$ 电离出来的 Ag⁺ 浓度以及生成 $[Ag(NH_3)_n^+]$ 时所消耗的 NH₃ 的浓度？

实验十四　中和热的测定

[实验目的]

（1）用量热法测定 NaOH 和 HCl 的中和热。

（2）了解测定反应热效应的原理和方法。

（3）了解中和热的测定方法。

（4）学习温度计、秒表的使用，练习实验作图。

[实验原理]

化学反应总伴随着能量变化，这种能量的变化通常表现为热效应。

酸碱中和反应会放出热量。在一定温度、压力、浓度下，1 mol H^+（aq）和 1 mol OH^-（aq）反应生成 1 mol H_2O（1）所放出的热量叫中和热。

$$H^+（aq）+OH^-（aq）=H_2O（1）+\Delta H（中和热）$$

测量中和热的方法很多，本实验采用普通的保温杯和精密温度计作为简易量热计来测量。

使用量热计测定反应所产生的热量时，首先要知道量热计的热容，因为在量热计中进行化学反应所产生的热量，除了使反应溶液的温度升高，还使量热计的温度升高。因此，反应产生的总热量

$$Q =（c_p+c_p'）\Delta T$$

式中：c_p 为量热计热容；c_p' 为溶液热容；ΔT 为反应前后温度的变化。溶液热容 $c_p' =V\rho c$（ c 取 4.15 $J \cdot g^{-1} \cdot K^{-1}$ ）。

本实验用下述方法进行量热计热容的测定：在量热计中先注入一定量的冷水（温度为 T_1 ），再注入相同量的热水（温度为 T_2 ），混合后的水温为 T_3。已知水的比热为 c，则

热水失热 $= cm（T_2-T_3）$

冷水得热 $= cm（T_3-T_1）$

量热计得热 $= cm（T_2-T_3）- cm（T_3-T_1）$

由此得量热计的热容为

$$c_p = \frac{cm(T_2 - T_3) - cm(T_3 - T_1)}{T_3 - T_1}$$

在本实验中，能否测得准确的温度值是关键。为了获得较准确的温度变化，除了认真观察反应末态的温度外，还要对温度进行校正。其方法是，在反应过程中，每间隔一段时间记录一次温度，然后用温度对时间作图，绘制温度－时间曲线。

一定温度下

$$H^+ + OH^- = H_2O \quad \Delta H = -57.20 + 0.21（T - 25）$$

[实验步骤]

测量前要对使用的两支温度计进行校正,方法是将其放入盛水的烧杯中,几分钟后观察温度(精确到 0.1 K),记下两支温度计读数的差值。在以下的实验中均要考虑这个差值,以避免温度计之间的差值而引起实验误差。

1. 量热计热容的测定

(1)注意温度计和搅拌棒不能接触杯底。

(2)用 50 mL 量筒量取 50 mL 冷水于 100 mL 烧杯中,将烧杯放在石棉网上加热,加热到高于冷水温度 20 ℃时停止加热,30 s 后,记下温度 T_2。

(3)用 50 mL 量筒量取 50 mL 冷水于干燥的量热计中,盖好塞子,缓缓搅拌,几分钟后,观察温度,若连续 3 min 温度不变化,记下 T_1。

(4)迅速将热水一次性全部倒入量热计中,盖好塞子并搅拌,观察温度随时间的变化情况。

(5)作温度－时间曲线,求 T_3,继而求 c_p。

2. 测定 NaOH 与 HCl 的中和热

(1)擦干量热计,用 50 mL 量筒量取 50.0 mL HCl 于热量计中,盖好塞子,缓缓搅拌,使其达到热平衡,记下温度 T_1。

(2)用 100 mL 量筒量取 52.0 mL NaOH 溶液,注入烧杯中,设定温度为 T_1。

(3)小心而又迅速地将碱液一次性倒入量热计中,盖好塞子,不断搅拌,观察温度随时间的变化情况。

(4)用温度对时间作图,求 T_2。

3. 测定 NaOH 与 HOAc 的中和热

步骤同上。

[实验习题]

(1)结合实验理解下列概念:体系、环境、比热、热容、反应热、生成热、中和热。

(2)如果用 1.0 mol·L^{-1} HOAc 溶液代替 1.0 mol·L^{-1} HCl 溶液与 NaOH 溶液反应,所测得的反应热是否一样? 为什么?

(3)1 mol HCl 和 1 mol H$_2$SO$_4$ 被强碱完全中和所放出的热量是否相同?

(4)试分析产生误差的原因。

实验十五　氧化还原反应(一)

[实验目的]

(1)深入理解电极电势与氧化还原反应的关系。

（2）深入理解温度、反应物浓度对氧化还原反应的影响。

（3）了解介质的酸碱性对氧化还原反应产物的影响。

（4）掌握物质浓度对电极电势的影响。

（5）学会用 pHS-25 型酸度计的"mV"部分，粗略测量原电池电动势。

[实验原理]

本实验采用 pHS-25 型酸度计的"mV"部分测量原电池的电动势。原电池电动势的精确测量常用电位差计，而不用一般的伏特计。因为伏特计与原电池接通后，有电流通过伏特计引起原电池发生氧化还原反应。另外，由于原电池本身有内阻，放电时产生内压降，伏特计所测得的端电压，仅是外电路的电压，而不是原电池的电动势。当把酸度计与原电池接通后，由于酸度计的"mV"部分具有高阻抗，测量回路中通过的电流很小，原电池的内压降近似为零，所测得的外电路的电压降可近似地作为原电池的电动势。因此，可用酸度计的"mV"部分粗略地测量原电池的电动势。

[实验用品]

（1）仪器：pHS-25 型酸度计、Cu 电极、Zn 电极、温度计。

（2）药品：$3.0\ mol \cdot L^{-1}\ H_2SO_4$ 溶液，$0.1\ mol \cdot L^{-1}\ H_2C_2O_4$ 溶液，$1.0\ mol \cdot L^{-1}\ HOAc$ 溶液，$2.0\ mol \cdot L^{-1}\ NaOH$ 溶液，$0.1\ mol \cdot L^{-1}\ KSCN$ 溶液，$0.1\ mol \cdot L^{-1}$、$0.5\ mol \cdot L^{-1}\ Pb(NO_3)_2$ 溶液，$0.1\ mol \cdot L^{-1}\ Na_2SO_3$ 溶液，$0.1\ mol \cdot L^{-1}\ KMnO_4$ 溶液，$0.1\ mol \cdot L^{-1}\ FeSO_4$ 溶液，$1\ mol \cdot L^{-1}$、$0.1\ mol \cdot L^{-1}\ CuSO_4$ 溶液，$0.1\ mol \cdot L^{-1}\ KBr$ 溶液，$0.1\ mol \cdot L^{-1}\ KI$ 溶液，$0.1\ mol \cdot L^{-1}\ NaNO_2$ 溶液，$0.1\ mol \cdot L^{-1}\ KIO_3$ 溶液，$0.1\ mol \cdot L^{-1}\ SnCl_2$ 溶液，$0.1\ mol \cdot L^{-1}\ Na_2S$ 溶液，$1\ mol \cdot L^{-1}$、$0.1\ mol \cdot L^{-1}\ ZnSO_4$ 溶液，$0.1\ mol \cdot L^{-1}\ FeCl_3$ 溶液，CCl_4，I_2 水，Br_2 水，Na_2SiO_3（$d=1.06\ g \cdot cm^{-3}$），$3\%\ H_2O_2$ 溶液，淀粉溶液。

（3）材料：盐桥、蓝色石蕊试纸。

[实验步骤]

1. 电极电势与氧化还原反应的关系

（1）在试管中加入 $0.5\ mL\ 0.1\ mol \cdot L^{-1}\ KI$ 溶液和 2 至 3 滴 $0.1\ mol \cdot L^{-1}\ FeCl_3$ 溶液，观察现象。再加入 $0.5\ mL\ CCl_4$，充分振荡后观察 CCl_4 层的颜色。写出离子反应方程式。

（2）用 $0.1\ mol \cdot L^{-1}\ KBr$ 溶液代替 $0.1\ mol \cdot L^{-1}\ KI$ 溶液，做同样的实验，并观察现象。

根据（1）、（2）的实验结果，定性比较 Br_2/Br^-、I_2/I^-、Fe^{3+}/Fe^{2+} 三个电对电极电势的大小，并指出哪个电对的氧化型物质是最强的氧化剂，哪个电对的还原型物质是最强的还原剂。

（3）在两支试管中分别加入 I_2 水和 Br_2 水各 $0.5\ mL$，再加入少许 $0.1\ mol \cdot L^{-1}\ FeSO_4$ 溶液及 $0.5\ mL\ CCl_4$，摇匀后观察现象。写出有关反应的离子方程式。

根据（1）、（2）、（3）的实验结果，说明电极电势与氧化还原反应方向的关系。

（4）往试管中加入 4 滴 $0.1\ mol \cdot L^{-1}\ FeCl_3$ 溶液和 2 滴 $0.01\ mol \cdot L^{-1}\ KMnO_4$ 溶液，摇匀后

往试管中逐滴加入 0.1 mol·L⁻¹ SnCl₂ 溶液，并不断摇动试管。待 KMnO₄ 溶液褪色后，加入 0.1 mol·L⁻¹ KSCN 溶液 1 滴，观察现象，继续滴加 0.1 mol·L⁻¹ SnCl₂ 溶液，观察溶液颜色的变化。解释实验现象，并写出离子反应方程式。

2. 浓度、温度、酸度对电极电势及氧化还原反应的影响

1）浓度对电极电势的影响

在两只 50 mL 烧杯中，分别加入 30 mL 1.0 mol·L⁻¹ ZnSO₄ 溶液和 30 mL 1.0 mol·L⁻¹ CuSO₄ 溶液。在 CuSO₄ 溶液中插入 Cu 电极，在 ZnSO₄ 溶液中插入 Zn 电极，并分别与酸度计的"+""-"接线柱相接，溶液以盐桥相连。测量两极之间的电动势。

用 0.1 mol·L⁻¹ ZnSO₄ 代替 1.0 mol·L⁻¹ ZnSO₄，观察电动势有何变化，解释实验现象，说明浓度的改变对电极电势的影响。

2）温度对氧化还原反应的影响

往 A、B 两支试管中都加入 0.01 mol·L⁻¹ KMnO₄ 溶液 3 滴和 3.0 mol·L⁻¹ H₂SO₄ 溶液 5 滴，往 C、D 两支试管中都加入 0.1 mol·L⁻¹ H₂C₂O₄ 溶液 5 滴。将 A、C 试管放在水浴中加热几分钟后混合，同时，将 B、D 试管中的溶液混合。比较两组混合溶液颜色的变化，并做出解释。

3）浓度、酸度对氧化还原反应的影响

往两支试管中分别加入 0.5 mol·L⁻¹ 和 0.1 mol·L⁻¹ 的 Pb(NO₃)₂ 溶液各 3 滴，然后各自加入 1.0 mol·L⁻¹ HOAc 溶液 30 滴，混匀后，再逐滴加入 26~28 滴 Na₂SiO₃(d=1.06 g·cm⁻³) 溶液，摇匀，用蓝色石蕊试纸检查，溶液仍呈酸性，在 90 ℃ 水浴中加热（切记：温度不可超过 90 ℃），此时，两支试管中均出现胶冻。从水浴中取出两支试管，冷却后，同时往两支试管中插入表面积相同的锌片，观察两支试管中"铅树"生长的速度，并做出解释。

3. 介质酸碱度对还原产物的影响

（1）在试管中加入 0.1 mol·L⁻¹ KI 溶液 10 滴和 0.1 mol·L⁻¹ KIO₃ 溶液 2 至 3 滴，观察有无变化。然后加入几滴 3.0 mol·L⁻¹ H₂SO₄ 溶液，并观察现象。接着逐滴加入 2.0 mol·L⁻¹ NaOH 溶液，观察反应的现象，并做出解释。

（2）取三支试管，各加入 0.01 mol·L⁻¹ KMnO₄ 溶液 2 滴；然后，往第一支试管加入 5 滴 3.0 mol·L⁻¹ H₂SO₄ 溶液，往第二支试管中加入 5 滴 H₂O，往第三支试管中加入 5 滴 6 mol·L⁻¹ NaOH 溶液，然后往三支试管中各加入 0.1 mol·L⁻¹ 的 Na₂SO₃ 溶液 5 滴。观察实验现象，并写出离子反应方程式。

4. H₂O₂ 的氧化还原性

（1）在离心试管中加入 0.1 mol·L⁻¹ Pb(NO₃)₂ 溶液 1 mL，滴加 0.1 mol·L⁻¹ Na₂S 溶液 1 至 2 滴，观察 PbS 沉淀的颜色。离心分离，弃去清液，用水洗涤沉淀 1 至 2 次，在沉淀中加入 3% H₂O₂ 溶液，并不断搅拌，观察沉淀颜色的变化。解释 H₂O₂ 在此反应中所起的作用，并写出离子反应方程式。

（2）用 0.01 mol·L⁻¹ KMnO₄、3 mol·L⁻¹ H₂SO₄、3% H₂O₂ 溶液设计一个实验，证明在酸性介质中 KMnO₄ 能氧化 H₂O₂。

5. 设计实验

用 0.01 mol·L⁻¹ KMnO₄、0.1 mol·L⁻¹ NaNO₂、3.0 mol·L⁻¹ H₂SO₄、0.1 mol·L⁻¹ KI 及淀粉溶液设计实验,验证 NaNO₂ 既有氧化性又有还原性。

[实验习题]

（1）为什么 H₂O₂ 既有氧化性又有还原性? 在何种情况下做氧化剂? 在何种情况下做还原剂?

（2）介质的酸碱性对哪些氧化还原反应有影响?

（3）如何用实验证明 KClO₃、K₂Cr₂O₇ 等溶液在酸性介质中才有氧化性?

实验十六　氧化还原反应（二）

[实验目的]

（1）掌握电极电势与氧化还原反应方向的关系,以及介质和反应物浓度对氧化还原反应的影响。

（2）了解氧化态或还原态浓度的变化对电极电势的影响。

[实验原理]

1. 氧化还原反应进行的方向

在氧化还原反应中,如果组成电池时 $E>0$,即 $\varphi^+>\varphi^-$ 则反应正向进行。一般情况下,如果浓度相同,则可通过比较 $\varphi^\ominus$ 值的大小判断反应方向,若 $\varphi_+^\ominus>\varphi_-^\ominus$ 正向进行,反之逆向进行。

2. 介质对氧化还原反应的影响

在有酸或碱参加的氧化还原反应中,介质改变时,电对的电极电位值也相应改变,甚至产物也发生变化。例:

$$MnO_4^-+8H^++5e^- \rightleftharpoons Mn^{2+}+4H_2O（酸性介质）\quad \varphi^\ominus=1.49\text{ V}$$

$$MnO_4^-+2H_2O+3e^- \rightleftharpoons MnO_2\downarrow+4OH^-（中性、弱酸性）\quad \varphi^\ominus=0.59\text{ V}$$

$$MnO_4^-+e^- \rightleftharpoons MnO_4^{2-}（强碱性）\quad \varphi^\ominus=0.56\text{ V}$$

3. 浓度对电极电势的影响

根据能斯特方程 $\varphi=\varphi^\ominus+\dfrac{0.059\,5}{n}\lg\dfrac{[O]}{[R]}$,当 [O] 或 [R] 改变时,电极电势 φ 也发生变化。

有时加入络合剂或沉淀剂与溶液中的某种离子反应,实质上就是改变了氧化剂或还原剂的浓度。

[实验用品]

（1）仪器:试管、试管架、25 mL 量筒、50 mL 烧杯、伏特计。

（2）药品：3.0 mol·L⁻¹ H₂SO₄ 溶液、6.0 mol·L⁻¹ NaOH 溶液、6.0 mol·L⁻¹ NH₃·H₂O 溶液、0.1 mol·L⁻¹ Na₂SO₃ 溶液、0.1 mol·L⁻¹ KBr 溶液、0.1 mol·L⁻¹ KI 溶液、0.01 mol·L⁻¹ KMnO₄ 溶液、0.1 mol·L⁻¹ KClO₃ 溶液、0.1 mol·L⁻¹ FeCl₃ 溶液、0.5 mol·L⁻¹ CuSO₄ 溶液、0.5 mol·L⁻¹ ZnSO₄ 溶液、CCl₄、3%H₂O₂ 溶液。

（3）材料：盐桥、铜片、锌片、砂纸。

[实验步骤]

1. 氧化还原反应与电极电位

（1）在试管中加入 5 滴 0.1 mol·L⁻¹ KI 溶液和 2 滴 0.1 mol·L⁻¹ FeCl₃ 溶液，摇匀后，再加入 1 mL CCl₄，充分摇荡，观察 CCl₄ 层的颜色有无变化。

（2）用 0.1 mol·L⁻¹ KBr 溶液代替相同浓度的 KI 溶液进行上述同样的实验，观察 CCl₄ 层的颜色有无变化。

根据（1）和（2）的实验结果，定性比较 Br_2/Br^-、I_2/I^-、Fe^{3+}/Fe^{2+} 三个电对的电极电势，指出其中最强的氧化剂和最强的还原剂，并写出反应方程式。

（3）在试管中加入 5 滴 0.1 mol·L⁻¹ KI 溶液，然后加入 2 滴 3.0 mol·L⁻¹ H₂SO₄ 溶液酸化，再加入 5 滴 3% H₂O₂ 溶液，摇匀后，再加入 1 mL CCl₄，充分摇荡，观察 CCl₄ 层的颜色有无变化。

（4）在试管中加入 2 滴 0.01 mol·L⁻¹ KMnO₄ 溶液，然后加入 2 滴 3.0 mol·L⁻¹ H₂SO₄ 溶液酸化，再加入数滴 3% H₂O₂ 溶液，观察现象。

根据（3）、（4）的实验结果指出 H₂O₂ 在反应中所起的作用，并写出反应方程式。

2. 介质对氧化还原反应的影响

（1）在试管中加入 10 滴 0.1 mol·L⁻¹ KI 溶液和 2 至 3 滴 0.1 mol·L⁻¹ KClO₃ 溶液，混合后观察有无变化。然后加入几滴 3.0 mol·L⁻¹ H₂SO₄ 溶液，观察有无变化。接着逐滴加入 6.0 mol·L⁻¹ NaOH 溶液，使混合液呈碱性，观察反应现象。解释每一步反应的现象，指出介质对上述氧化还原反应的影响，并写出反应方程式。

（2）在三支试管中各加入 5 滴 0.01 mol·L⁻¹ KMnO₄ 溶液，然后在第一支试管中加入 5 滴 3.0 mol·L⁻¹ H₂SO₄ 溶液，在第二支试管加入 5 滴 H₂O，在第三支试管加入 5 滴 6.0 mol·L⁻¹ NaOH 溶液，接着分别向各试管中加入 0.1 mol·L⁻¹ Na₂SO₃ 溶液，观察反应现象，并写出反应方程式。

3. 浓度对电极电势的影响

（1）在两个小烧杯中分别放入 30 mL 0.5 mol·L⁻¹ CuSO₄ 溶液和 30 mL 0.5 mol·L⁻¹ ZnSO₄ 溶液并分别插入铜极板和锌极板，装好盐桥，用伏特计测定原电池的电动势，并将测定值与计算值做比较。

在上面的 CuSO₄ 溶液中加入 5 mL 6.0 mol·L⁻¹ NH₃·H₂O 溶液，用同样的方法测定电池电动势。

解释两个电池电动势值的变化，并写出两个电池反应。

（2）在一个小烧杯中放入 25 mL 0.5 mol·L⁻¹ ZnSO₄ 溶液，另一个小烧杯中放入 20 mL 0.5 mol·L⁻¹ ZnSO₄ 溶液和 20 mL 去离子水，装置成原电池，用伏特计测定其电动势，并将测定值与计算值做比较。写出电池反应并说明该原电池的类型。

[实验习题]

KMnO₄ 溶液在强碱性介质中被还原为绿色 K₂MnO₄，为什么有时溶液放置后会变为紫红色并产生棕色 MnO₂ 沉淀？

[注意事项]

（1）由于实验中药品很多，所以在取完试剂把滴管放回试剂滴瓶时一定要看清标签。

（2）试管在使用前一定要刷洗干净，以免影响实验结果。

（3）在实验中要灵活运用理论知识掌握试剂用量，观察和分析实验现象。例如，在介质对 KMnO₄ 氧化性的影响的实验中，介质条件要控制适当，在酸化时要加入数滴 3 mol·L⁻¹ H_2SO_4 溶液，保证体系达到足够的酸度，同时 KMnO₄ 溶液量不可太多，否则 Na_2SO_3 溶液的用量将很大。在碱化时要加 6 mol·L⁻¹ NaOH 溶液，使体系达到强碱性，否则将看到棕色的 MnO₂ 沉淀，或生成的绿色 MnO_4^{2-} 很快转化为 MnO₂ 棕色沉淀。

实验十七　单、多相离子平衡

[实验目的]

（1）深入理解单、多相离子平衡，盐类水解平衡及其移动等基本原理和规律。

（2）学习缓冲溶液的配制方法，并试验其缓冲作用。

（3）掌握酸碱指示剂及 pH 试纸的使用方法。

（4）学习使用 pHS-25 型酸度计测定缓冲溶液 pH 值的方法。

[实验用品]

（1）仪器：pHS-25 型酸度计、800 型电动离心机、25 mL 量筒（6 个）、点滴板、50 mL 烧杯（4 个）、试管。

（2）药品：1.0 mol·L⁻¹、0.1 mol·L⁻¹ HOAc 溶液，2 mol·L⁻¹、0.1 mol·L⁻¹ HCl 溶液，2.0 mol·L⁻¹、0.1 mol·L⁻¹ NaOH 溶液，1.0 mol·L⁻¹、0.1 mol·L⁻¹ NH₃·H₂O 溶液，0.1 mol·L⁻¹、饱和 Na₂CO₃ 溶液，0.1 mol·L⁻¹ Al₂(SO₄)₃ 溶液，0.1 mol·L⁻¹ Na₂HPO₄ 溶液，0.1 mol·L⁻¹ NaH₂PO₄ 溶液，0.1 mol·L⁻¹ Na₃PO₄ 溶液，0.1 mol·L⁻¹ NH₄Cl 溶液，0.1 mol·L⁻¹ Pb(NO₃)₂ 溶液，0.1 mol·L⁻¹ NaCl 溶液，0.1 mol·L⁻¹ MgCl₂ 溶液，0.1 mol·L⁻¹、0.02 mol·L⁻¹ KI 溶液，0.1 mol·L⁻¹ AgNO₃ 溶液，0.1 mol·L⁻¹、0.02 mol·L⁻¹ KCl 溶液，0.1 mol·L⁻¹ BiCl₃ 溶液，0.1 mol·L⁻¹ Fe(NO₃)₃ 溶液，0.5 mol·L⁻¹ CaCl₂ 溶液，0.1 mol·L⁻¹ Al(NO₃)₃ 溶液，0.5 mol·L⁻¹

Na_2SO_4 溶液,0.1 mol·L^{-1} Pb(OAc)$_2$ 溶液,0.1 mol·L^{-1} K_2CrO_4 溶液,0.1 mol·L^{-1} Na_2S 溶液,pH 分别为 4.003、6.864、9.182 的标准缓冲溶液,NaOAc(s),NH_4Cl(s),$NaNO_3$(s),甲基橙,酚酞。

（3）材料:碎滤纸。

[实验步骤]

一、离解平衡

1. 同离子效应

（1）在试管中加入 2 mL 0.1 mol·L^{-1} HOAc 溶液和 1 至 2 滴甲基橙指示剂,摇匀,观察溶液的颜色。然后将溶液分装在两支试管中,一支用来做对比,在另一支中加入少量 NaOAc 固体,振荡溶解后,观察两支试管中溶液颜色的变化,并解释实验现象。

（2）利用 0.1 mol·L^{-1} NH_3·H_2O 溶液设计一个实验,证明同离子效应能使 NH_3·H_2O 的解离度降低的事实（应选用哪种指示剂?）。

2. 盐类的水解平衡及其移动

（1）用 pH 试纸分别检验 0.1 mol·L^{-1} 的 Na_2CO_3、$Al_2(SO_4)_3$ 和 NaCl 溶液的 pH 值,并用去离子水做空白实验。写出水解反应的离子方程式。

（2）用 pH 试纸分别检验 0.1 mol·L^{-1} 的 Na_3PO_4、Na_2HPO_4、NaH_2PO_4 溶液的 pH 值。解释实验现象。

（3）检验温度、溶液酸度对水解平衡的影响。

①在试管中加入 2 mL 1.0 mol·L^{-1} NaOAc 溶液和 1 滴酚酞溶液,加热观察溶液颜色的变化,并解释实验现象。

②在试管中加入 1 滴 0.1 mol·L^{-1} $BiCl_3$ 溶液,加水稀释有何现象? 接着逐滴加入 2 mol·L^{-1} HCl 溶液,观察现象。当沉淀刚刚消失后,再加水稀释又有何现象? 写出水解的离子反应式,并解释实验现象。

3. 能水解的盐类间的相互作用

（1）在试管中加入 1 mL 0.1 mol·L^{-1} $Al_2(SO_4)_3$ 溶液和 1 mL 0.1 mol·L^{-1} $NaHCO_3$ 溶液,观察实验现象并从水解平衡移动的观点解释之。写出反应的离子方程式。

（2）在试管中加入 1 mL 0.1 mol·L^{-1} $CrCl_3$ 溶液和 1 mL 0.1 mol·L^{-1} Na_2CO_3 溶液,观察实验现象。写出反应的离子方程式。

二、沉淀反应

1. 沉淀的生成和溶解

（1）在两支试管中分别加入 5 滴 0.5 mol·L^{-1} Pb(NO$_3$)$_2$ 溶液,然后向一支试管中加入 5 滴 1 mol·L^{-1} KCl 溶液,另一支试管中加入 5 滴 0.02 mol·L^{-1} KCl 溶液,观察有无白色沉淀产生（不产生沉淀的留下做下一实验）。写出离子反应方程式。

（2）在上面未产生沉淀的试管中加入 0.02 mol·L^{-1} KI 溶液,观察现象。写出离子反应方程式。

（3）向两支试管中都加入 0.5 mL 0.1 mol·L^{-1} MgCl$_2$ 溶液和数滴 2.0 mol·L^{-1} NH$_3$·H$_2$O 溶液,至沉淀生成。在一支试管中加入几滴 2.0 mol·L^{-1} HCl 溶液,在另一支试管中加入数滴 1.0 mol·L^{-1} NH$_4$Cl 溶液,观察沉淀是否溶解。解释每步实验现象。

（4）在试管中加入 2 滴 0.01 mol·L^{-1} Pb(OAc)$_2$ 溶液和 2 滴 0.02 mol·L^{-1} KI 溶液,再加入少量去离子水,最后加入少量 NaNO$_3$ 固体,并振荡试管,直到沉淀消失。解释沉淀溶解的原因。

2. 分步沉淀

（1）在试管中加入 1 滴 0.1 mol·L^{-1} Na$_2$S 溶液和 2 滴 0.1 mol·L^{-1} K$_2$CrO$_4$ 溶液,用去离子水稀释至 5 mL,混合均匀。首先加入 1 滴 0.1 mol·L^{-1} Pb(NO$_3$)$_2$ 溶液,离心分离,观察试管底部沉淀的颜色,然后向清液中继续滴加 Pb(NO$_3$)$_2$ 溶液,观察此时生成沉淀的颜色,并指出两种沉淀各是什么物质。

（2）在试管中加入 0.1 mol·L^{-1} AgNO$_3$ 溶液和 Pb(NO$_3$)$_2$ 溶液各 2 滴,用去离子水稀释至 5 mL,摇匀。逐滴加入 0.1 mol·L^{-1} K$_2$CrO$_4$ 溶液,每加入 1 滴都要充分摇荡,最后离心分离,观察试管底部先后生成沉淀的颜色,并指出各是什么物质并解释现象。

3. 沉淀的转化

在两支试管中都加入 1 mL 0.5 mol·L^{-1} 的 CaCl$_2$ 溶液和 Na$_2$SO$_4$ 溶液,振荡至生成沉淀,进行离心分离,然后弃去清液。在其中一支试管中加入 1 mL 2.0 mol·L^{-1} HCl 溶液,观察沉淀是否溶解;在另一支试管中加入 1 mL 饱和 Na$_2$CO$_3$ 溶液,充分振荡几分钟,离心分离,然后弃去清液,用去离子水洗涤沉淀 1 至 2 次,最后在沉淀中加入 1 mL 2.0 mol·L^{-1} HCl 溶液,观察沉淀是否溶解。

4. 用沉淀法分离混合离子

在小试管中加入 0.1 mol·L^{-1} 的 AgNO$_3$、Fe(NO$_3$)$_3$ 和 Al(NO$_3$)$_3$ 溶液各 3 滴。混合均匀后,向其中加入几滴 2.0 mol·L^{-1} HCl 溶液,离心沉降,再加入 1 滴 HCl 溶液,若无沉淀出现,将清液转移至另一试管中。在清液中加入过量的 2.0 mol·L^{-1} NaOH 溶液,搅拌并加热,观察沉淀的颜色。离心沉降,再加入 1 滴 NaOH 溶液,若无沉淀出现,将清液转移至另一试管中。此时三种离子已经分开。写出分离过程示意图。

三、缓冲溶液

按表 4-6 配制四种缓冲溶液,并用酸度计分别测定其 pH 值。记录测定结果,并进行计算,将计算值与测定结果相比较。

表 4-6　缓冲溶液的配制

编号	配制溶液(用量筒各取 25.00 mL)	pH 测定值	pH 计算值
1	NH$_3$·H$_2$O(1.0 mol·L^{-1})+NH$_4$Cl(0.1 mol·L^{-1})		
2	HOAc(0.1 mol·L^{-1})+NaOAc(1.0 mol·L^{-1})		

续表

编号	配制溶液（用量筒各取 25.00 mL）	pH 测定值	pH 计算值
3	HOAc(1.0 mol·L⁻¹)+NaOAc(0.1 mol·L⁻¹)		
4	HOAc(0.1 mol·L⁻¹)+NaOAc(0.1 mol·L⁻¹)		

4 号缓冲溶液	pH 测定值	pH 计算值
先加入 0.5 mL HCl(0.1 mol·L⁻¹)溶液		
再加入 1.0 mL NaOH(0.1 mol·L⁻¹)溶液		

根据以上实验结果，总结缓冲溶液的性质。

[实验习题]

（1）根据溶度积规则计算：

①取 2 滴 0.01 mol·L⁻¹ Pb(OAc)$_2$ 溶液与 2 滴 0.02 mol·L⁻¹ KI 溶液混合，能否生成沉淀？

②取 2 滴 0.01 mol·L⁻¹ Pb(OAc)$_2$ 溶液，用水稀释到 5 mL 后，再加入 2 滴 0.02 mol·L⁻¹ KI 溶液，能否生成沉淀？

（2）将 2 滴 0.10 mol·L⁻¹ AgNO$_3$ 溶液和 2 滴 0.10 mol·L⁻¹ Pb(NO$_3$)$_2$ 溶液混合并稀释到 5 mL 后，再逐滴加入 0.10 mol·L⁻¹ K$_2$CrO$_4$ 溶液，哪种沉淀先生成？为什么？

（3）计算 CaSO$_4$ 沉淀与 Na$_2$CO$_3$ 饱和溶液反应的平衡常数。用平衡移动原理解释 CaSO$_4$ 沉淀转化为 CaCO$_3$ 沉淀的原因。

（4）实验室中配制 BiCl$_3$ 溶液时，能否将 BiCl$_3$ 固体直接溶于去离子水？应如何配制？

（5）使用 pH 试纸测溶液的 pH 值时，正确的操作方法是什么？

（6）总结使用 pHS-25 型酸度计测定溶液的 pH 值的操作要点。

实验十八　醋酸解离度和解离常数的测定（ pH 法 ）

[实验目的]

（1）了解用酸度计测定醋酸解离常数的原理和方法。

（2）学会酸式滴定管及 pHS-25 型酸度计的正确使用。

[实验原理]

配制一系列已知浓度的醋酸溶液，在一定的温度下，用酸度计测定它们的 pH 值，根据 pH= -lg [c(H⁺)/$c^{\ominus}$]，计算 c(H⁺)，并代入平衡常数关系式，可求得一系列 $K_a^{\ominus}$(HOAc)值，其平均值即为该温度下的解离常数。

[实验用品]

（1）仪器：pHS-25 型酸度计、复合电极、50 mL 烧杯（5 个）、500 mL 酸式滴定管（2 支）。
（2）药品：0.100 0 mol·L⁻¹ HOAc 溶液、标准缓冲溶液。
（3）材料：碎滤纸。

[实验步骤]

1. 配制系列已知浓度的醋酸溶液

取 5 个干燥的 50 mL 烧杯，编号后，按表 4-7 用量，用酸式滴定管量取已知浓度的醋酸溶液（由实验室提供），配制不同浓度的醋酸溶液。

2. 测定醋酸溶液 pH 值

用 pHS-25 型酸度计，按醋酸浓度由稀到浓的次序测定 1~5 号 HOAc 溶液的 pH 值，记录在表 4-7 中。

3. 数据处理

计算表 4-7 中各项的值，计算出实验室温度下 HOAc 的解离常数，求算相对误差并分析产生的原因。[已知 25 ℃，$K_a^{\ominus}$（HOAc）=1.75 × 10⁻⁵]

表 4-7　实验数据处理表

烧杯编号	V(HOAc)/mL	V(H₂O)/mL	配制 HOAc 溶液的浓度 / (mol·L⁻¹)	得到的 pH 值	C(H⁺)平/ (mol·L⁻¹)	α	$K_a^{\ominus}$(HOAc)
		测定时溶液的温度：___℃　　标准溶液的浓度：___ mol·L⁻¹					
1	3.00	45.00					
2	6.00	42.00					
3	12.00	36.00					
4	24.00	24.00					
5	48.00	0.00					

[实验习题]

（1）实验所用烧杯、移液管（或吸量管）各用哪种 HOAc 溶液润洗？容量瓶是否要用 HOAc 溶液润洗？为什么？
（2）用酸度计测量溶液的 pH 值时，各用什么标准溶液定位？
（3）测定 HOAc 溶液的 pH 值时，为什么要按 HOAc 浓度由小到大的顺序测定？
（4）实验所测的四种醋酸溶液的解离度各为多少？由此可得出什么结论？

实验十九　氢、氧、过氧化氢

[实验目的]

（1）掌握实验室制备氢气、氧气的方法。

（2）掌握过氧化氢的化学性质。

（3）掌握氢气使用的安全知识。

[实验用品]

（1）仪器:玻璃缸、燃烧匙、玻璃片、胶塞、广口瓶。

（2）药品:锌粒、铜粉、铁粉、硫黄粉、红磷、$CuO(s)$、$KClO_3(s)$、$MnO_2(s)$、$BaO_2 \cdot 2H_2O$（s）、$Na_2O_2(s)$、$0.01\ mol \cdot L^{-1}\ KMnO_4$ 溶液、$0.1\ mol \cdot L^{-1}\ MnSO_4$ 溶液、$0.1\ mol \cdot L^{-1}\ K_2Cr_2O_7$ 溶液、$3\%H_2O_2$ 溶液、$2\ mol \cdot L^{-1}\ NaOH$ 溶液、H_2S 饱和水溶液、$6\ mol \cdot L^{-1}\ HCl$ 溶液、$2\ mol \cdot L^{-1}$ H_2SO_4 溶液、浓 H_2SO_4、$0.1\ mol \cdot L^{-1}\ KI$ 溶液、$0.1\ mol \cdot L^{-1}\ AgNO_3$ 溶液、乙醚、无水乙醇。

（3）材料:细铁丝、pH 试纸、碘化钾 - 淀粉试纸。

[实验步骤]

1. 氢气的制备与性质

1）氢气的制备

装置如图 4-5 所示,向大试管内加入 $10\ mL\ 6\ mol \cdot L^{-1}\ HCl$ 溶液和 4 或 5 颗锌粒。用一个带尖嘴玻璃管的胶塞塞住管口,观察氢气的生成。收集产生的氢气并试验其纯度。

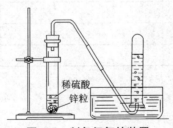

稀硫酸
锌粒

图 4-5　制备氢气的装置

2）氢气的点燃

在证实氢气的纯度后,点燃氢气,观察氢气在空气中的燃烧。把一个底部干燥的小烧杯放在氢气火焰的顶部,观察现象,并写出反应式。

3）氢气的还原性

在一支干燥的试管中装入少量干燥的氧化铜粉末及少许用作催化剂的铜粉,用铁夹固定好并使试管底部略高于管口(为什么?),用另一支大试管制备氢气。当确证氢气的纯度后,将氢气导入装有氧化铜粉末的试管中,导管要插到粉末上方。加热氧化铜,观察现象,并写出反应式。结束实验时，必须先停止加热并继续通入氢气，直到试管冷却到室温为止（为什么？）。

2. 氧气的制备与性质

1）氧气的制备与收集

将 7 g 干燥的 $KClO_3$ 粉末和 1 g 经过灼烧过的 MnO_2 粉末放在蒸发皿中混合均匀后装入一支干燥的大试管中。加热试管，使气体均匀逸出，用广口瓶收集三瓶氧气，然后进行下列实验。

2）氧气的性质

（1）硫在氧气中的燃烧（在通风橱内进行）：在燃烧匙中放入少量硫粉，于煤气灯上加热，使其熔化至近沸，立即将燃烧匙放入盛有氧气的广口瓶中，观察现象，并写出反应式。用水吸收瓶内的气体并试验溶液的酸碱性。

（2）磷在氧气中的燃烧（在通风橱内进行）：在燃烧匙中放入少量红磷，于煤气灯上加热至红热后重复（1）的操作，观察现象，并写出反应式。

（3）铁丝在氧气中的燃烧：用坩埚钳夹取一段卷成螺旋状的细铁丝，铁丝末端系上一根火柴梗，点燃火柴后即可将铁丝放入盛有氧气的广口瓶中；为防止反应过程中生成的赤热物质落到瓶底而使玻璃瓶破裂，可在玻璃瓶内先加入少量水或加入一层细沙。观察现象，并写出反应式。

3. 臭氧的制备与性质

取少量 $BaO_2 \cdot 2H_2O(s)$ 加入小试管中，然后慢慢地加入约 2 mL 浓硫酸，将反应物放在冰水中冷却，用碘化钾-淀粉试纸检验反应逸出的气体。反应式为

$$H_2SO_4(浓) + BaO_2(s) = BaSO_4 \downarrow + H_2O_2$$

$$3H_2O_2 = O_3 \uparrow + 3H_2O$$

4. 过氧化氢的制备和性质

1）过氧化氢的制备

取少量 $Na_2O_2(s)$ 于小试管中，加入少量蒸馏水溶解后放在冰水中冷却，并加以搅拌。用试纸检验溶液的酸碱性，再往试管中滴加已用冰水冷却过的 2 mol·L^{-1} H_2SO_4 溶液至酸性为止（目的是什么？），写出反应式。

2）过氧化氢的鉴定

取以上制得的 H_2O_2 溶液，加入约 0.5 mL 乙醚，并加入少量 2 mol·L^{-1} H_2SO_4 酸化溶液，再加入 2 至 3 滴 0.1 mol·L^{-1} $K_2Cr_2O_7$ 溶液，振荡试管，观察水层和乙醚层颜色的变化，并写出反应式。

3）过氧化氢的性质

（1）酸性：在小试管中加入少量 2 mol·L^{-1} NaOH 溶液、约 1 mL H_2O_2 溶液以及约 1 mL 无水乙醇，振荡试管，观察现象，并写出反应式。

（2）氧化性：取少量 3% H_2O_2 溶液，用 H_2SO_4 酸化后滴加 0.1 mol·L^{-1} KI 溶液，观察现象，并写出反应式。

在少量 $0.1\ mol\cdot L^{-1}\ Pb(NO_3)_2$ 溶液中滴加饱和 H_2S 水溶液,离心分离后吸去清液,往沉淀中逐滴加入 3% H_2O_2 溶液并用玻璃棒搅动溶液,观察现象,并写出反应式。

(3)还原性:取少量 3% H_2O_2 溶液,用 H_2SO_4 酸化后滴加数滴 $0.01\ mol\cdot L^{-1}\ KMnO_4$ 溶液,观察现象。用火柴余烬检验反应生成的气体,并写出反应式。

在少量 $0.1\ mol\cdot L^{-1}\ AgNO_3$ 溶液中滴加 $2\ mol\cdot L^{-1}\ NaOH$ 溶液至棕色沉淀生成,再加入少量 3% H_2O_2 溶液,观察现象。用火柴余烬检验反应生成的气体,并写出反应式。另取少量 $0.1\ mol\cdot L^{-1}\ AgNO_3$ 溶液,加入少量 3% H_2O_2 溶液,现象又有何不同? 试解释之。

(4)介质的酸碱性对 H_2O_2 氧化还原性质的影响:在少量 3% H_2O_2 溶液中加入 $2\ mol\cdot L^{-1}$ NaOH 溶液数滴,再加入 $0.1\ mol\cdot L^{-1}\ MnSO_4$ 溶液数滴,观察现象,并写出反应式。溶液经静置后倾去清液,往沉淀中加入少量 H_2SO_4 溶液后滴加 3% H_2O_2 溶液,观察又有什么变化? 写出反应式并给予解释。

(5)过氧化氢的分解:加热 2 mL 3% H_2O_2 溶液,有什么现象发生? 用火柴余烬检验反应生成的气体,并写出反应式。

在少量 3% H_2O_2 溶液中加入少量 MnO_2 固体,观察现象。用火柴余烬检验反应生成的气体,写出反应式。

在少量 3% H_2O_2 溶液中加入少量铁粉,观察现象。用火柴余烬检验反应生成的气体,写出反应式。

通过以上实验简单总结 H_2O_2 的化学性质及实验室的保存方法。

[实验习题]

(1)为什么过氧化氢既可以做氧化剂又可以做还原剂? 什么条件下过氧化氢可将 Mn^{2+} 氧化为 MnO_2? 什么条件下 MnO_2 又可以把过氧化氢氧化从而产生氧气? 它们互相矛盾吗? 为什么?

(2)在制备氧气的试验中,为什么要在 $KClO_3$ 中加入 MnO_2? MnO_2 为什么必须预先经过灼烧?

(3)过氧化钡与浓 H_2SO_4、稀 H_2SO_4 作用时产物分别是什么? 如何证实?

[注意事项]

氢气与氧气以 2∶1 的体积比混合后一经点燃即发生非常剧烈的爆炸,氢气与空气中的氧混合时也可以形成爆炸性的气体。因此,在点燃或使用氢气前都必须注意检查氢气的纯度。

实验二十 卤素

[实验目的]

（1）掌握卤素单质的氧化性和卤素离子的还原性。

（2）掌握次卤酸盐及卤酸盐的氧化性。

（3）了解卤素的歧化反应。

（4）用实验室中制备卤化氢的方法制备卤化氢并试验它们的性质。

（5）了解某些金属卤化物的性质。

[实验用品]

（1）仪器：玻璃片、分液漏斗、铅皿、带支管的大试管、氯气发生器装置（公用）。

（2）药品：氯气，溴水，碘水，饱和 H_2S 水溶液，四氯化碳，品红溶液，淀粉溶液，浓氨水，红磷，$I_2(s)$，$KCl(s)$，$KBr(s)$，$KI(s)$，$KClO_3(s)$，$CaF_2(s)$，$NaCl(s)$，石蜡，浓 H_3PO_4，$2\ mol \cdot L^{-1}$、$6\ mol \cdot L^{-1}\ H_2SO_4$ 溶液，浓 H_2SO_4，$2\ mol \cdot L^{-1}\ HNO_3$ 溶液，$2\ mol \cdot L^{-1}\ NH_3 \cdot H_2O$ 溶液，饱和 $KBrO_3$ 溶液，饱和 $KClO_3$ 溶液，$0.1\ mol \cdot L^{-1}\ KIO_3$ 溶液，$0.1\ mol \cdot L^{-1}\ KBr$ 溶液，$0.1\ mol \cdot L^{-1}\ NaF$ 溶液，$0.5\ mol \cdot L^{-1}$、$0.1\ mol \cdot L^{-1}\ Na_2S_2O_3$ 溶液，$0.5\ mol \cdot L^{-1}$、$0.01\ mol \cdot L^{-1}\ KI$ 溶液，$6\ mol \cdot L^{-1}$、$2\ mol \cdot L^{-1}\ KOH$ 溶液，$0.1\ mol \cdot L^{-1}\ MnSO_4$ 溶液，$0.1\ mol \cdot L^{-1}\ Na_2SO_3$ 溶液，$0.1\ mol \cdot L^{-1}\ AgNO_3$ 溶液，$0.1\ mol \cdot L^{-1}\ Ca(NO_3)_2$ 溶液，含 Cl^-、Br^-、I^- 的混合液，失落标签的 $KClO$、$KClO_3$、$KClO_4$ 试剂。

（3）材料：碘化钾-淀粉试纸、pH 试纸、醋酸铅试纸。

[实验步骤]

1. 卤素单质在不同溶剂中的溶解性

分别试验并观察少量的氯、溴、碘在水、四氯化碳、碘化钾水溶液中的溶解情况，以表格形式写出实验结果，并给出理论解释。

2. 卤素的氧化性

（1）用 $0.1\ mol \cdot L^{-1}\ KBr$、$0.1\ mol \cdot L^{-1}\ KI$、$CCl_4$、氯水、溴水等试剂设计一系列试管实验，说明氯、溴、碘的置换次序。记录有关实验现象，并写出反应方程式。

（2）氯水对溴、碘离子的氧化性顺序：在试管内加入 $0.5\ mL$（约 10 滴）$0.1\ mol \cdot L^{-1}\ KBr$ 溶液及 2 滴 $0.01\ mol \cdot L^{-1}\ KI$ 溶液，然后加入 $0.5\ mL$ 四氯化碳，接着逐滴加入氯水，仔细观察四氯化碳液层颜色的变化，并写出有关反应式。

通过以上实验说明卤素氧化性的递变顺序。

（3）请利用卤素置换次序的不同制作"保密信"一封。

3. 卤素离子的还原性(在通风橱内进行)

（1）分别向三支盛有少量(绿豆大小)KCl、KBr、KI 固体的试管中加入约 0.5 mL 浓硫酸。观察现象并选用合适的试纸或试剂检验各试管中逸出的气体产物。可供选择的试纸或试剂有醋酸铅试纸、碘化钾－淀粉试纸、pH 试纸、浓氨水。该实验说明了卤素离子的什么性质，写出反应式。

（2）Br^- 和 I^- 还原性比较：利用 KBr、KI、$FeCl_3$ 溶液之间的反应，说明 Br^- 和 I^- 还原性的差异，并写出反应式。

通过以上实验比较卤素离子还原性的相对强弱。

4. 氯的歧化反应(在通风橱内进行)

取氯水 10 mL 逐滴加入 2 mol·L^{-1} KOH 溶液至溶液呈弱碱性(用 pH 试纸检验)。将溶液分成四份，第一份溶液与 2 mol·L^{-1} HCl 反应，选择合适的试纸检验气体产物，写出反应式；另外三份留作次氯酸钾氧化性实验用。

另取 5 mL 6 mol·L^{-1} KOH 溶液，水浴加热溶液至近沸，然后通入氯气。待有晶体析出后，用冰水冷却试管，滤去溶液，观察产物色态。晶体留作氯酸钾氧化性实验用。写出氯气在热碱溶液中歧化的反应式。

5. 次卤酸盐和卤酸盐的氧化性

1)次氯酸钾的氧化性

用实验步骤 4 制备的三份次氯酸钾溶液分别与 0.1 mol·L^{-1} $MnSO_4$ 溶液、品红溶液及用硫酸酸化了的碘化钾－淀粉溶液反应。观察现象，并写出反应式。

2)氯酸钾的氧化性

（1）取少量实验步骤 4 制备的 $KClO_3$ 晶体置于试管中，加入少许浓盐酸，注意逸出气体的气味，检验气体产物，写出反应式，并做出解释。

（2）试验实验室配置的饱和 $KClO_3$ 溶液与 0.1 mol·L^{-1} Na_2SO_3 溶液在中性及酸性条件下(用什么酸酸化?)的反应，用 0.1 mol·L^{-1} $AgNO_3$ 验证反应产物。该实验如何说明了 $KClO_3$ 的氧化性与介质酸碱性的关系?

（3）取少量 $KClO_3$ 晶体置于试管中，用 1~2 mL 水溶解后，加入少量 CCl_4 及数滴 0.1 mol·L^{-1} KI 溶液，摇动试管，观察试管内水相及有机相有什么变化，再加入 6 mol·L^{-1} H_2SO_4 酸化溶液又有什么变化，并写出反应式。能否用 HNO_3 酸化溶液? 为什么?

3)溴酸钾的氧化性

（1）饱和 $KBrO_3$ 溶液经 H_2SO_4 酸化后分别与 0.5 mol·L^{-1} KBr 溶液及 0.5 mol·L^{-1} KI 溶液发生反应(在通风橱内进行)，观察现象并检验反应产物，最后写出反应式。

（2）试验饱和 $KBrO_3$ 溶液与 Na_2SO_3 溶液在中性及酸性条件下的反应，记录现象，并写出反应式。

4)碘酸钾的氧化性

0.1 mol·L^{-1} KIO_3 溶液经 2 mol·L^{-1} H_2SO_4 酸化后加入几滴淀粉溶液，再滴加 0.1 mol·L^{-1} Na_2SO_3 溶液，观察现象，并写出反应式。若体系不酸化，又有什么现象? 改变加入试剂的顺序(先加 Na_2SO_3,再滴加 KIO_3),又会观察到什么现象?

5)溴酸盐和碘酸盐的氧化性比较

往少量饱和 $KBrO_3$ 溶液中加入少量浓 H_2SO_4 酸化后再加入少量碘片,振荡试管,观察现象,并写出反应式。

通过以上实验总结次氯酸盐、氯酸盐、碘酸盐、溴酸盐的氧化性。

6. 卤化氢的制备与性质(在通风橱内进行)

1)氟化氢的制备与性质

在一块涂有石蜡的玻璃片上,用小刀刻下字迹。在铅皿或塑料上放入约 1 g 固体 CaF_2,加入几滴水调成糊状后,滴入 1~2 mL 浓 H_2SO_4,立即用刻有字迹的玻璃片覆盖。1~2 h 后,用水冲洗玻璃片并刮去玻璃片上的石蜡,可清晰地看到玻璃片上的字迹。试解释现象,并写出反应式。

2)卤化氢的性质

分别试验少量固体 NaCl、KBr、KI 与浓 H_3PO_4 的反应,适当微热,观察现象并与实验步骤 3 的(1)比较,并写出反应式。

3)碘化氢的制备与性质

在干燥的大试管内装有粉状的碘以及在干燥器由干燥过的红磷(I_2 和 P 的质量比为 1:6),稍微加热试管,从分液漏斗中滴加少量水,反应生成的气体由导气管导入一支干燥的小试管中。将烧红的玻璃棒插入收集碘化氢的试管中,观察现象,并写出反应式。

7. 金属卤化物的性质

1)卤化物的溶解度比较

(1)向分别盛有 0.1 mol·L^{-1} NaF、NaCl、KBr、KI 溶液的试管中滴加 0.1 mol·L^{-1} Ca(NO_3)$_2$ 溶液,观察现象,并写出反应式。

(2)向分别盛有 0.1 mol·L^{-1} NaF、NaCl、KBr、KI 溶液的试管中滴加 0.1 mol·L^{-1} $AgNO_3$ 溶液,制得的卤化银沉淀经离心分离后分别与 2 mol·L^{-1} HNO_3、2 mol·L^{-1} NH_3·H_2O 及 0.5 mol·L^{-1} $Na_2S_2O_3$ 溶液反应,观察沉淀是否溶解,并写出反应式。解释氟化物与其他卤化物溶解度的差异及变化规律。

2)卤化银的感光性

将制得的 AgCl 沉淀均匀地涂在滤纸上,然后滤纸上放一把钥匙,光照约 10 min 后取出钥匙,可以清晰地看到钥匙的轮廓。卤化银见光分解以氯化银较快,碘化银最慢。

[实验习题]

(1)进行卤素离子还原性实验时应注意哪些安全问题?

(2)如何区别次氯酸钠溶液和氯酸钠溶液?如何比较次氯酸钠和氯酸钾的氧化性?

(3)为什么用 $AgNO_3$ 检出卤素离子时,要先用 HNO_3 酸化溶液,再用 $AgNO_3$ 检出?向一未知溶液中加入 $AgNO_3$ 时如果不产生沉淀,能否认为溶液中不存在卤素离子?

[注意事项]

（1）氯气有毒和刺激性，人体少量吸入会刺激鼻咽部，引起咳嗽和喘息；大量吸入会导致严重损害，甚至死亡。因此，有关氯气的实验必须在通风橱内进行。

（2）溴蒸气对气管、肺部、眼鼻喉都有强烈的刺激作用。有关溴的实验应该在通风橱内进行。不慎吸入溴蒸气时，可吸入少量氨气和新鲜空气解毒。液态溴具有很强的腐蚀性，能灼烧皮肤，严重时会使皮肤溃烂。移取液态溴时，需要戴橡皮手套。虽然溴水的腐蚀性比液态溴弱些，但在使用时也不允许直接由瓶内倒出，而应该用滴管移取，以防溴水接触皮肤。如果不慎把溴水溅在手上，应及时用水冲洗，然后用以稀硫代硫酸钠溶液充分浸透的绷带包扎处理。

（3）氟化氢气体有剧毒和强腐蚀性，能灼伤皮肤，主要对骨骼、造血系统、神经系统、牙齿及皮肤黏膜造成伤害，吸入人体会使人中毒。因此，在使用氢氟酸和进行有关氟化氢气体的实验时，应在通风橱内进行；在移取氢氟酸时，必须戴上橡皮手套，用塑料管吸取。

（4）氯酸钾是强氧化剂，保存不当容易引起爆炸，它与硫、磷的混合物是炸药，因此绝对不允许将它们混在一起。氯酸钾容易分解，不宜大力研磨、烘干或烤干。在进行有关氯酸钾的实验时，和进行其他有强氧化性物质的实验一样，应将剩下的试剂倒入回收瓶内回收处理，一律不准倒入废液缸中。

实验二十一　碳、硅、硼

[实验目的]

（1）掌握活性炭的吸附作用以及二氧化碳、碳酸盐和酸式碳酸盐在水溶液中互相转化的条件。

（2）掌握一氧化碳的性质。

（3）掌握硼、硅的相似相异性。

（4）掌握硅酸盐及硼酸盐的性质。

[实验用品]

（1）仪器：启普发生器、量气管、烧杯、广口瓶、带支管的大试管、分液漏斗。

（2）药品：靛蓝溶液、浓甲酸、乙醇（工业纯）、甘油、$Ca(OH)_2$ 溶液（新配制）、饱和 $Na_2B_4O_7$ 溶液、饱和 NH_4Cl 溶液、$0.001\ mol \cdot L^{-1}\ Pb(NO_3)_2$ 溶液、$0.5\ mol \cdot L^{-1}\ NaHCO_3$ 溶液、$0.1\ mol \cdot L^{-1}$ $FeCl_3$ 溶液、20% Na_2SiO_3 溶液、$1\ mol \cdot L^{-1}\ Na_2CO_3$ 溶液、$H_3BO_3(s)$、$Cu_2(OH)_2CO_3(s)$、Na_2CO_3（s）、$NaHCO_3(s)$、$KNO_3(s)$、$NaOH(s)$、$CaCl_2 \cdot 6H_2O(s)$、$CuSO_4 \cdot 5H_2O(s)$、$Co(NO_3)_2 \cdot 6H_2O$（s）、$NiSO_4 \cdot 7H_2O(s)$、$ZnSO_4 \cdot 7H_2O(s)$、$FeCl_3 \cdot 6H_2O(s)$、$FeSO_4 \cdot 7H_2O(s)$、$Na_2B_4O_7 \cdot 10H_2O$（s）、$MnSO_4(s)$、$Na_2SO_4(s)$、$NaNO_3(s)$、活性炭、镁条、红磷、硅粉、硼粉、变色硅胶。

[实验步骤]

1. 活性炭的吸附作用

1）对溶液中有色物质的吸附

往 2 mL 靛蓝溶液中加入一小勺活性炭,振荡试管,然后过滤除去活性炭。观察溶液的颜色变化,并加以解释。

2）对无机离子的吸附作用

往 $0.001\ mol \cdot L^{-1}\ Pb(NO_3)_2$ 溶液中加入几滴 $0.1\ mol \cdot L^{-1}\ K_2CrO_4$ 溶液,观察黄色 $PbCrO_4$ 沉淀的生成。再往另一支试管中加入约 $2\ mL\ 0.001\ mol \cdot L^{-1}\ Pb(NO_3)_2$ 溶液及一小勺活性炭,振荡试管,过滤除去活性炭后向清液中滴加几滴 $0.1\ mol \cdot L^{-1}\ K_2CrO_4$ 溶液,观察现象并加以解释。

2. 碳的氧化物

1）一氧化碳的制备与性质（在通风橱内进行）

（1）一氧化碳的制备。装置如图 4-6 所示。向反应管内加入 2 mL 浓甲酸,分液漏斗内装有浓 H_2SO_4。向反应管内加入适量浓 H_2SO_4 后水浴加热,观察现象,并写出反应式。

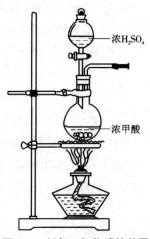

图 4-6　制备一氧化碳的装置

（2）一氧化碳的性质。

①还原性:向 $0.1\ mol \cdot L^{-1}\ AgNO_3$ 溶液中滴加 $2\ mol \cdot L^{-1}\ NH_3 \cdot H_2O$ 至沉淀刚好溶解为止,通一氧化碳气体到溶液中,观察现象,并给予解释。反应式为

$$2[Ag(NH_3)_2]^+ + CO + 2H_2O \xrightarrow{\qquad} 2Ag + CO_3^{2-} + 4NH_4^+$$

②可燃性:直接点燃一氧化碳导气管出口,观察到淡蓝色火焰。

2）二氧化碳的性质

（1）二氧化碳在水及碱溶液中的溶解。用试管收集二氧化碳,把试管倒置于一个盛有水的大蒸发皿中,摇动试管,观察试管内液面上升情况,然后在水中加入约 $2\ mL\ 6\ mol \cdot L^{-1}\ NaOH$ 溶液,并摇动试管,再观察液面上升情况,最后解释现象。

（2）与活泼金属的反应。制备一瓶干燥的二氧化碳,点燃镁条,迅速放入充满二氧化碳的瓶中,观察现象,并写出反应式。

（3）与非金属的反应(在通风橱内进行)。制备一瓶干燥的二氧化碳,在燃烧匙上放入少许红磷,点燃红磷后放入充满二氧化碳的瓶中,观察现象,写出反应式。

3. 碳酸盐及其性质

1）HCO_3^- 与 CO_3^{2-} 之间的转化

以新配制的澄清石灰水、二氧化碳为原料,设计系列试管反应,总结 HCO_3^- 与 CO_3^{2-} 之间的转化关系,记录现象,并写出反应式。

2）碳酸盐的性质

（1）碳酸盐的酸碱性。分别检验 0.1 mol·L^{-1} Na_2CO_3 溶液及 0.1 mol·L^{-1} $NaHCO_3$ 溶液的 pH 值。

（2）碳酸盐热稳定性的比较。加热三支分别盛有约 2 g 的 $Cu_2(OH)_2CO_3(s)$、Na_2CO_3（s）、$NaHCO_3(s)$ 固体的试管,将生成的气体通入盛有石灰水的试管中,观察石灰水变混浊的顺序,并给出理论解释。

3）与一些盐的反应

向四支分别盛有 0.1 mol·L^{-1} $FeCl_3$、$MgCl_2$、$Pb(NO_3)_2$、$CuSO_4$ 溶液的试管中滴加 1 mol·L^{-1} Na_2CO_3 溶液,观察现象。再分别向四支盛有以上溶液的试管中滴加 0.5 mol·L^{-1} $NaHCO_3$ 溶液,观察现象。查阅本书附录中有关 K_{sp} 的数据,通过计算初步确定反应产物并分别写出反应式。

4. 硼、硅的相似相异性

1）单质硼、单质硅的性质

（1）分别取少量硅粉及硼粉与 6 mol·L^{-1} HCl 溶液作用,观察反应是否进行。

（2）分别取少量硅粉及硼粉与浓硝酸在通风橱内水浴加热,观察现象,并写出反应式。

（3）分别取少量硅粉及硼粉与 40% NaOH 溶液在加热的条件下反应,观察现象,并写出反应式。

（4）取少量硼粉分别与 NaOH(s) 和少量的 $KNO_2(s)$ 在坩埚上共熔,写出反应式。

2）硅酸、硼酸及其盐

（1）分别在三支盛有 20% Na_2SiO_3 溶液的试管中进行下列实验:①通入 CO_2;②滴加 2 mol·L^{-1} HCl 溶液;③滴加饱和 NH_4Cl 溶液。观察现象,并写出反应式。为了促进凝胶的生成,可适当微热试管。

（2）分别向三支盛有 $Na_2B_4O_7$ 溶液的试管中加入:①用冰水冷冻过的浓 H_2SO_4;②浓盐酸;③饱和 NH_4Cl 溶液。观察现象,并写出反应式。

（3）分别检验 20% Na_2SiO_3 溶液与饱和 $Na_2B_4O_7$ 溶液的 pH 值。

（4）向 20% Na_2SiO_3 溶液及饱和 $Na_2B_4O_7$ 溶液中分别加入 0.1 mol·L^{-1} $CaCl_2$ 溶液及 $Pb(NO_3)_2$ 溶液,观察现象,并写出反应式。

（5）取少量的硼酸晶体溶于约 2 mL 水中(为方便溶解,可微热),冷却至室温后,测其

pH 值。再向硼酸溶液中加入几滴甘油,测其 pH 值。写出反应式,并作解释。

由实验总结硼、硅性质上的异同点。

3)硅胶的吸附性能

分别将蓝色的变色硅胶放到潮湿的空气中及将研细了的硅胶放入铜氨溶液中,振荡后过滤铜氨溶液,对比滤液颜色变化,解释观察到的现象。

4)硼化合物的鉴别

取少量硼酸晶体放在蒸发皿中,加入少许乙醇和几滴浓 H_2SO_4,混匀后点燃,观察硼酸三乙酯蒸气燃烧时产生的特征绿色火焰,该实验可用于鉴别含硼的化合物。

$$3C_2H_5OH + H_3BO_3 === B(OC_2H_5)_3 + 3H_2O$$

5)难溶性硅酸盐的生成——"水中花园"

在一只 50 mL 烧杯中加入约 2/3 体积的 20% 硅酸钠溶液,然后分别在不同位置放入米粒大小的固体 $CaCl_2$、$CuSO_4$、$Co(NO_3)_2$、$NiSO_4$、$MnSO_4$、$ZnSO_4$、$FeCl_3$、$FeCl_2$,记住它们的位置,放置约 1 h 后观察到什么现象?

[实验习题]

(1)实验室中为什么用磨砂口玻璃器皿贮存酸液而不能贮存碱液? 为什么盛过水玻璃(即硅酸钠)或硅酸盐溶液的容器在实验后必须立即洗净?

(2)如何区别碳酸钠、硅酸钠、硼酸钠?

(3)用二氧化碳灭火器能否扑灭金属镁的火焰? 为什么?

(4)试用最简单方法鉴别下列固体物质:$NaHCO_3$、Na_2CO_3、$Na_2B_4O_7$、Na_2SO_4、$NaNO_2$。

[注意事项]

一氧化碳是无色无臭气体,由于其能与血红蛋白形成较稳定的配合物,使血红蛋白失去输氧功能而危及人的生命。当空气中 CO 含量大于 5×10^{-5} 时,对人就有致命危险。即使少量地吸入也会导致头痛、眩晕、耳鸣、恶心呕吐、全身无力、精神不振等症状,因此凡涉及产生一氧化碳的实验都应该在通风橱内进行。

实验二十二　硫及其化合物

[实验目的]

(1)掌握硫化氢、硫代硫酸盐的还原性,二氧化硫的氧化还原性及过硫酸盐的强氧化性。

(2)掌握硫的含氧酸及其盐的性质。

[实验用品]

（1）仪器：蒸馏烧瓶、分液漏斗、蒸发皿。

（2）药品：硫黄粉，锌粉，汞，活性炭，品红溶液，饱和 H_2S 水溶液，氯水，碘水，Na_2SO_3（s），$K_2S_2O_8$（s），$CdCO_3$（s），$0.002\ mol \cdot L^{-1}\ MnSO_4$ 溶液，$0.01\ mol \cdot L^{-1}\ KMnO_4$ 溶液，$0.1\ mol \cdot L^{-1}$ 的 Na_2S、Na_2SO_3、Na_2SO_4、$Na_2S_2O_3$、$K_2S_2O_8$ 五种待鉴别溶液。

[实验步骤]

1. 单质硫的性质

1）硫的熔化和弹性硫的生成

将约 3 g 硫粉加入试管中缓慢加热，观察硫黄色态的变化。待硫粉熔化至沸后迅速倾入一盛有冷水的烧杯中，观察色态变化并试验其弹性。弹性硫放置一段时间后又有什么变化？试做出解释。

2）硫的化学性质

（1）硫与汞的反应。在一瓷坩埚中加入 1 滴汞，然后加入少量硫黄粉，用玻璃棒搅动使之混合。观察现象，并写出反应式。产物最后集中回收。

（2）硫与浓硝酸的反应（在通风橱内进行）。将少量硫粉加入试管中与浓硝酸加热反应数分钟，观察现象，并写出反应式。自行设计方案验证反应产物。

（3）硫的氧化性质。在蒸发皿中混合好约 1 g 锌粉及 2 g 硫粉，用烧红的玻璃棒接触混合物，观察现象，并写出反应式。自行设计方案验证反应产物。

2. 硫的氧化物——二氧化硫

1）二氧化硫的制备（在通风橱内进行）

往蒸馏瓶内放入 5 g Na_2SO_3 固体，分液漏斗内装有浓硫酸，缓慢向蒸馏瓶中滴加浓 H_2SO_4，观察现象，并写出反应式。

2）二氧化硫的性质

（1）还原性。取 1 mL $0.01\ mol \cdot L^{-1}\ KMnO_4$ 溶液，用 H_2SO_4 酸化后通入 SO_2 气体，观察现象，并写出反应式。

（2）氧化性。向饱和硫化氢水溶液中通入 SO_2 气体，观察现象，并写出反应式。

（3）漂白作用。向品红溶液中通入 SO_2 气体，观察现象。

3）SO_3^{2-} 的检验

由于含有 SO_3^{2-} 的溶液中往往含有少量 SO_4^{2-}，会干扰 SO_3^{2-} 的检出，因此需要将 SO_4^{2-} 预先除去。请自行设计分离步骤并验证某试样中含有 SO_3^{2-}，写出分离过程示意图及有关反应方程式。

3. 硫代硫酸盐的制备与性质

1）制备

向烧杯中加入约 8 g Na_2SO_3（s）、3 g 已经研细了的硫黄粉及 50 mL 水。在不断搅拌下煮沸 5 min。待反应完毕后加入少量活性炭作为脱色剂。过滤并弃去残渣,将滤液转移至蒸发皿,水浴加热浓缩至液体表面出现结晶为止。自然冷却,晶体析出后抽滤。写出反应式。产物留作下面实验用。

2)性质

取少量自制的 $Na_2S_2O_3 \cdot 5H_2O$ 晶体溶于约 5 mL 水中,进行以下实验。

(1)向溶液中滴加 2 mol·L^{-1} HCl 溶液,观察现象,并写出反应式。该现象说明 $Na_2S_2O_3$ 什么性质?

(2)向溶液中滴加碘水,观察现象,并写出反应式。该现象说明 $Na_2S_2O_3$ 什么性质?

(3)向溶液中滴加氯水,设法验证反应后溶液中有 SO_4^{2-} 存在。写出反应式。

(4)往 4 滴 0.1 mol·L^{-1} AgNO_3 溶液中滴加 $Na_2S_2O_3$ 溶液,仔细观察反应现象,并写出反应式。该现象说明 $Na_2S_2O_3$ 什么性质?

4. 过二硫酸钾的氧化性

(1)往有 2 滴 0.002 mol·L^{-1} $MnSO_4$ 溶液的试管中加入约 5 mL 1 mol·L^{-1} H_2SO_4、2 滴 $AgNO_3$ 溶液,再加入少量 $K_2S_2O_8$ 固体,水浴加热,溶液的颜色有什么变化?

另取一支试管,不加入 $AgNO_3$ 溶液,进行同样的实验。比较上述两个实验的现象有什么不同,为什么? 写出反应式。

(2)取少量 0.1 mol·L^{-1} KI 溶液用硫酸酸化后再加入少量 $K_2S_2O_8$ 固体。观察现象,并写出反应式。

5. 硫化氢的还原性

(1)取几滴 0.1 mol·L^{-1} $KMnO_4$ 溶液用硫酸酸化后通入硫化氢气体,观察现象,并写出反应式。

(2)取几滴 0.1 mol·L^{-1} $K_2Cr_2O_7$ 溶液用硫酸酸化后通入硫化氢气体,观察现象,并写出反应式。

[实验习题]

(1)用 $CdCO_3$(s)分离 S^{2-} 彻底吗? 为什么? 体系中加入了 $CdCO_3$ 后将引入什么离子? 如何除去?

(2)如何证实混合液中有 $S_2O_3^{2-}$?

(3)为什么 $S_2O_3^{2-}$ 与 SO_3^{2-} 的分离用 Sr^{2+} 而不用 Ba^{2+}?

(4)为什么在含有 SO_3^{2-} 的试液中加入 $BaCl_2$ 溶液后生成白色沉淀还不能证实是 SO_3^{2-}?

[注意事项]

(1)二氧化硫具有刺激性气味,会污染环境并给人体带来毒害。它主要造成人体黏膜及呼吸道损害,引起流泪、流涕、咽干、咽痛等症状及呼吸系统炎症。大量吸入二氧化硫会导致窒息死亡。因此凡涉及二氧化硫的反应都要在通风橱内进行,并采取相应措施,以减少二氧化硫的逸出。

（2）硫化氢具有强烈的臭鸡蛋气味，是毒性较大的气体。它主要引起中枢神经系统中毒，它也可与呼吸酶中的铁质结合使酶活性减弱，造成黏膜损害及呼吸系统损害。轻度产生头晕、头痛、呕吐，严重时可引起昏迷、意识丧失、窒息而致死亡。因此，凡涉及硫化氢参与的反应都应在通风橱内进行。

实验二十三 氮和磷

[实验目的]

（1）掌握氨和铵盐、硝酸和硝酸盐的主要性质。

（2）掌握磷酸盐的主要性质。

（3）掌握亚硝酸及其盐的性质。

[实验用品]

（1）仪器：温度计、水槽。

（2）药品：铜片，锌片，硫黄粉，铝屑，$NH_4NO_3(s)$，$NH_4Cl(s)$，$Ca(OH)_2(s)$，$KNO_3(s)$，$Cu(NO_3)_2(s)$，$AgNO_3(s)$，$FeSO_4 \cdot 7H_2O(s)$，$Na_2HPO_4(s)$，$(NH_4)_2SO_4(s)$，$PCl_5(s)$，$0.1\ mol \cdot L^{-1}$、$0.5\ mol \cdot L^{-1}$ $NaNO_2$ 溶液，饱和 $NaNO_2$ 溶液，$0.1\ mol \cdot L^{-1}$ $Na_4P_2O_7$ 溶液，$0.1\ mol \cdot L^{-1}$ Na_3PO_4 溶液，$0.1\ mol \cdot L^{-1}$ Na_2HPO_4 溶液，$0.1\ mol \cdot L^{-1}$ NaH_2PO_4 溶液，$0.1\ mol \cdot L^{-1}$ $NaPO_3$ 溶液，$0.5\ mol \cdot L^{-1}$ $NaNO_3$ 溶液，浓 $NH_3 \cdot H_2O$，饱和 H_2S 水溶液，奈斯特试剂（$K_2[HgI_4]$ ＋ KOH），对氨基苯磺酸溶液，α-萘胺溶液，四氯化碳，蛋白溶液，酚酞溶液。

（3）材料：pH 试纸、石蕊试纸。

[实验步骤]

1. 氨和铵盐的性质

1）氨的实验室制备及其性质

（1）制备。将 3 g $NH_4Cl(s)$ 及 3 g $Ca(OH)_2(s)$ 混合均匀后装入一支干燥的大试管中，制备和收集氨气（制备过程中应该注意什么问题？）。用塞子塞紧氨气收集管，留给下列实验使用。

（2）氨的性质。

把盛有氨气的试管倒置在盛有水的大烧杯或水槽内，在水下打开塞子，轻轻摇动试管，观察有何现象发生。当水柱停止上升后，用手指堵住管口并将试管从水中取出。

2）铵盐的性质及检出

（1）铵盐在水中的溶解热效应。往试管中加入 2 mL 水，测量水温后加入 2 g $NH_4NO_3(s)$，用玻璃棒轻轻搅动溶液，再次测量溶液温度，记录温度变化，并给出理论解释。$(NH_4)_2SO_4$

(s)、$NH_4Cl(s)$等铵盐溶于水时是吸热还是放热? 为什么?

（2）铵盐的热分解。分别向三支已干燥的试管中加入约 0.5 g $NH_4Cl(s)$、$NH_4NO_3(s)$、$(NH_4)_2SO_4(s)$,各自用试管夹夹好,管口贴上一条已润湿的石蕊试纸,均匀加热试管底部。观察这三种铵盐的热分解的异同,分别写出反应式。在 $NH_4Cl(s)$试管中较冷的试管壁上附着的白色霜状物质是什么? 如何证实?

（3）铵盐的检出反应。取几滴铵盐溶液置于一表面皿中心,在另一表面皿中心贴附有一条湿润的 pH 试纸,然后在铵盐溶液中滴加 6 mol·L^{-1} NaOH 溶液至呈现碱性,将贴有 pH 试纸的表面皿盖在铵盐的表面皿上形成"气室",将气室置于水浴上微热。观察 pH 试纸颜色的变化。

取几滴铵盐溶液,加入 2 滴 2 mol·L^{-1} NaOH 溶液,然后加入 2 滴奈斯特试剂（$K_2[HgI_4]$+KOH）,观察红棕色沉淀的生成。

2. 亚硝酸及其盐的性质(注意亚硝酸及其盐有毒,切勿入口!)

1）亚硝酸的生成与分解

把已经用冰水冷却过的约 1 mL 饱和 $NaNO_2$ 溶液与约 1 mL 2mol·L^{-1} H_2SO_4 混合均匀,观察现象,溶液放置一段时间后又有什么变化? 为什么?

2）亚硝酸的氧化性

取少量 0.1 mol·L^{-1}KI 溶液用 H_2SO_4 酸化,再加入几滴 $NaNO_2$ 溶液,观察反应现象及产物的色态,微热试管,又有什么变化?

3）亚硝酸的还原性

取几滴 $KMnO_4$ 溶液用硫酸酸化后滴加 0.1 mol·$L^{-1}$$NaNO_2$ 溶液,观察现象,并写出反应式。

4）亚硝酸根的检出

（1）取 1 至 2 滴 0.1 mol·L^{-1} $NaNO_2$ 溶液,加入几滴 6 mol·L^{-1} HOAc 酸化后再加入 1 滴对氨基苯磺酸和 1 滴 α- 萘胺溶液,溶液显红色,表明溶液中含有 NO_2^-。(注意: NO_2^- 的浓度不宜太大,否则红紫色很快褪去,生成褐色沉淀与黄色溶液。)

（2）在少量 $NaNO_2$ 溶液中加入 1 至 2 滴 0.1 mol·L^{-1} KI 溶液,用 H_2SO_4 酸化后加入几滴四氯化碳,振荡试管,观察现象。四氯化碳层显紫色,表明 NO_2^- 的存在。

3. 硝酸及其盐的性质

1）硝酸的氧化性

分别试验浓硝酸与硫、浓硝酸与硫化氢、浓硝酸与金属铜、稀硝酸与金属铜、稀硝酸与活泼金属(锌)的反应,产物各是什么? 写出它们的反应式。总结稀硝酸与浓硝酸被还原的规律,并验证稀硝酸与 Zn 反应产物中 NH_3 或 NH_4^+ 的存在。

2）硝酸盐的热分解

分别试验 $KNO_3(s)$、$Cu(NO_3)_2(s)$、$AgNO_3(s)$的热分解,用火柴余烬检验反应生成的气体,说明它们热分解反应的异同。写出反应式并给出理论解释。

3)硝酸盐的检出

（1）往试液中加入 40% NaOH 溶液至溶液呈强碱性,再加入少量铝屑,用 pH 试纸检验反应产生的气体,证实 NO_3^- 的存在,并写出反应式。

（2）取少量 $FeSO_4 \cdot 7H_2O(s)$ 于试管中,滴加 1 滴 $0.1\ mol \cdot L^{-1}\ NaNO_3$ 溶液及 2 滴浓硫酸,观察现象。

4. 磷酸盐的性质

1)磷酸盐的酸碱性

（1）分别检验 $0.1\ mol \cdot L^{-1}\ Na_3PO_4$、$Na_2HPO_4$、$NaH_2PO_4$ 水溶液的 pH 值。

（2）将等量 $0.1\ mol \cdot L^{-1}$ 的 $AgNO_3$ 溶液分别加入到这些溶液中,产生沉淀后溶液的 pH 值又有什么变化? 请给予解释。

2)磷酸盐的生成与性质

分别向 $0.1\ mol \cdot L^{-1}\ Na_3PO_4$、$0.1\ mol \cdot L^{-1}\ Na_2HPO_4$ 和 $0.1\ mol \cdot L^{-1}\ NaH_2PO_4$ 溶液中加入 $CaCl_2$ 溶液,观察有无沉淀生成。再加入 $2\ mol \cdot L^{-1}\ NH_3 \cdot H_2O$ 后又有何变化? 继续加入 $2\ mol \cdot L^{-1}\ HCl$ 后又有什么变化? 试给予解释并写出反应式。

3)磷酸根、焦磷酸根、偏磷酸根的鉴别

（1）分别向 $0.1\ mol \cdot L^{-1}\ Na_3PO_4$、$0.1\ mol \cdot L^{-1}\ Na_4P_2O_7$、$0.1\ mol \cdot L^{-1}\ NaPO_3$ 溶液中滴加 $0.1\ mol \cdot L^{-1}\ AgNO_3$ 溶液,各有什么现象发生? 生成的沉淀溶于 $2\ mol \cdot L^{-1}\ HNO_3$ 吗?

（2）以 $2\ mol \cdot L^{-1}\ HOAc$ 溶液酸化磷酸盐溶液、焦磷酸盐溶液、偏磷酸盐溶液后分别加入蛋白溶液,各有什么现象发生?

把以上实验结果记录在表 4-8 中,并说明磷酸根、焦磷酸根、偏磷酸根的鉴别方法。

表 4-8　磷的含氧酸盐的性质

	PO_4^{3-}	$P_2O_7^{4-}$	PO_3^-
滴加 $0.1\ mol \cdot L^{-1}\ AgNO_3$ 溶液			
沉淀在 $2\ mol \cdot L^{-1}\ HNO_3$ 溶液中			
HOAc 酸化后加入蛋白溶液			

4)磷酸盐的转化

在坩埚中放入少许研细的 Na_2HPO_4 粉末,小火加热,待水分完全逃逸后大火灼烧 15 min,冷却,检验产物中磷酸根的存在形式,并写出反应式。(注:用 $AgNO_3$ 溶液鉴定产物时,加入 HOAc 溶液可以消除少量 PO_4^{3-} 对其他离子的干扰。)

[实验习题]

（1）使用浓硝酸和硝酸盐时应采取哪些安全措施?

（2）浓硝酸和稀硝酸与金属、非金属及一些还原性化合物反应时,N(V)的主要还原产物是什么?

（3）为什么在一般情况下不使用 HNO_3 作为酸性介质？

（4）实验室中用什么方法制备氮气？直接加热 NH_4NO_3 的方法可以吗？为什么？

（5）如何分别检出 $NaNO_2$、$Na_2S_2O_8$、KI 溶液？

（6）PCl_5 水解后加入 $AgNO_3$ 溶液时为什么只有 $AgCl$ 沉淀出来而 Ag_3PO_4 却不沉淀？如何使 Ag_3PO_4 沉淀？有关 K_{sp} 数据请自行查阅本书附录。

[注意事项]

（1）除了 N_2O 外，所有氮的氧化物都有毒，其中尤以 NO_2 为甚。在大气中 NO_2 的允许含量为每升不得超过 0.005 mg。目前 NO_2 中毒尚无特效药物治疗，一般只能输入氧气以帮助呼吸和血液循环。吸入高浓度的氮氧化物将迅速出现窒息以至死亡。因此，凡涉及氮氧化物生成的反应均应在通风橱内进行。

（2）实验室常见的磷有白磷和红磷。红磷毒性较小，白磷为蜡状结晶体，燃点为 318 K，在空气中容易氧化，毒性很大，常保存于水中或油中。磷化氢是无色恶臭剧毒气体。PCl_3（l）、PCl_5（s）都有腐蚀性，使用时应注意。

实验二十四　锡、铅、锑、铋

[实验目的]

（1）掌握锡、铅、锑、铋氢氧化物的酸碱性。

（2）掌握锡（Ⅱ）、锑（Ⅲ）、铋（Ⅲ）盐的水解性。

（3）掌握锡（Ⅱ）的还原性和铅（Ⅳ）、铋（Ⅴ）的氧化性。

（4）掌握锡、铅、锑、铋硫化物的溶解性。

（5）掌握 Sn^{2+}、Pb^{2+}、Sb^{3+}、Bi^{3+} 的鉴定方法。

[实验原理]

锡、铅是周期系第ⅣA族元素，其原子的价层电子结构为 ns^2np^2，它们能形成氧化值为 +2 和 +4 的化合物。

锑、铋是周期系第ⅤA族元素，其原子的价层电子结构为 ns^2np^3，它们能形成氧化值为 +3 和 +5 的化合物。

$Sn(OH)_2$、$Pb(OH)_2$、$Sb(OH)_3$ 都是两性氢氧化物，$Bi(OH)_3$ 呈碱性，$\alpha\text{-}H_2SnO_3$ 既能溶于酸，也能溶于碱，而 $\beta\text{-}H_2SnO_3$ 既不溶于酸，也不溶于碱。

Sn^{2+}、Sb^{3+}、Bi^{3+} 在水溶液中发生显著的水解反应，加入相应的酸可以抑制它们的水解。

$Sn(Ⅱ)$ 的化合物具有较强的还原性。Sn^{2+} 与 $HgCl_2$ 反应可用于鉴定 Sn^{2+} 或 Hg^{2+}；碱性溶液中 $[Sn(OH)_4]^{2-}$（或 SnO_2^{2-}）与 Bi^{3+} 反应可用于鉴定 Bi^{3+}。$Pb(Ⅳ)$ 和 $Bi(Ⅴ)$ 的化合物都具有强氧化性。PbO_2 和 $NaBiO_3$ 都是强氧化剂，在酸性溶液中它们都能将 Mn^{2+} 氧化为

MnO_4^-。Sb^{3+} 可以被 Sn 还原为单质 Sb，这一反应可用于鉴定 Sb^{3+}。

SnS、SnS_2、PbS、Sb_2S_3、Bi_2S_3 都难溶于水和稀盐酸，但能溶于较浓的盐酸。SnS_2 和 Sb_2S_3 还能溶于 NaOH 溶液或 Na_2S 溶液。Sn(Ⅳ)和 Sb(Ⅲ)的硫代硫酸盐遇酸分解为 H_2S 和相应的硫化物沉淀。

铅的许多盐难溶于水。$PbCl_2$ 能溶于热水中。利用 Pb^{2+} 和 CrO_4^{2-} 的反应可以鉴定 Pb^{2+}。

[实验用品]

（1）仪器：800 型电动离心机、点滴板。

（2）药品：2 mol·L^{-1}、6 mol·L^{-1} HCl 溶液，2 mol·L^{-1}、6 mol·L^{-1} HNO_3 溶液，饱和 H_2S 溶液，2 mol·L^{-1}、6 mol·L^{-1} NaOH 溶液，0.1 mol·L^{-1} $MnSO_4$ 溶液，0.1 mol·L^{-1}、0.5 mol·L^{-1} Na_2S 溶液，0.1 mol·L^{-1}、0.5 mol·L^{-1} $SbCl_3$ 溶液，0.1 mol·L^{-1} K_2CrO_4 溶液，0.1 mol·L^{-1} $AgNO_3$ 溶液，0.1 mol·L^{-1} $Pb(NO_3)_2$ 溶液，0.1 mol·L^{-1} $Bi(NO_3)_3$ 溶液，饱和 NH_4OAc 溶液，0.1 mol·L^{-1} $BiCl_3$ 溶液，0.1 mol·L^{-1} $HgCl_2$ 溶液，0.1 mol·L^{-1} Na_2S 溶液，0.1 mol·L^{-1} $SnCl_2$ 溶液，0.2 mol·L^{-1} $SnCl_4$ 溶液，0.1 mol·L^{-1} KI 溶液，锡粒、锡片、$SnCl_2$·$6H_2O$、PbO_2、$NaBiO_3$、碘水、氯水、3% H_2O_2 溶液。

（3）材料：淀粉-KI 试纸。

[实验步骤]

1. 锡、铅、锑、铋氢氧化物酸碱性

（1）制取少量 $Sn(OH)_2$、α-H_2SnO_3、$Pb(OH)_2$、$Sb(OH)_3$ 和 $Bi(OH)_3$ 沉淀，观察其颜色，并选择适当的试剂分别检验它们的酸碱性。写出有关的反应方程式。

（2）在两支试管中各加入一粒金属锡，再各加几滴浓 HNO_3，微热（在通风橱中进行），观察现象，并写出反应方程式。将反应产物用去离子水洗涤两次，在沉淀中加入 2.0 mol·L^{-1} HCl 溶液和 2.0 mol·L^{-1} NaOH 溶液，观察沉淀是否溶解。

2. Sn(Ⅱ)、Sb(Ⅲ)和 Bi(Ⅲ)盐的水解性

（1）取少量 $SnCl_2$·$2H_2O$ 晶体放入试管中，加 1~2 mL 去离子水，观察现象。再加入 6 mol·L^{-1} HCl 溶液，观察试管内有何变化。写出有关的反应方程式。

（2）取少量 0.1 mol·L^{-1} $SbCl_3$ 溶液和 0.1 mol·L^{-1} $BiCl_3$ 溶液，分别加水稀释，观察现象，再分别加入 6 mol·L^{-1} HCl 溶液，观察试管内有何变化。写出有关的反应方程式。

3. 锡、铅、锑、铋化合物的氧化还原性

1）Sn(Ⅱ)的还原性

（1）取 1 或 2 滴 0.1 mol·L^{-1} $HgCl_2$ 溶液，然后逐滴加入 0.1 mol·L^{-1} $SnCl_2$ 溶液，观察现象，并写出反应方程式。

（2）自制少量 $Na_2[Sn(OH)_4]$ 溶液，然后滴加 0.1 mol·L^{-1} $BiCl_3$ 溶液，观察现象，并写出反应方程式。

2)PbO_2 氧化性

取少量 PbO_2 固体,加入 1 mL 6.0 mol·L^{-1} HNO_3 溶液和 1 滴 0.1 mol·L^{-1} $MnSO_4$ 溶液,微热后静置片刻,观察现象,并写出反应方程式。

3)Sb(Ⅲ)的氧化还原性

(1)在点滴板上放一小块光亮的锡片,往锡片上滴 1 滴 0.1 mol·L^{-1} $SbCl_3$ 溶液,观察锡片表面的变化,并写出反应方程式。

(2)分别制取少量 $[Ag(NH_3)_2]^+$ 溶液和 $[Sb(OH)_4]^-$ 溶液,然后将两种溶液混合,观察现象,并写出离子方程式。

4)$NaBiO_3$ 的氧化性

取 1 滴 0.1 mol·L^{-1} $MnSO_4$ 溶液,加入 1 mL 6.0 mol·L^{-1} HNO_3 溶液,加入少量固体 $NaBiO_3$,微热,观察现象,并写出离子方程式。

4. 锡、铅、锑、铋硫化物的生成和溶解

(1)在两支试管中各加入 0.1 mol·L^{-1} $SnCl_2$ 溶液,然后分别加入饱和 H_2S 溶液,观察现象。离心分离,弃去清液。往沉淀中分别加入少量 6.0 mol·L^{-1} HCl 溶液、0.1 mol·L^{-1} Na_2S 溶液,观察现象。写出有关反应的离子方程式。

(2)制取两份 PbS 沉淀,观察颜色。然后分别加入 6.0 mol·L^{-1} HCl 溶液和 6.0 mol·L^{-1} HNO_3 溶液,观察现象,并写出有关反应的离子方程式。

(3)制取三份 SnS_2 沉淀,观察颜色。然后分别加入 2.0 mol·L^{-1} NaOH 溶液、浓 HCl 和 0.1 mol·L^{-1} Na_2S 溶液,观察现象,并写出有关的离子反应方程式。

(4)制取三份 Sb_2S_3 沉淀,观察颜色。然后分别加入 6.0 mol·L^{-1} HCl 溶液、2.0 mol·L^{-1} NaOH 溶液、0.5 mol·L^{-1} Na_2S 溶液,观察现象。在 Sb_2S_3 与 Na_2S 反应的溶液中加入 2 mol·L^{-1} HCl 溶液,观察有何变化。写出有关的离子反应方程式。

(5)制取 Bi_2S_3 沉淀,观察其颜色。然后加入 6.0 mol·L^{-1} HCl 溶液,观察有何变化,并写出相应的离子方程式。

5. 铅(Ⅱ)难溶盐的生成与溶解

(1)制取少量的 $PbCl_2$ 沉淀,观察其颜色。分别试验其在热水和浓 HCl 中的溶解情况。

(2)制取少量的 $PbSO_4$ 沉淀,观察其颜色。分别试验其在浓 H_2SO_4 和 NH_4OAc 饱和溶液中的溶解情况。

(3)制取少量的 $PbCrO_4$ 沉淀,观察其颜色。分别试验其在 6 mol·L^{-1} NaOH 溶液和稀 HNO_3 中的溶解情况。

6. Sn^{2+} 与 Pb^{2+} 的鉴别

有 A、B 两种溶液,一种含有 Sn^{2+},另一种含有 Pb^{2+}。试根据它们的特征反应,设计实验方法加以区分。

7. Sb^{3+} 与 Bi^{3+} 的分离和鉴定

取 0.1 mol·L^{-1} $SbCl_3$ 溶液和 0.1 mol·L^{-1} $BiCl_3$ 溶液各 3 滴混合在一起,试设计方法加以

分离和鉴定。图示分离、鉴定步骤,写出现象和有关反应的离子方程式。

[实验习题]

(1)检验 $Pb(OH)_2$ 碱性时,应该用什么酸? 为什么不能用稀盐酸或稀硫酸?

(2)怎样制取亚锡酸钠溶液?

(3)用 PbO_2 和 $MnSO_4$ 溶液反应时为什么用硝酸酸化而不用盐酸酸化?

(4)配制 $SnCl_2$ 溶液时,为什么要加入盐酸和锡粒?

实验二十五　过渡族元素(一)

[实验目的]

(1)掌握铬、锰、铁、钴、镍氢氧化物的酸碱性和氧化还原性。

(2)掌握铬、锰重要氧化态之间的转化反应及其条件。

(3)掌握铁、钴、镍配合物的生成和性质。

(4)掌握锰、铁、钴、镍硫化物的生成和溶解性。

(5)学习 Cr^{3+}、Mn^{2+}、Fe^{2+}、Fe^{3+}、Co^{2+}、Ni^{2+} 的鉴定方法。

[实验原理]

铬、锰、铁、钴、镍是周期系第四周期元素,它们都能形成多种氧化值的化合物。铬的重要氧化值为 $+3$ 和 $+6$;锰的重要氧化值为 $+2$、$+4$、$+6$ 和 $+7$;铁、钴、镍的重要氧化值都是 $+2$ 和 $+3$。

$Cr(OH)_3$ 是两性的氢氧化物。$Mn(OH)_2$ 和 $Fe(OH)_2$ 都很容易被空气中的 O_2 氧化,$Co(OH)_2$ 也能被空气中的 O_2 慢慢氧化。由于 Co^{3+} 和 Ni^{3+} 都具有强氧化性,$Co(OH)_3$、$Ni(OH)_3$ 与盐酸反应分别生成 $Co(II)$ 和 $Ni(II)$,并放出氯气。$Co(OH)_3$ 和 $Ni(OH)_3$ 通常分别由 $Co(II)$ 和 $Ni(II)$ 的盐在碱性条件下用强氧化剂氧化得到,例如:

$$2Ni^{2+} + 6OH^- + Br_2 = 2Ni(OH)_3(s) + 2Br^-$$

Cr^{3+} 和 Fe^{3+} 都易发生水解反应。Fe^{3+} 具有一定的氧化性,能与强还原剂反应生成 Fe^{2+}。

在酸性溶液中,Cr^{3+} 和 Mn^{2+} 的还原性都较弱,只有用强氧化剂才能将它们分别氧化为 $Cr_2O_7^{2-}$ 和 MnO_4^-。利用 Mn^{2+} 和 $NaBiO_3$ 的反应可以鉴定 Mn^{2+}。

在碱性溶液中,$[Cr(OH)_4]^-$ 可被 H_2O_2 氧化为 CrO_4^{2-}。在酸性溶液中,CrO_4^{2-} 可转变为 $Cr_2O_7^{2-}$。$Cr_2O_7^{2-}$ 与 H_2O_2 反应能生成深蓝色的 CrO_5,由此可以鉴定 Cr^{3+}。

在重铬酸盐溶液中分别加入 Ag^+、Pb^{2+}、Ba^{2+} 等,能生成相应的铬酸盐沉淀。

$Cr_2O_7^{2-}$ 和 MnO_4^- 都具有强氧化性。酸性溶液中 $Cr_2O_7^{2-}$ 被还原为 Cr^{3+}。MnO_4^- 在酸性、中性、强碱溶液中的还原产物分别为 Mn^{2+}、MnO_2 沉淀和 MnO_4^{2-}。在强碱溶液中,MnO_4^- 与

MnO_2 反应也能生成 MnO_4^{2-}。在酸性甚至近中性溶液中，MnO_4^{2-} 歧化为 MnO_4^- 和 MnO_2。在酸性溶液中，MnO_2 也是强氧化剂。

MnS、FeS、CoS、NiS 都能溶于稀酸，MnS 还能溶于 HOAc 溶液。这些硫化物需要在弱碱性溶液中制得。生成的 CoS 和 NiS 沉淀由于晶体结构改变而难溶于稀酸。

铬、锰、铁、钴、镍都能形成多种配合物。Co^{2+} 和 Ni^{2+} 与过量的氨水反应分别生成 $[Co(NH_3)_6]^{2+}$ 和 $[Ni(NH_3)_6]^{2+}$。$[Co(NH_3)_6]^{2+}$ 不稳定，易被空气中 O_2 氧化为 $[Co(NH_3)_6]^{3+}$。Fe^{2+} 与 $[Fe(CN)_6]^{3-}$ 反应，或 Fe^{3+} 与 $[Fe(CN)_6]^{4-}$ 反应，都生成深蓝色沉淀，分别用于鉴定 Fe^{2+} 和 Fe^{3+}。酸性溶液中 Fe^{3+} 与 SCN^- 反应也用于鉴定 Fe^{3+}。Co^{2+} 也能与 SCN^- 反应，生成的 $[Co(NCS)_4]^{2-}$ 不稳定，在丙酮等有机溶剂中较稳定，此反应用于鉴定 Co^{2+}。Ni^{2+} 与丁二酮肟在弱碱性条件下反应生成鲜红色的内配盐，此反应常用于鉴定 Ni^{2+}。

[实验用品]

（1）仪器：离心机。

（2）药品：$2.0\ mol \cdot L^{-1}$、$6.0\ mol \cdot L^{-1}$ HCl 溶液，浓 HCl，$6.0\ mol \cdot L^{-1}$ HNO_3 溶液，浓 HNO_3，饱和 H_2S 溶液，$2.0\ mol \cdot L^{-1}$、$6.0\ mol \cdot L^{-1}$ H_2SO_4 溶液，浓 H_2SO_4，$2.0\ mol \cdot L^{-1}$ HOAc 溶液，$2\ mol \cdot L^{-1}$、$6\ mol \cdot L^{-1}$ $NH_3 \cdot H_2O$ 溶液，$2\ mol \cdot L^{-1}$、$6\ mol \cdot L^{-1}$、40% NaOH 溶液，$0.1\ mol \cdot L^{-1}$ $K_3[Fe(CN)_6]$ 溶液，$0.1\ mol \cdot L^{-1}$ $Cr_2(SO_4)_3$ 溶液，$0.1\ mol \cdot L^{-1}$、$0.5\ mol \cdot L^{-1}$ $CoCl_2$ 溶液，$0.1\ mol \cdot L^{-1}$ $K_4[Fe(CN)_6]$ 溶液，$0.1\ mol \cdot L^{-1}$、$0.5\ mol \cdot L^{-1}$ $MnSO_4$ 溶液，$0.1\ mol \cdot L^{-1}$、$0.5\ mol \cdot L^{-1}$ $NiSO_4$ 溶液，$0.1\ mol \cdot L^{-1}$ Na_2SO_3 溶液，$0.1\ mol \cdot L^{-1}$ $K_2Cr_2O_7$ 溶液，$0.1\ mol \cdot L^{-1}$ $Pb(NO_3)_2$ 溶液，$0.1\ mol \cdot L^{-1}$ $AgNO_3$ 溶液，$1\ mol \cdot L^{-1}$ NaF 溶液，$0.1\ mol \cdot L^{-1}$ $SnCl_2$ 溶液，$0.1\ mol \cdot L^{-1}$ Na_2S 溶液，$0.1\ mol \cdot L^{-1}$ $FeCl_3$ 溶液，$0.1\ mol \cdot L^{-1}$ $CrCl_3$ 溶液，$0.1\ mol \cdot L^{-1}$ K_2CrO_4 溶液，$0.01\ mol \cdot L^{-1}$ $KMnO_4$ 溶液，$0.1\ mol \cdot L^{-1}$ KSCN 溶液，$0.1\ mol \cdot L^{-1}$ $FeSO_4$ 溶液，$0.02\ mol \cdot L^{-1}$ KI 溶液，$0.1\ mol \cdot L^{-1}$ $BaCl_2$ 溶液，$K_2S_2O_8(s)$，$FeSO_4 \cdot 7H_2O$，$MnO_2(s)$，$NaBiO_3(s)$，$PbO_2(s)$，$KMnO_4(s)$，戊醇（或乙醚），3% H_2O_2 溶液，溴水，碘水，丁二酮肟，丙酮，淀粉溶液。

（3）材料：淀粉–KI 试纸。

[实验步骤]

1. 铬、锰、铁、钴、镍氢氧化物的生成和性质

（1）制备少量 $Cr(OH)_3$，检验其酸碱性，观察现象，并写出有关的反应方程式。

（2）在三支试管中各加入几滴 $0.1\ mol \cdot L^{-1}$ $MnSO_4$ 溶液和预先加热除氧的 $2\ mol \cdot L^{-1}$ NaOH 溶液，观察现象。迅速检验两试管中的 $Mn(OH)_2$ 的酸碱性，振荡第三支试管，观察现象，并写出有关的反应方程式。

（3）取 2 mL 去离子水，加入几滴 $2\ mol \cdot L^{-1}$ H_2SO_4 溶液，煮沸除去氧，冷却后加入少量 $FeSO_4 \cdot 7H_2O(s)$ 使其溶解。在另一支试管中加入 1 mL $2\ mol \cdot L^{-1}$ NaOH 溶液，煮沸驱氧。冷却后用长滴管吸取 NaOH 溶液，迅速插入 $FeSO_4$ 溶液底部挤出，观察现象。摇荡后分为三份，取两份检验酸碱性，另一份在空气中放置，观察现象。写出有关的反应方程式。

（4）在三支试管中各加入几滴 $0.5\ mol\cdot L^{-1}$ $CoCl_2$ 溶液,再逐滴加入 $2\ mol\cdot L^{-1}$ NaOH 溶液,观察现象。离心分离,弃去清液,然后检验两支试管中沉淀的酸碱性,将第三支试管中的沉淀在空气中放置,观察现象。写出有关的反应方程式。

（5）用 $0.5\ mol\cdot L^{-1}$ $NiSO_4$ 溶液代替 $CoCl_2$ 溶液,重复实验步骤（4）。

通过实验步骤（3）~（5）比较 $Fe(OH)_2$、$Co(OH)_2$、$Ni(OH)_2$ 还原性的强弱。

（6）制取少量 $Fe(OH)_3$,观察其颜色和状态,检验其酸碱性。

（7）取几滴 $0.5\ mol\cdot L^{-1}$ $CoCl_2$ 溶液,加几滴溴水,然后加入 $2\ mol\cdot L^{-1}$ NaOH 溶液,振荡试管,观察现象。离心分离,弃去清液,在沉淀中滴加几滴浓 HCl,并用淀粉 -KI 试纸检验逸出的气体。写出有关的反应方程式。

（8）用 $0.5\ mol\cdot L^{-1}$ $NiSO_4$ 溶液代替 $CoCl_2$ 溶液,重复实验步骤（7）。

通过实验步骤（6）~（8）比较 $Fe(Ⅲ)$、$Co(Ⅲ)$、$Ni(Ⅲ)$ 氧化性的强弱。

2. Cr(Ⅲ)的还原性和 Cr^{3+} 的鉴定

取几滴 $0.1\ mol\cdot L^{-1}$ $CrCl_3$ 溶液,逐滴加入 $6.0\ mol\cdot L^{-1}$ NaOH 溶液至过量,然后滴加 3% H_2O_2 溶液,微热,观察现象。待试管冷却后,补加几滴 H_2O_2 和 0.5 mL 戊醇（或乙醚）,慢慢滴加 $6.0\ mol\cdot L^{-1}$ HNO_3 溶液,振荡试管,观察现象。写出有关的反应方程式。

3. CrO_4^{2-} 和 $Cr_2O_7^{2-}$ 的相互转化

（1）取几滴 $0.1\ mol\cdot L^{-1}$ K_2CrO_4 溶液,逐滴加入 $2.0\ mol\cdot L^{-1}$ H_2SO_4 溶液,观察现象。再逐滴加入 $2.0\ mol\cdot L^{-1}$ NaOH 溶液,观察有何变化。写出有关的反应方程式。

（2）在两支试管中各加入几滴 $0.1\ mol\cdot L^{-1}$ K_2CrO_4 溶液和 $0.1\ mol\cdot L^{-1}$ $K_2Cr_2O_7$ 溶液,然后分别滴加 $1\ mol\cdot L^{-1}$ $BaCl_2$ 溶液,观察现象。最后分别滴加 $2\ mol\cdot L^{-1}$ HCl 溶液,观察现象。写出有关的反应方程式。

4. $Cr_2O_7^{2-}$、MnO_4^-、Fe^{3+} 的氧化性与 Fe^{2+} 的还原性

（1）取 2 滴 $0.1\ mol\cdot L^{-1}$ $K_2Cr_2O_7$ 溶液,滴加饱和 H_2S 溶液,观察现象,并写出反应方程式。

（2）取 2 滴 $0.01\ mol\cdot L^{-1}$ $KMnO_4$ 溶液,用 $2\ mol\cdot L^{-1}$ H_2SO_4 溶液酸化,再滴加 $0.1\ mol\cdot L^{-1}$ $FeSO_4$ 溶液,观察现象,并写出反应方程式。

（3）取几滴 $0.1\ mol\cdot L^{-1}$ $FeCl_3$ 溶液,滴加 $0.1\ mol\cdot L^{-1}$ $SnCl_2$ 溶液,观察现象,并写出反应方程式。

（4）将 $0.01\ mol\cdot L^{-1}$ $KMnO_4$ 溶液与 $0.5\ mol\cdot L^{-1}$ $MnSO_4$ 溶液混合,观察现象,并写出反应方程式。

（5）取 2 mL $0.01\ mol\cdot L^{-1}$ $KMnO_4$ 溶液,加入 1 mL 40% NaOH 溶液 1 mL,再加少量 $MnO_2(s)$,加热,沉降片刻,观察上层清液的颜色。取清液于另一支试管中,用 $2\ mol\cdot L^{-1}$ H_2SO_4 溶液酸化,观察现象。写出有关的反应方程式。

5. 铬、锰、铁、钴、镍硫化物的性质

（1）取几滴 $0.1\ mol\cdot L^{-1}$ $Cr_2(SO_4)_3$ 溶液,滴加 $0.1\ mol\cdot L^{-1}$ Na_2S 溶液,观察现象,检验逸出的气体（可微热）,并写出反应方程式。

（2）取几滴 $0.1\ mol\cdot L^{-1}\ MnSO_4$ 溶液，滴加饱和 H_2S 溶液，观察有无沉淀生成。再用长滴管吸取 $2\ mol\cdot L^{-1}\ NH_3\cdot H_2O$ 溶液，插入溶液底部挤出，观察现象。离心分离，在沉淀中滴加 $2\ mol\cdot L^{-1}\ HOAc$ 溶液，观察现象。写出有关的反应方程式。

（3）在三支试管中分别加入几滴 $0.1\ mol\cdot L^{-1}\ FeSO_4$ 溶液、$0.1\ mol\cdot L^{-1}\ CoCl_2$ 溶液和 $0.1\ mol\cdot L^{-1}\ NiSO_4$ 溶液，然后分别滴加饱和 H_2S 溶液，观察有无沉淀生成。再分别加入 $2\ mol\cdot L^{-1}\ NH_3\cdot H_2O$ 溶液，观察现象。离心分离，分别在三种沉淀中滴加 $2\ mol\cdot L^{-1}\ HCl$ 溶液，观察沉淀是否溶解。写出有关的反应方程式。

（4）取几滴 $0.1\ mol\cdot L^{-1}\ FeCl_3$ 溶液，滴加饱和 H_2S 溶液，观察现象，并写出反应方程式。

6. 铁、钴、镍的配合物

（1）取 2 滴 $0.1\ mol\cdot L^{-1}\ K_4[Fe(CN)_6]$ 溶液，滴加 $0.1\ mol\cdot L^{-1}\ FeCl_3$ 溶液；取 2 滴 $0.1\ mol\cdot L^{-1}\ K_3[Fe(CN)_6]$ 溶液，滴加 $0.1\ mol\cdot L^{-1}\ FeSO_4$ 溶液。观察现象，并写出有关的反应方程式。

（2）取几滴 $0.1\ mol\cdot L^{-1}\ CoCl_2$ 溶液，加几滴 $0.1\ mol\cdot L^{-1}\ NH_4Cl$ 溶液，然后逐滴加 $6.0\ mol\cdot L^{-1}\ NH_3\cdot H_2O$ 溶液，观察现象。摇荡后在空气中放置，观察溶液颜色的变化。写出有关的反应方程式。

（3）在点滴板上加 1 滴 $0.1\ mol\cdot L^{-1}\ CoCl_2$ 溶液，加入 1 滴饱和 KSCN 溶液，再加入 2 滴丙酮，摇荡后观察现象，并写出反应方程式。

（4）在点滴板上加 1 滴 $0.1\ mol\cdot L^{-1}\ NiSO_4$ 溶液，加 1 滴 $2.0\ mol\cdot L^{-1}\ NH_3\cdot H_2O$ 溶液，观察现象。再加 2 滴丁二酮肟溶液，观察现象。写出有关的反应方程式。

[实验习题]

（1）$Co(OH)_3$ 中加入浓 HCl，有时会生成蓝色溶液，加水稀释后变为粉红色，试解释之。

（2）酸性溶液中 $K_2Cr_2O_7$ 分别与 $FeSO_4$ 和 Na_2SO_3 反应的主要产物是什么？

（3）酸性溶液、中性溶液、强碱性溶液中 $KMnO_4$ 与 Na_2SO_3 反应的主要产物分别是什么？

（4）在 $CoCl_2$ 溶液中逐滴加入 $NH_3\cdot H_2O$ 溶液会有何现象？

实验二十六　过渡族元素（二）

[实验目的]

（1）掌握铜、银、锌、镉、汞氧化物和氢氧化物的性质。

（2）掌握铜（Ⅰ）与铜（Ⅱ）之间、汞（Ⅰ）与汞（Ⅱ）之间的转化反应及条件。

（3）了解铜、银、锌、镉、汞硫化物的生成与溶解。

（4）掌握铜（Ⅰ）、银、汞卤化物的溶解性。

（5）掌握铜、银、锌、镉、汞配合物的生成与性质。

（6）学习 Cu^{2+}、Ag^+、Zn^{2+}、Cd^{2+}、Hg^{2+} 的鉴定方法。

[实验原理]

铜和银是周期系第 I B 族元素,价层电子构型分别为 $3d^{10}4s^1$ 和 $4d^{10}5s^1$。铜的重要氧化值为 +1 和 +2,银主要形成氧化值为 +1 的化合物。

锌、镉、汞是周期系第 II B 族元素,价层电子构型为 $(n-1)d^{10}ns^2$,它们都形成氧化值为 +2 的化合物,汞还能形成氧化值为 +1 的化合物。

$Zn(OH)_2$ 是两性氢氧化物。$Cu(OH)_2$ 两性偏碱,能溶于较浓的 NaOH 溶液。$Cu(OH)_2$ 的热稳定性差,受热易分解为 CuO 和 H_2O。$Cd(OH)_2$ 是碱性氢氧化物。$AgOH$、$Hg(OH)_2$、$Hg_2(OH)_2$ 都很不稳定,极易脱水变成相应的氧化物,而 Hg_2O 也不稳定,易歧化为 HgO 和 Hg。

$Cu(II)$、$Ag(I)$、$Hg(II)$ 的某些化合物具有一定的氧化性。例如,Cu^{2+} 能与 I^- 反应生成 CuI 和 I_2;$[Cu(OH)_4]^{2-}$ 和 $[Ag(NH_3)_2]^+$ 都能被醛类或某些糖类还原,分别生成 Ag 和 Cu_2O;$HgCl_2$ 与 $SnCl_2$ 反应用于 Hg^{2+} 或 Sn^{2+} 的鉴定。

水溶液中的 Cu^+ 不稳定,易歧化为 Cu^{2+} 和 Cu。CuCl 和 CuI 等 $Cu(I)$ 的卤化物难溶于水,通过加合反应可分别生成相应的配离子 $[CuCl_2]^-$ 和 $[CuI_2]^-$ 等,它们在水溶液中较稳定。$CuCl_2$ 溶液与铜屑及浓 HCl 混合后加热可制得 $[CuCl_2]^-$,加水稀释时会析出 CuCl 沉淀。

Cu^{2+} 与 $K_4[Fe(CN)_6]$ 在中性或弱酸性溶液中反应,生成红棕色的 $Cu_2[Fe(CN)_6]$ 沉淀,此反应用于鉴定 Cu^{2+}。

Ag^+ 与稀 HCl 反应生成 AgCl 沉淀,AgCl 溶于 $NH_3 \cdot H_2O$ 溶液生成 $[Ag(NH_3)_2]^+$,再加入稀 HNO_3 有 AgCl 沉淀生成,或加入 KI 溶液,生成 AgI 沉淀。利用这一系列反应可以鉴定 Ag^+。

当加入相应试剂时,还可以依次实现下列转化:$[Ag(NH_3)_2]^+ \rightarrow AgBr(s) \rightarrow [Ag(S_2O_3)_2]^{3-} \rightarrow AgI(s) \rightarrow [Ag(CN)_2]^- \rightarrow Ag_2S(s)$。

AgCl、AgBr、AgI 等也能通过加合反应分别生成 $[AgCl_2]^-$、$[AgBr_2]^-$、$[AgI_2]^-$ 等配离子。

Cu^{2+}、Ag^+、Zn^{2+}、Cd^{2+}、Hg^{2+} 与饱和 H_2S 溶液反应都能生成相应的硫化物。ZnS 能溶于稀 HCl。CdS 不溶于稀 HCl,但溶于浓 HCl。利用黄色 CdS 的生成反应可以鉴定 Cd^{2+}。CuS 和 Ag_2S 溶于浓 HNO_3。HgS 溶于王水。

Cu^{2+}、Cu^+、Ag^+、Zn^{2+}、Cd^{2+}、Hg^{2+} 都能形成氨合物。$[Cu(NH_3)_2]^+$ 是无色的,易被空气中的 O_2 氧化为深蓝色的 $[Cu(NH_3)_4]^{2+}$。Cu^{2+}、Ag^+、Zn^{2+}、Cd^{2+}、Hg^{2+} 与适量氨水反应生成氢氧化物、氧化物或碱式盐沉淀,而后溶于过量的氨水(有的需要有 NH_4Cl 存在)。

Hg_2^{2+} 在水溶液中较稳定,不易歧化为 Hg^{2+} 和 Hg。但 Hg_2^{2+} 与氨水、饱和 H_2S 或 KI 溶液反应生成的 $Hg(I)$ 化合物都能被歧化为 $Hg(II)$ 的化合物和 Hg。例如:Hg_2^{2+} 与 I^- 反应先生成 Hg_2I_2,当 I^- 过量时则生成 $[HgI_4]^{2-}$ 和 Hg。

在碱性条件下,Zn^{2+} 与二苯硫腙反应生成粉红色的螯合物,此反应用于鉴定 Zn^{2+}。

[实验用品]

（1）仪器：点滴板、水浴锅。

（2）药品：2.0 mol·L^{-1} HNO$_3$ 溶液，浓 HNO$_3$，2.0 mol·L^{-1}、6.0 mol·L^{-1} HCl 溶液，浓 HCl，2.0 mol·L^{-1} HOAc 溶液，2.0 mol·L^{-1} H$_2$SO$_4$ 溶液，饱和 H$_2$S 溶液，2.0 mol·L^{-1}、6.0 mol·L^{-1}、40% NaOH 溶液，2.0 mol·L^{-1}、6.0 mol·L^{-1} NH$_3$·H$_2$O 溶液，0.1 mol·L^{-1}、饱和 KNCS 溶液，0.1 mol·L^{-1} Fe(NO$_3$)$_3$ 溶液，0.1 mol·L^{-1}、2 mol·L^{-1} KI 溶液，0.1 mol·L^{-1} Cu(NO$_3$)$_2$ 溶液，0.1 mol·L^{-1} Co(NO$_3$)$_2$ 溶液，0.1 mol·L^{-1} Ni(NO$_3$)$_2$ 溶液，0.1 mol·L^{-1} AgNO$_3$ 溶液，0.1 mol·L^{-1} Hg$_2$(NO$_3$)$_2$ 溶液，0.1 mol·L^{-1} Ba(NO$_3$)$_2$ 溶液，0.1 mol·L^{-1} BaCl$_2$ 溶液，0.1 mol·L^{-1} Hg(NO$_3$)$_2$ 溶液，1 mol·L^{-1} CuCl$_2$ 溶液，0.1 mol·L^{-1} Na$_2$S$_2$O$_3$ 溶液，0.1 mol·L^{-1} K$_4$[Fe(CN)$_6$] 溶液，0.1 mol·L^{-1} Zn(NO$_3$)$_2$ 溶液，0.1 mol·L^{-1} SnCl$_2$ 溶液，0.1 mol·L^{-1} HgCl$_2$ 溶液，0.1mol·L^{-1} CuSO$_4$ 溶液，1 mol·L^{-1} NH$_4$Cl 溶液，0.1 mol·L^{-1} Cd(NO$_3$)$_2$ 溶液，0.1 mol·L^{-1} NaCl 溶液，0.1 mol·L^{-1} KBr 溶液，铜屑，10% 葡萄糖溶液，淀粉溶液，二苯硫腙的 CCl$_4$ 溶液。

（3）材料：Pb(OAc)$_2$ 试纸。

[实验步骤]

1. 铜、银、锌、镉、汞的氢氧化物或氧化物的生成和性质

在五支试管中分别加几滴 0.1 mol·L^{-1} 的 CuSO$_4$ 溶液、AgNO$_3$ 溶液、ZnSO$_4$ 溶液、CdSO$_4$ 溶液及 Hg(NO$_3$)$_2$ 溶液，然后分别滴加 2.0 mol·L^{-1} NaOH 溶液，观察现象。将每个试管中的沉淀分为两份，分别检验其酸碱性。写出有关的反应方程式。

2. Cu(Ⅰ)化合物的生成和性质

（1）取几滴 0.1 mol·L^{-1} CuSO$_4$ 溶液，滴加 6.0 mol·L^{-1} NaOH 溶液至过量，再加入 10% 葡萄糖溶液，摇匀，加热至沸，观察现象。离心分离，弃去清液，将沉淀洗涤后分为两份，一份加入 2.0 mol·L^{-1} H$_2$SO$_4$ 溶液，另一份加入 6.0 mol·L^{-1} NH$_3$·H$_2$O 溶液，静置片刻，观察现象。写出有关的反应方程式。

（2）取 1.0 mol·L^{-1} CuCl$_2$ 溶液 1 mL，加 1 mL 浓 HCl 和少量铜屑，加热至溶液呈泥黄色，将溶液倒入另一支盛有去离子水的试管中（将铜屑水洗后回收），观察现象。离心分离，将沉淀洗涤后分为两份，一份加入浓 HCl，另一份加入 2 mol·L^{-1} NH$_3$·H$_2$O 溶液，观察现象。写出有关的反应方程式。

（3）取几滴 0.1 mol·L^{-1} CuSO$_4$ 溶液，滴加 0.1 mol·L^{-1} KI 溶液，观察现象。离心分离，在清液中加 1 滴淀粉溶液，观察现象。将沉淀洗涤两次后，滴加 2 mol·L^{-1} KI 溶液，观察现象，再将溶液加水稀释，观察有何变化。写出有关的反应方程式。

3. Cu^{2+} 的鉴定

在点滴板上加 1 滴 0.1 mol·L^{-1} CuSO$_4$ 溶液，再加 1 滴 2 mol·L^{-1} HOAc 溶液和 1 滴 0.1 mol·L^{-1} K$_4$[Fe(CN)$_6$] 溶液，观察现象，并写出反应方程式。

4. Ag(Ⅰ)系列实验

取几滴 0.1 mol·L^{-1} AgNO$_3$ 溶液,选用适当的试剂从 Ag$^+$ 开始,依次经 AgCl(s)、[Ag(NH$_3$)$_2$]$^+$、AgBr(s)、[Ag(S$_2$O$_3$)$_2$]$^{3-}$、AgI(s)、[AgI$_2$]$^-$ 最后到 Ag$_2$S 的转化。观察现象,并写出有关的反应方程式。

5. 银镜反应

在一支干净的试管中加入 1 mL 0.1mol·L^{-1} AgNO$_3$ 溶液,滴加 2.0 mol·L^{-1} NH$_3$·H$_2$O 溶液至生成的沉淀刚好溶解,加 2 mL 10% 葡萄糖溶液,放在水浴中加热片刻,观察现象。然后倒掉溶液,加 2.0 mol·L^{-1} HNO$_3$ 溶液使银溶解后回收。写出有关的反应方程式。

6. 铜、银、锌、镉、汞硫化物的生成和性质

在六支试管中分别加入 1 滴 0.1 mol·L^{-1} 的 CuSO$_4$ 溶液、AgNO$_3$ 溶液、Zn(NO$_3$)$_2$ 溶液、Cd(NO$_3$)$_2$ 溶液、Hg(NO$_3$)$_2$ 溶液和 Hg$_2$(NO$_3$)$_2$ 溶液,再各滴加饱和 H$_2$S 溶液,观察现象。离心分离,试验 CuS 和 Ag$_2$S 在浓 HNO$_3$ 中、ZnS 在稀 HCl 中、CdS 在 6 mol·L^{-1} HCl 溶液中、HgS 在王水中的溶解性。

7. 铜、银、锌、镉、汞氨合物的生成

在六支试管中分别加几滴 0.1 mol·L^{-1} CuSO$_4$ 溶液、AgNO$_3$ 溶液、Zn(NO$_3$)$_2$ 溶液、Cd(NO$_3$)$_2$ 溶液、Hg(NO$_3$)$_2$ 溶液和 Hg$_2$(NO$_3$)$_2$ 溶液,然后分别逐滴加入 6 mol·L^{-1} NH$_3$·H$_2$O 溶液至过量(如果沉淀不溶解,再加 1 mol·L^{-1} NH$_4$Cl 溶液),观察现象,并写出有关的反应方程式。

8. 汞盐与 KI 的反应

(1)取 2 滴 0.1 mol·L^{-1} Hg(NO$_3$)$_2$ 溶液,逐滴加入 0.1 mol·L^{-1} KI 溶液至过量,观察现象。然后加几滴 6.0 mol·L^{-1} NaOH 溶液和 1 滴 1.0 mol·L^{-1} NH$_4$Cl 溶液,观察有何现象,并写出有关的反应方程式。

(2)取 1 滴 0.1 mol·L^{-1} Hg$_2$(NO$_3$)$_2$ 溶液,逐滴加入 0.1 mol·L^{-1} KI 溶液,观察现象,并写出有关的反应方程式。

9. Zn^{2+} 的鉴定

取 0.1 mol·L^{-1} Zn(NO$_3$)$_2$ 溶液 2 滴,加几滴 6.0 mol·L^{-1} NaOH 溶液,再加 0.5 mL 二苯硫腙的 CCl$_4$ 溶液,摇荡试管,观察水溶液层和 CCl$_4$ 层颜色的变化,并写出反应方程式。

[实验习题]

(1)CuI 能溶于饱和 KNCS 溶液,生成的产物是什么? 将溶液稀释后会生成什么沉淀?

(2)Ag$_2$O 能否溶于 2 mol·L^{-1} NH$_3$·H$_2$O 溶液?

(3)用 K$_4$[Fe(CN)$_6$] 鉴定 Cu^{2+} 的反应在中性或酸性溶液中进行,若加入 NH$_3$·H$_2$O 或 NaOH 溶液会发生什么反应?

(4)AgCl、PbCl$_2$、Hg$_2$Cl$_2$ 都不溶于水,如何将它们分开?

实验二十七　粗盐的提纯

[实验目的]

（1）掌握溶解、过滤、蒸发等实验的操作技能。
（2）理解过滤分离混合物的化学原理。

[实验原理]

粗食盐除含有泥沙等不溶性杂质外，还含有钙、镁、钾的卤化物和硫酸盐等可溶性杂质。不溶性杂质可以通过过滤除去，可溶性杂质可通过化学法除去，即加入某些化学试剂使之转化为沉淀而滤除。

[实验用品]

（1）仪器：药匙、托盘天平、胶头滴管、50 mL 量筒、100 mL 烧杯（2个）、玻璃棒、洗瓶、漏斗、带铁圈的铁架台、蒸发皿、酒精灯、石棉网、坩埚钳、中试管（2支）。
（2）药品：粗盐。
（3）材料和工具：滤纸（2张）、边长为 7.5 cm 的正方形白纸（2张）、火柴、剪刀。

[实验步骤]

1. 溶解
（1）称取约 4 g 粗盐。
（2）用量筒量取 15 mL 蒸馏水，倒入烧杯中。
（3）用药匙一点点将称量好的粗盐放入烧杯中，边加边用玻璃棒搅拌，一直加到粗盐不再溶解时为止，观察溶液是否浑浊。

2. 过滤
将滤纸折叠后用水润湿，使其紧贴漏斗内壁并使滤纸上沿低于漏斗口，溶液液面低于滤纸上沿；倾倒液体的烧杯口要紧靠玻璃棒，玻璃棒的末端紧靠有三层滤纸的一边，漏斗末端紧靠承接滤液的烧杯的内壁。慢慢倾倒液体，待滤纸内无水时，仔细观察滤纸上的剩余物及滤液的颜色，滤液仍浑浊时，应该再过滤一次。

3. 蒸发
把得到的澄清滤液倒入蒸发皿，把蒸发皿放在铁架台的铁圈上，用酒精灯加热。同时用玻璃棒不断搅拌滤液，等蒸发皿中出现较多量固体时，停止加热，利用蒸发皿的余热把滤液蒸干。用坩埚钳取下蒸发皿，置于石棉网上冷却。

4. 计算产率
用玻璃棒把固体转移到纸上称量后，回收到指定的容器，比较提纯前后食盐的状态，然后计算精盐的产率。

[实验习题]

（1）怎样选择漏斗与滤纸？
（2）怎样鉴定沉淀物是否清洗干净？

实验二十八　混合碱含量的分析（双指示剂法）

[实验目的]

（1）掌握用强酸滴定二元弱碱的操作过程。
（2）掌握影响滴定突跃范围的因素，学会选择合适的指示剂。
（3）了解酸碱滴定的实际应用。

[实验原理]

混合碱是指 Na_2CO_3 与 NaOH 或 $NaHCO_3$ 的混合物。欲测定混合碱中各组分的含量，可用 HCl 标准溶液滴定，根据滴定过程中 pH 变化的情况，选用两种不同的指示剂分别指示第一、第二计量点，常称为"双指示剂法"。

在混合碱试液中加入酚酞指示剂（变色 pH 范围为 8.0~10.0），此时溶液呈现红色。用 HCl 标准溶液滴定时，溶液由红色变为无色，此时试液中所含 NaOH 完全被滴定，所含 Na_2CO_3 被滴定至 $NaHCO_3$。在此过程中所消耗的 HCl 溶液的体积为 V_1，发生的反应为

$$NaOH+HCl = NaCl+H_2O$$
$$Na_2CO_3+HCl = NaCl+NaHCO_3$$

再加入甲基橙指示剂（变色 pH 范围为 3.1~4.4），继续用 HCl 标准溶液滴定，使溶液由黄色突变为橙色即为终点。在此过程中所消耗 HCl 溶液的体积为 V_2，发生的反应为

$$NaHCO_3+HCl = NaCl+CO_2\uparrow+H_2O$$

根据 V_1、V_2 可分别计算混合碱中 NaOH 与 Na_2CO_3 或 $NaHCO_3$ 的含量。

由于在第一计量点时用酚酞指示终点，颜色由红色变为无色，变化不很敏锐，因此常选用甲酚红和百里酚蓝混合指示剂。此混合指示剂酸式色为黄色，碱式色为紫色，变色点 pH=8.3，pH=8.2 时为玫瑰色，pH=8.4 时为清晰的紫色。用 HCl 标准溶液滴定到溶液由紫色变为玫瑰色（以新配制的相近浓度的 $NaHCO_3$ 溶液为参比溶液进行对照），记下消耗的 HCl 溶液的体积 V_1（此时 pH 约为 8.3），再加入甲基橙指示剂，继续滴定到溶液由黄色变为橙色即为终点，记下体积 V_2。然后计算各组分的含量。

当 $V_1>V_2$ 时，试样为 Na_2CO_3 与 NaOH 的混合物。滴定 Na_2CO_3 所需 HCl 是分两次加入的，两次用量应该相等，Na_2CO_3 所消耗 HCl 的体积应为 $2V_2$。而滴定 NaOH 时所消耗的 HCl 量应为 (V_1-V_2)，故 NaOH 和 Na_2CO_3 的含量应分别为

$$w(\text{NaOH}) = \frac{(V_1 - V_2) \times 10^{-3} \times c(\text{HCl}) \times M(\text{NaOH})}{m_{\text{试样}} \times \dfrac{25}{250}}$$

$$w(\text{Na}_2\text{CO}_3) = \frac{V_2 \times 10^{-3} \times c(\text{HCl}) \times M(\text{Na}_2\text{CO}_3)}{m_{\text{试样}} \times \dfrac{25}{250}}$$

当 $V_1 < V_2$ 时,试样为 Na_2CO_3 与 NaHCO_3 的混合物,此时 V_1 为滴定 Na_2CO_3 至 NaHCO_3 时所消耗的 HCl 溶液体积,故 Na_2CO_3 所消耗 HCl 溶液的体积为 $2V_1$,滴定 NaHCO_3 所用 HCl 的体积应为($V_2 - V_1$),两组分含量的计算式分别为

$$w(\text{NaHCO}_3) = \frac{(V_2 - V_1) \times 10^{-3} \times c(\text{HCl}) \times M(\text{NaHCO}_3)}{m_{\text{试样}} \times \dfrac{25}{250}}$$

$$w(\text{Na}_2\text{CO}_3) = \frac{V_1 \times 10^{-3} \times c(\text{HCl}) \times M(\text{Na}_2\text{CO}_3)}{m_{\text{试样}} \times \dfrac{25}{250}}$$

混合碱的总碱度通常是以 Na_2O 的含量来表示,其计算公式如下:

$$w(\text{Na}_2\text{O}) = \frac{(V_1 + V_2) \times 10^{-3} \times c(\text{HCl}) \times M(\text{Na}_2\text{O})}{m_{\text{试样}} \times \dfrac{25}{250}} \times \frac{1}{2}$$

[实验用品]

(1)仪器:25.00 mL 酸式滴定管、分析天平、250 mL 容量瓶、25.00 mL 移液管、10 mL 量筒。

(2)药品:HCl 标准溶液、2 g·L⁻¹ 酚酞乙醇溶液、1 g·L⁻¹ 甲基橙水溶液、混合碱试样。

[实验步骤]

1. 混合碱试液的配制

准确称取一定量的混合碱试样(0.6~0.7 g)于 100 mL 小烧杯中,加少量去离子水溶解后,将溶液转移至 250 mL 容量瓶中,用少量去离子水冲洗小烧杯 4 至 5 次,并将冲洗液转移至容量瓶中,加水稀释至刻度线,充分摇匀,备用。

2. 混合碱的分析

用移液管移取上述混合碱试液 25.00 mL 于锥形瓶中,加酚酞指示剂 1 至 2 滴,用 HCl 标准溶液滴定溶液至微红(近无色),记下所消耗 HCl 标准溶液的体积 V_1,再加入甲基橙指示剂 1 至 2 滴,继续用 HCl 标准溶液滴定,溶液由黄色突变为橙色时,消耗 HCl 的体积为 V_2。平行滴定 3 至 4 次,试确定混合碱的组分,计算各组分的含量,并以 Na_2O 表示总碱度,

计算其相对平均偏差。

[数据处理]

将实验数据和计算结果填入表 4-9。根据滴定所消耗的体积计算 $NaHCO_3$ 和 Na_2CO_3 的含量,并计算三次测定结果的相对平均偏差。

表 4-9　数据记录表

项目　　　　　　　　次数	1	2	3
$m_{试样}$/g			
$V_{始}$/mL			
$V_{中}$/mL			
$V_{末}$/mL			
V_1/mL			
V_2/mL			
$w(NaHCO_3)$/%			
$w(Na_2CO_3)$/%			
$w(NaHCO_3)$绝对偏差 /%			
$w(Na_2CO_3)$绝对偏差 /%			
$w(NaHCO_3)$平均值 /%			
$w(Na_2CO_3)$平均值 /%			
$w(NaHCO_3)$相对平均偏差			
$w(Na_2CO_3)$相对平均偏差			

[实验习题]

（1）本实验采用什么指示剂法? 其滴定终点 pH 值为多少?

（2）用盐酸滴定混合碱液时,将试液放置在空气中一段时间后滴定,将会给测定结果带来什么影响? 若到达第一计量点前,滴定速度过快或摇动不均匀,将对测定结果有何影响?

（3）欲测定混合碱中总碱度,应选用何种指示剂?

[注意事项]

滴定速度不宜过快,临近终点时每加一滴后要摇匀,至颜色稳定后再加第二滴,否则因颜色变化较慢容易导致过量。

到达第一计量点滴定速度宜慢,特别是在临近终点前,要一滴多搅,否则易过量。因到达第一计量点前,若溶液中 HCl 局部过浓,使反应

$$NaHCO_3 + HCl \!=\!=\! NaCl + CO_2 \uparrow + H_2O$$

提前发生,则会导致 V_1 偏大,V_2 偏小。

实验二十九 铵盐中含氮量的测定（甲醛法）

[实验目的]

（1）熟悉用减量法称取基准物的方法。

（2）掌握甲醛法测定铵盐中含氮量的原理和方法。

[实验原理]

常见的铵盐，如硫酸铵、氯化铵、硝酸铵，是强酸弱碱盐，虽然 NH_4^+ 具有酸性，但由于 $K_a < 10^{-8}$，所以不能直接滴定。生产和实验室中常采用甲醛法测定铵盐的含量。首先，让甲醛与铵盐反应，生成 $(CH_2)_6N_4H^+$ 和 H^+，然后以酚酞为指示剂，用 NaOH 标准溶液滴定。其反应式为

$$4NH_4^+ + 6HCHO = (CH_2)_6N_4H^+ + 3H^+ + 6H_2O$$

$$(CH_2)_6N_4H^+ + 3H^+ + 4OH^- = (CH_2)_6N_4 + 4H_2O$$

由上述反应可知，4 mol NH_4^+ 与甲醛作用，生成 3 mol H^+（强酸）和 1 mol $(CH_2)_6N_4H^+$，即 1 mol NH_4^+ 相当于 1 mol H^+，则 NH_4^+ 的物质的量和滴定消耗的 NaOH 的物质的量相等。

若试样含游离酸，则在加甲醛之前应以甲基红为指示剂，用 NaOH 标准溶液中和，否则对测定结果有影响。

甲醛法准确度较差，但比较快速，故在生产上应用较多，本法适用于强酸性铵盐中含氮量测定。

[实验用品]

（1）仪器：25.00 mL 碱式滴定管、250 mL 容量瓶、25.00 mL 移液管、10 mL 量筒、分析天平。

（2）药品：0.1 mol·L^{-1} NaOH 标准溶液、2 g·L^{-1} 酚酞乙醇溶液、0.2% 甲基红指示剂、市售 40% 甲醛、铵盐试样。

[实验步骤]

1. 甲醛溶液的处理

甲醛中常含有微量酸，应事先予以中和。方法如下：取原瓶装甲醛上层清液于烧杯中，加水稀释一倍，滴加酚酞指示剂 1 至 2 滴，用标准碱液滴至甲醛溶液呈淡红色。

2. 铵盐试样含氮量的测定

准确称取 1.3~1.7 g 铵盐试样于 100 mL 烧杯中，加少量水使之溶解，把溶液小心转移于 250 mL 容量瓶中，用水稀释至刻度线，摇匀备用。用移液管移取上述试液 25.00 mL 于 250 mL 锥形瓶中，加入 10 mL 20% 甲醛溶液，加酚酞指示剂 2 滴充分摇匀，放置 1 min。然

后用标准 NaOH 溶液滴定至呈浅红色即为终点,平行测定三次。

[**数据处理**]

将实验数据和计算结果填入表 4-10。根据滴定所消耗的体积计算氮含量,并计算三次测定结果的相对平均偏差。

表 4-10　数据记录

滴定序号	1	2	3
称量瓶 + NH_4NO_3（倾样前）质量 /g			
称量瓶 + NH_4NO_3（倾样后）质量 /g			
$m(NH_4NO_3)$/g			
$V(NaOH)$/mL			
$c(NaOH)$/($mol \cdot L^{-1}$)			
含氮量 /%			
平均含氮量 /%			
相对平均偏差			

计算公式为

$$含氮量 = \frac{c(NaOH)V(NaOH) \cdot \frac{M_N}{1\,000}}{m(NH_4NO_3) \times \frac{25}{250}} \times 100\%$$

[**实验习题**]

（1）对于铵盐中含氮量的测定,为何不采用 NaOH 直接滴定?

（2）为什么中和甲醛试剂中的游离酸以酚酞为指示剂,而中和铵盐试样中的游离酸则以甲基红为指示剂?

（3）计算、称取试样量的原则是什么? 本实验中试样量如何计算?

（4）NH_4HCO_3 中含氮量的测定能否用甲醛法?

[**注意事项**]

（1）分析天平是精密设备,使用时一定要小心谨慎,严格按照仪器操作步骤进行。

（2）准确使用滴定分析器皿是获得好的分析结果的前提,因此在实验前应认真掌握滴定分析器皿的正确使用方法。

实验三十　EDTA 标准溶液的配制与标定

[实验目的]

（1）学习 EDTA 标准溶液的配制和标定方法。

（2）掌握配位滴定的原理，了解配位滴定的特点。

[实验原理]

乙二胺四乙酸简称 EDTA，常用 H_4Y 表示，它是一种氨羧络合剂，能与大多数金属离子形成稳定的 1∶1 型螯合物。乙二胺四乙酸二钠盐（$Na_2H_2Y \cdot 2H_2O$）也简称 EDTA，下文如无特别指明，EDTA 均指该物质。22 ℃下 EDTA 在 100 mL 水中可溶解 11.1 g，溶液浓度约为 0.3 mol·L^{-1}，pH 约为 4.4。

市售的 EDTA 含水量为 0.3%~0.5%，且含少量杂质，虽能制成纯品，但程序繁杂；由于水和其他试剂中常含有金属离子，故 EDTA 通常采用间接法配制。

标定 EDTA 溶液的基准物质很多，如金属 Zn、Cu、Pb、Bi 等，金属氧化物 ZnO、Bi_2O_3 等及盐类 $CaCO_3$、$MgSO_4 \cdot 7H_2O$、$Zn(OAc)_2 \cdot 3H_2O$ 等。通常选用其中有与被测物相同组分的物质作为基准物，这样标定条件与测定条件尽量一致，可减小误差。如测定水的硬度及石灰石中 CaO、MgO 含量时宜用 $CaCO_3$ 或 $MgSO_4 \cdot 7H_2O$ 作为基准物。金属 Zn 的纯度很高（纯度可达 99.99%），在空气中又稳定，Zn^{2+} 与 ZnY^{2-} 均无色，既能在 pH=5~6 的溶液中以二甲酚橙为指示剂标定，又可在 pH=9~10 的氨性溶液中以铬黑 T 为指示剂标定，终点均很敏锐，因此一般多采用 Zn（ZnO 或 Zn 盐）为基准物质。

络合滴定中所用纯水应不含 Fe^{3+}、Al^{3+}、Cu^{2+}、Ca^{2+}、Mg^{2+} 等杂质离子，通常用去离子水或二次蒸馏水，其规格应高于三级水。

EDTA 溶液应当储存在聚乙烯瓶或硬质玻璃瓶中，若储存于软质玻璃瓶中，会不断溶解玻璃瓶中的 Ca^{2+} 形成 CaY^{2-}，使 EDTA 浓度不断下降。

用 $CaCO_3$ 标定 EDTA 时，通常选用钙指示剂指示终点，用 NaOH 控制溶液 pH 为 12~13，其变色原理为

滴定前　$Ca^{2+} + HIn^{2-}$（ 蓝色 ）$=\!=\!=$ $CaIn^-$（ 红色 ）$+H^+$

滴定中　$Ca^{2+} + H_2Y^{2-}$ $=\!=\!=CaY^{2-}+2H^+$

终点时　$CaIn^-$（ 红色 ）$+ H_2Y^{2-}$ $=\!=\!=CaY^{2-} + HIn^{2-}$（ 蓝色 ）$+H^+$

用 Zn 标定 EDTA 时，选用二甲酚橙作为指示剂，以盐酸 – 六亚甲基四胺控制溶液 pH 为 5~6。其终点反应式为

$ZnIn^{4-}$（ 紫红色 ）$+ H_2Y^{2-}$ $=\!=\!=ZnY^{2-} + H_2In^{4-}$（ 黄色 ）

[实验用品]

（1）仪器:酸式滴定管、250 mL 锥形瓶、250 mL 容量瓶、25 mL 移液管、电子天平。

（2）药品:乙二胺四乙酸二钠（EDTA,s,分析纯）、40 g·L⁻¹ NaOH 溶液、1:1 HCl 溶液、CaCO₃（s,分析纯）、钙指示剂（固体,钙指示剂与干燥 NaCl 以 1:100 的比例混合磨匀,临用前配制）、ZnO(s,分析纯)、200 g·L⁻¹ 六次甲基四胺溶液（将 20 g 六次甲基四胺溶于水,加 4 mL 12 mol·L⁻¹ 浓 HCl,稀释至 100 mL 制得）、0.2% 二甲酚橙指示剂（将 0.2 g 二甲酚橙溶于 100 mL 水中制得）。

[实验步骤]

1. 0.020 mol·L⁻¹ EDTA 标准溶液的配制

称取 4.0 g 乙二胺四乙酸二钠盐于 500 mL 烧杯中,加入 200 mL 水,温热溶解,转入聚乙烯瓶中,用水稀释至 500 mL,摇匀。

2. 以 CaCO₃ 为基准物标定 EDTA 溶液

1)0.020 mol·L⁻¹ 钙标准溶液的配制

准确称取 105~110 ℃下干燥过的 0.50~0.55 g CaCO₃ 于 250 mL 烧杯中,加几滴水使其成糊状。盖上表面皿,由烧杯嘴沿杯壁慢慢滴加 5 mL 1:1 HCl 溶液,反应剧烈时稍停,手指按住表面皿略微转动烧杯底,使试样完全溶解。加入约 20 mL 水,盖上表面皿,用小火加热钙溶液沸腾约 2 min,逐去 CO₂。冷却后,用水吹洗表面皿的凸面和烧杯内壁,将洗涤液全部定量转入 250 mL 容量瓶中,用水稀释至刻度,摇匀,计算其准确浓度。

2)EDTA 溶液浓度的标定

用移液管准确移取 25.00 mL 钙标准溶液于 250 mL 锥形瓶中,加入 5 mL 40 g·L⁻¹ NaOH 溶液和米粒大小（约 0.01 g）的钙指示剂,摇匀。立即用 EDTA 溶液滴定至溶液由酒红色转变为纯蓝色即为终点。记录所消耗 EDTA 溶液的体积,平行测定三次,计算 EDTA 标准溶液的浓度,其相对平均偏差不大于 0.2%。

3. 以 ZnO 为基准物标定 EDTA 溶液

1)0.020 mol·L⁻¹ Zn²⁺ 标准溶液的配制

准确称取 ZnO 基准物 0.35~0.50 g 于 250 mL 烧杯中,用数滴水润湿后,盖上表面皿,从烧杯嘴中滴加 10 mL1:1 盐酸,待试样完全溶解后冲洗表面皿和烧杯内壁,定量转移至 250 mL 容量瓶中,加水稀释至刻度,摇匀,计算其准确浓度。

2)EDTA 溶液浓度的标定

用移液管移取 Zn²⁺ 标准溶液 25.00 mL 于 250 mL 锥形瓶中,加水 20 mL,加 2 滴二甲酚橙指示剂,然后滴加六次甲基四胺溶液直至溶液呈现稳定的紫红色,再多加 3 mL,用 EDTA 溶液滴至溶液由紫红色刚变为亮黄色即达到终点。记录所消耗 EDTA 溶液的体积,平行测定三次,计算 EDTA 标准溶液的浓度,其相对平均偏差不大于 0.2%。

[数据处理]

将实验数据和计算结果填入表 4-11 和表 4-12。根据滴定所消耗的体积计算 EDTA 标准溶液的浓度,并计算三次测定结果的相对平均偏差。

表 4-11　配制钙标准溶液的相关数据记录

称取基准物的质量 /g	标准溶液的体积 /mL	钙标准溶液的浓度 /(mol·L⁻¹)

表 4-12　标定 EDTA 标准溶液的相关数据及计算结果

滴定序号	1	2	3
钙标准溶液的浓度 /(mol·L⁻¹)			
滴定前滴定管内液面读数 /mL			
滴定后滴定管内液面读数 /mL			
EDTA 标准溶液的用量 /mL			
EDTA 标准溶液的浓度(测定值)/(mol·L⁻¹)			
EDTA 标准溶液的浓度(平均值)/(mol·L⁻¹)			
相对平均偏差			

计算公式为

$$c_{EDTA} = \frac{c_{Ca}V_{Ca}}{V_{EDTA}}$$

[实验习题]

(1)在标定 EDTA 溶液时为什么要加入缓冲溶液?

(2)标定 EDTA 溶液所用的基准物质有哪些?

(3)配制 EDTA 溶液所用蒸馏水中若含有 Ca^{2+}、Mg^{2+} 对溶液浓度有无影响?

(4)以 $CaCO_3$ 为基准物质,以钙指示剂标定 EDTA 溶液时,应控制溶液的酸度为多少? 为什么? 怎样控制?

(5)用移液管移取钙标准溶液 25 mL,记录数据时钙标准溶液的体积应记为几位有效数字?

[注意事项]

(1)配位反应的速度较慢(不像酸碱反应能在瞬间完成),故滴定时加入 EDTA 的速度不能太快。特别是临近终点时,应逐滴加入,并充分振摇。

(2)配位滴定中,加入指示剂的量对终点的判断影响很大,应在实践过程中总结经验注意掌握。

实验三十一　水的总硬度的测定

[实验目的]

（1）了解水的硬度的测定意义和常用的硬度表示方法。
（2）了解用 EDTA 络合剂测定钙、镁含量的原理。
（3）掌握铬黑 T 指示剂的作用条件、颜色变化及终点的判断。

[实验原理]

水的总硬度是指水中所含钙、镁离子的总量，它是水质的一项重要指标。水的总硬度包括暂时硬度和永久硬度。在水中以碳酸氢盐形式存在的钙、镁盐，可通过加热使其分解，析出沉淀而除去，这类盐所形成的硬度称为暂时硬度。例如：

$$Ca(HCO_3)_2 === CaCO_3 \downarrow (完全沉淀)+H_2O+CO_2 \uparrow$$
$$Mg(HCO_3)_2 === MgCO_3 \downarrow +CO_2 \uparrow +H_2O$$
$$MgCO_3+H_2O === Mg(OH)_2 \downarrow +CO_2 \uparrow$$

而钙、镁的硫酸盐、氯化物、硝酸盐，在加热时亦不沉淀，这类盐所形成的硬度称为永久硬度。

工业用水对钙、镁含量有十分严格的要求，硬度太高的水会对工业生产产生不利的影响。若使用硬水作为锅炉用水，加热时就会在炉壁上形成水垢，水垢不仅会降低锅炉热效率、增大燃料消耗，更为严重的是会使炉壁局部过热、软化、破裂，甚至发生爆炸。因此硬度是确定水质是否符合工业用水要求的重要指标。测定水的硬度就是测定水中钙、镁的总含量，即水的总硬度（以 Ca 换算为相应的硬度单位）。若分别测定 Ca 和 Mg 的含量，则称之为钙、镁的硬度。

水的硬度表示方法有多种，目前我国采用两种表示方法：一种是以 CaO 的浓度计（单位为 $mmol \cdot L^{-1}$），表示 1 L 水中所含 CaO 的 mmol 数，其硬度表示为

$$c_{CaO} = \frac{c_{EDTA} \times V_{EDTA}}{V_{水样}} \times 1000$$

另一种表示方法是以度（°）计，1 硬度单位表示十万份水中含一份 CaO，即 $1° = 10$ $mg \cdot L^{-1}CaO$，其硬度表示为

$$\frac{c_{EDTA} \times V_{EDTA} \times \frac{M_{CaO}}{1000}}{V_{水样}} \times 10^6 \times \frac{1}{10} = \frac{c_{EDTA} \times V_{EDTA} \times M_{CaO}}{V_{水样}} \times 10^2$$

式中：c_{EDTA} 为 EDTA 标准溶液的浓度，$mol \cdot L^{-1}$；V_{EDTA} 为滴定时用去的 EDTA 标准溶液的体积，若为滴定总硬度时所用去的，则所得硬度为总硬度；若为滴定钙硬度时用去的，则所得硬度为钙硬度；$V_{水样}$ 为水样的体积，mL。

水质分类如下：0~4° 为很软的水；4~8° 为软水；8~16° 为中等硬度水；16~30° 为硬水；30° 以上为很硬的水。

　　测定水的总硬度时一般采用 EDTA 滴定法。在 pH ≈ 10 的氨性缓冲溶液中,以铬黑 T 为指示剂,用 EDTA 标准溶液滴定钙、镁离子总量。铬黑 T 和 EDTA 都能和 Ca^{2+}、Mg^{2+} 形成配合物,其配合物稳定性顺序为:$[CaY]^{2-} > [MgY]^{2-} > [MgIn]^- > [CaIn]^-$。在化学计量点前,加入铬黑 T 后,部分 Mg^{2+} 与铬黑 T 形成配合物使溶液呈紫红色。

　　当用 EDTA 滴定时, EDTA 先与游离 Ca^{2+} 和 Mg^{2+} 反应形成无色的配合物,到达化学计量点时, EDTA 夺取指示剂配合物中的 Mg^{2+},使指示剂游离出来,溶液由紫红色变成纯蓝色即为终点。

滴定前：$Mg^{2+} + HIn^{2-} = [MgIn]^- + H^+$
　　　　　　（蓝色）（紫红色）

化学计量点前：$Ca^{2+} + H_2Y^{2-} = [CaY]^{2-} + 2H^+$
　　　　　　　　$Mg^{2+} + H_2Y^{2-} = [MgY]^{2-} + 2H^+$

化学计量点时：$[MgIn]^- + H_2Y^{2-} = [MgY]^{2-} + HIn^{2-} + H^+$
　　　　　　（紫红色）　　　　　　　（蓝色）

根据消耗的 EDTA 标准溶液的体积计算水的总硬度。

　　水样中,常存在 Fe^{3+}、Al^{3+}、Cu^{2+}、Pb^{2+}、Zn^{2+}、Mn^{2+} 等金属离子,这些金属离子会造成对终点的干扰,甚至使滴定不能进行。滴定时可采用三乙醇胺掩蔽 Fe^{3+}、Al^{3+} 等干扰离子;以 Na_2S 或巯基乙酸掩蔽 Cu^{2+}、Pb^{2+}、Zn^{2+} 等干扰离子;Mn^{2+} 的干扰可用盐酸羟胺消除。

　　铬黑 T 和 Mg^{2+} 的显色灵敏度高于 Ca^{2+} 的显色灵敏度,当水样中镁的含量较低时,铬黑 T 指示剂在终点的变色不敏锐。为了提高滴定终点的敏锐性,可在氨性缓冲溶液中加入一定量的 Mg-EDTA（MgY^{2-}）予以改善或者使用 K-B 混合指示剂指示终点（由紫红色变至蓝绿色）。

[实验用品]

　　（1）仪器:酸式滴定管、锥形瓶、量筒。

　　（2）药品: 0.020 $mol·L^{-1}$ EDTA 标准溶液、0.5% 铬黑 T 指示剂（称取 0.5 g 铬黑 T,量取 20 mL 三乙醇胺,一起加乙醇稀释至 100 mL,盖紧瓶塞可长期使用,也可换为由铬黑 T 和 NaCl 按 1 : 100 的质量比制成的固体指示剂）、40 $g·L^{-1}$ NaOH 溶液、pH ≈ 10 的氨性缓冲溶液（用 20 g NH_4Cl 溶于 60 mL 水中,加入 100 mL 浓氨水,用水稀释至 1 L 制得）、1 : 2 三乙醇胺溶液。

[实验步骤]

1. 总硬度的测定

　　量取澄清的水样 100 mL 于 250 mL 锥形瓶中,加入 1 至 2 滴 1 : 1 HCl 溶液使之酸化,并煮沸数分钟除去 CO_2,冷却后加入 1 : 2 三乙醇胺溶液 5 mL、pH ≈ 10 的氨性缓冲溶液 5 mL、1~3 滴铬黑 T（如用固体指示剂,则用小勺加入相当于火柴头大小的量）,摇匀,用 EDTA 标准溶液滴定,溶液由紫红色转变为纯蓝色即为终点,记下消耗的 EDTA 的体积 V_1。

2. 钙硬度的测定

量取澄清的水样 100 mL 于 250 mL 锥形瓶中,加入 40 g·L^{-1} NaOH 溶液 5 mL,摇匀,再加入少许钙指示剂,摇匀,此时溶液呈淡红色,用 EDTA 标准溶液滴定至溶液呈纯蓝色即为终点。记下消耗的 EDTA 的体积 V_2。

3. 镁硬度的确定

由总硬度减钙硬度即镁硬度。

[数 据 处 理]

将实验数据和计算结果填入表 4-13。根据滴定所消耗的 EDTA 标准溶液的体积计算总硬度,并计算三次测定结果的相对平均偏差和相对标准偏差。

表 4-13   实验数据和计算结果

滴定编号 记录项目	1	2	3
V_{EDTA}/mL			
$V_{水样}$/mL			
总硬度 /(°)			
总硬度平均值 /(°)			
相对平均偏差			
相对标准偏差			

[实 验 习 题]

(1)什么叫水的硬度? 水的硬度单位有几种?

(2)用 EDTA 法怎么测总硬度? 用什么作为指示剂? 试液的 pH 值应控制在什么范围? 实验中是如何控制的?

(3)用 EDTA 法测定水的硬度时,哪些离子的存在对测定有干扰? 应如何消除?

(4)在用 EDTA 法测定水硬度的反应中,铬黑 T 指示剂的变色原理是什么?

(5)为什么接近终点时要缓慢滴定,并充分摇匀?

[注 意 事 项]

(1)若水样不清,则必须过滤,过滤所用的器皿和滤纸必须是干燥的,最初的滤液须弃去。

(2)在氨性缓冲溶液中, Ca(HCO$_3$)$_2$ 含量较高时,可能慢慢析出 CaCO$_3$ 沉淀,使滴定终点拖长,变色不敏锐,所以滴定前最好将溶液酸化,煮沸除去 CO$_2$。注意 HCl 不可多加,否则影响滴定时溶液的 pH 值。

实验三十二　高锰酸钾标准溶液的配制与标定

[实验目的]

（1）掌握高锰酸钾标准溶液的配制方法和保存条件。

（2）掌握用 $Na_2C_2O_4$ 作为基准物标定高锰酸钾标准溶液的操作方法。

（3）进一步学会分析天平、酸式滴定管的使用方法。

（4）掌握有色溶液在酸式滴定管中的读数技巧。

[实验原理]

市售的 $KMnO_4$ 固体中常含有少量 MnO_2 和其他杂质,如硫酸盐、氯化物、硝酸盐等;另外,蒸馏水中常含有的少量有机物质能使 $KMnO_4$ 还原,且还原产物能促进 $KMnO_4$ 自身分解,分解方程式如下:

$$4MnO_4^- + 2H_2O = 4MnO_2 + 3O_2 \uparrow + 4OH^-$$

除此之外,见光会使 $KMnO_4$ 的分解速度加快。因此,$KMnO_4$ 溶液的浓度容易改变,不能用直接法配制准确浓度的高锰酸钾标准溶液。

标定 $KMnO_4$ 的基准物质较多,有 As_2O_3、$H_2C_2O_4 \cdot 2H_2O$、$Na_2C_2O_4$ 和纯铁丝等,其中以 $Na_2C_2O_4$ 最常用。$Na_2C_2O_4$ 不含结晶水,不易吸湿,易纯制,性质稳定。用 $Na_2C_2O_4$ 标定 $KMnO_4$ 的反应为

$$2MnO_4^- + 5C_2O_4^{2-} + 16H^+ = 2Mn^{2+} + 10CO_2 \uparrow + 8H_2O$$

滴定时利用 MnO_4^- 本身的紫红色指示终点,因此 $KMnO_4$ 又称为自身指示剂。

[实验用品]

（1）仪器:分析天平、100 mL 小烧杯（1 个）、1 000 mL 大烧杯（1 个）、酒精灯（1 个）、棕色细口瓶（1 个）、称量瓶（1 个）、250 mL 锥形瓶（3 个）、25 mL 酸式滴定管（1 支）、玻璃砂芯漏斗（1 个）、50 mL 量筒（1 个）。

（2）药品:$KMnO_4$（s,分析纯）、$Na_2C_2O_4$（s,分析纯）、3 mol·L^{-1} H_2SO_4 溶液。

[实验步骤]

1. 0.020 mol·L^{-1} 高锰酸钾标准溶液的配制

在托盘天平上称取高锰酸钾约 1.6 g 于烧杯中,加入适量蒸馏水加热煮沸溶解后倒入洁净的 500 mL 棕色试剂瓶中,用水稀释至 500 mL,摇匀,塞好,静置 7~10 d 后将上层清液用玻璃砂芯漏斗过滤,将残余溶液和沉淀倒掉,把试剂瓶洗净,将滤液倒回试剂瓶,摇匀,待标定。如果将称取的高锰酸钾溶于 500 mL 水中,盖上表面皿,加热至沸,保持微沸状态 1 h,则不必长期放置,冷却后用玻璃砂芯漏斗过滤除去二氧化锰杂质,然后将溶液储于 500 mL 棕色试剂瓶中,即可直接用于标定。

2. 高锰酸钾标准溶液的标定

准确称取 0.13~0.16 g 基准物质 $Na_2C_2O_4$ 三份,分别置于 250 mL 的锥形瓶中,加约 40 mL 蒸馏水和 10 mL 3 mol·L^{-1} H_2SO_4 溶液,盖上表面皿,在石棉铁丝网上慢慢加热到 70~80℃(刚开始冒蒸气的温度),趁热用高锰酸钾溶液滴定。开始滴定时反应速度慢,因此滴定的速度也要慢,一定要等前一滴 $KMnO_4$ 溶液的红色完全褪去再滴入下一滴。随着滴定的进行,溶液中的产物(即催化剂 Mn^{2+})的浓度不断增大,反应速度加快,$KMnO_4$ 的红色褪去速度也加快,滴定的速度可适当加快,直到溶液呈现微红色并持续半分钟不褪色即为终点。根据 $Na_2C_2O_4$ 的质量和所消耗 $KMnO_4$ 溶液的体积计算 $KMnO_4$ 浓度。用同样方法滴定其他两份 $Na_2C_2O_4$ 溶液,相对平均偏差应在 0.2% 以内。

[数 据 处 理]

将实验数据和计算结果填入表 4-14。根据滴定所消耗的体积计算 $KMnO_4$ 标准溶液的浓度,并计算三次测定结果的相对平均偏差。

表 4-14　相关实验数据和计算结果

记录项目 ＼ 滴定编号	1	2	3
NaC_2O_4 质量 /g			
滴定管终读数 /mL			
滴定管初读数 /mL			
$KMnO_4$ 标准溶液消耗体积 /mL			
$KMnO_4$ 标准溶液浓度 /(mol·L^{-1})			
$KMnO_4$ 标准溶液平均浓度 /(mol·L^{-1})			
相对平均偏差			

计算公式为

$$c(KMnO_4) = \frac{\frac{2}{5} \times m(Na_2C_2O_4)}{V(KMnO_4) \times 134.004 \text{ g·mol}^{-1}} \times 1000$$

式中 134.004 g·mol^{-1} 为 $Na_2C_2O_4$ 的摩尔质量。

[实验习题]

(1)以 $Na_2C_2O_4$ 为基准物质标定 $KMnO_4$ 溶液时,应注意哪些反应条件?

(2)过滤 $KMnO_4$ 溶液为什么要用砂芯漏斗而不用滤纸?

(3)用 $Na_2C_2O_4$ 标定 $KMnO_4$ 溶液浓度时,为什么必须在 H_2SO_4(HCl 或 HNO_3 可以吗?)存在下进行?酸度过高或过低对实验有什么影响?为什么要加热至 75~85 ℃后才能滴定?溶液温度过高或过低对实验有什么影响?

（4）装 $KMnO_4$ 溶液的烧杯放置较长时间之后，其壁上常有棕色沉淀（是什么？）不容易洗净，应该怎样洗涤？

（5）配制 $KMnO_4$ 标准溶液为什么要煮沸并放置 7~10 d 后过滤？能否用滤纸过滤？

（6）滴定 $KMnO_4$ 标准溶液时，为什么第一滴 $KMnO_4$ 溶液加入后红色褪去很慢，以后褪色较快？

[注意事项]

（1）蒸馏水中常含有少量的还原性物质，使 $KMnO_4$ 还原为 $MnO_2 \cdot nH_2O$。市售高锰酸钾内含的细粉状的 $MnO_2 \cdot nH_2O$ 能加速 $KMnO_4$ 的分解，故通常将 $KMnO_4$ 溶液煮沸一段时间，冷却后，还需放置 7~10 d，使之充分作用，然后将沉淀物过滤除去。

（2）在室温条件下，$KMnO_4$ 与 $C_2O_4^-$ 之间的反应速度缓慢，故可通过加热提高其反应速度。但加热温度又不能太高，如温度超过 85 ℃，则有部分 $H_2C_2O_4$ 分解，反应式如下：

$$H_2C_2O_4 = CO_2 \uparrow + CO \uparrow + H_2O$$

（3）草酸钠溶液的浓度在开始滴定时约为 $1\ mol \cdot L^{-1}$，滴定终了时约为 $0.5\ mol \cdot L^{-1}$，这样能促使反应正常进行，并且防止 MnO_2 的形成。滴定过程中如果产生棕色浑浊（ MnO_2 ），应立即加入 H_2SO_4 补救，使棕色浑浊消失。

（4）开始滴定时，反应很慢，在第一滴 $KMnO_4$ 还没有完全褪色以前，不可加入第二滴。当反应生成能使反应加速进行的 Mn^{2+} 后，可以适当加快滴定速度，如果滴定速度过快，部分 $KMnO_4$ 将来不及与 $Na_2C_2O_4$ 反应，而会按下式分解：

$$4MnO_4^- + 4H^+ = 4MnO_2 + 3O_2 \uparrow + 2H_2O$$

（5）$KMnO_4$ 标准溶液滴定时的终点较不稳定，当溶液出现微红色，且在 30 s 内不褪色时，滴定就可认为已经完成，如对终点有疑问，可先将滴定管读数记下，再加入 1 滴 $KMnO_4$ 标准溶液，发生紫红色即证实终点已到，滴定时不要超过计量点。

（6）$KMnO_4$ 标准溶液应放在酸式滴定管中，由于 $KMnO_4$ 溶液颜色很深，凹液面下弧线不易看出，因此应该从液面最高边上读数。

实验三十三　过氧化氢含量的测定

[实验目的]

（1）根据过氧化氢的理化性质，设计用滴定分析法测定过氧化氢含量的方法。

（2）掌握液体样品的取样方法。

（3）了解 $KMnO_4$ 法在实际测定中的应用。

[实验原理]

过氧化氢在工业、生物、医药等方面有广泛的应用，常需测定其含量。市售 H_2O_2 含量约为 30%，测定时需要稀释。

在酸性溶液中，H_2O_2 遇氧化性比它更强的氧化剂 $KMnO_4$ 将被氧化成 O_2，测定酸度应在 $1\sim2$ $mol\cdot L^{-1}$ 硫酸溶液中进行。

$$2MnO_4^- +5H_2O_2 +6H^+ = 2Mn^{2+} +5O_2 \uparrow +8H_2O$$

室温下，开始滴定时反应缓慢，随着 Mn^{2+} 的生成而加速，因此滴定时通常加入 Mn^{2+} 作为催化剂。

市售 H_2O_2 若系工业产品，其中常有起稳定作用的少量乙酰苯胺或尿素，它们也具有还原性，妨碍测定，在这种情况下，以采用碘量法为宜。

[实验用品]

（1）仪器：25.00 mL 酸式滴定管、250 mL 容量瓶、25.00 mL 移液管、10 mL 量筒。

（2）药品：0.020 $mol\cdot L^{-1}$ 高锰酸钾标准溶液、3 $mol\cdot L^{-1}$ H_2SO_4 溶液、H_2O_2 试样、市售 30% H_2O_2 溶液。

[实验步骤]

用吸量管移取 2.00 mL（约 2 g）H_2O_2 试样，放入 250 mL 容量瓶中，称重 m，用水稀释至刻度，摇匀。用移液管吸取上述试液 25.00 mL，置于锥形瓶中，加 10 mL 3 $mol\cdot L^{-1}$ H_2SO_4 溶液，用 $KMnO_4$ 标准溶液滴定至溶液呈浅粉色，保持 30 s 不褪色即为终点。平行测定三次，计算试样中 H_2O_2 的质量浓度（$g\cdot L^{-1}$）和相对平均偏差。

[数据处理]

将实验数据和计算结果填入表 4-15。根据滴定所消耗 $KMnO_4$ 溶液的体积计算 H_2O_2 溶液的浓度，并计算三次测定结果的相对平均偏差。

表 4-15　相关实验数据和计算结果

滴定编号 记录项目	1	2	3
$V(H_2O_2)$/mL	25.00	25.00	25.00
$V(KMnO_4)$/ mL			
$c(H_2O_2)$/（ $g\cdot L^{-1}$ ）			
相对平均偏差			
平均 $c(H_2O_2)$/（ $g\cdot L^{-1}$ ）			

计算公式：

$$c(H_2O_2) = \frac{c \times V \times \frac{5}{2} \times 34.015\ g\cdot mol^{-1}}{V' \times \frac{25}{250}}$$

式中:c 为 $KMnO_4$ 标准溶液的浓度,$mol \cdot L^{-1}$;V 为滴定所用 $KMnO_4$ 溶液的体积,mL;34.015 $g \cdot mol^{-1}$ 为 H_2O_2 的摩尔质量;V' 为移取的 H_2O_2 溶液的初始体积,V'=2.00 mL。

[实验习题]

(1)用高锰酸钾法测定 H_2O_2 时,能否用 HNO_3 或 HCl 来控制酸度?
(2)用高锰酸钾法测定 H_2O_2 时,为何不能通过加热加速反应?
(3)本试验测定 H_2O_2 时为什么将市售 H_2O_2(30%)稀释后再进行测定?

[注意事项]

(1)只能用 H_2SO_4 来控制酸度,不能用 HNO_3 或 HCl 控制酸度。因 HNO_3 具有氧化性,而 Cl^- 会与 MnO_4^- 反应。
(2)不能通过加热来加速反应,因 H_2O_2 易分解。
(3)Mn^{2+} 对滴定反应具有催化作用。滴定开始时反应缓慢,随着 Mn^{2+} 的生成而加速。
(4)市售 H_2O_2 溶液的浓度太大,分解速度快,直接测定误差较大,必须定量稀释后再测定。

实验三十四　铁矿石中铁含量的测定

[实验目的]

(1)学习用酸分解矿石试样的方法。
(2)掌握不用汞盐的重铬酸钾法测定铁含量的原理和方法。
(3)了解预氧化还原的目的和方法。

[实验原理]

铁矿石中的铁主要以氧化物形式存在。对铁矿来说,盐酸是很好的溶剂,溶解后生成的 Fe^{3+} 必须用还原剂将它预先还原,才能用氧化剂 $K_2Cr_2O_7$ 溶液滴定。用经典的 $K_2Cr_2O_7$ 法测定铁含量时,一般用 $SnCl_2$ 作为预还原剂,过量的 $SnCl_2$ 用 $HgCl_2$ 除去,消除 Sn^{2+} 的干扰,然后用 $K_2Cr_2O_7$ 溶液滴定生成的 Fe^{2+}。此方法操作简便,结果准确。但 $HgCl_2$ 有剧毒,会对环境造成严重污染,近年来推广采用各种不用汞盐测定铁含量的方法。

本实验采用改进的重铬酸钾法,即三氯化钛 - 重铬酸钾法。其基本原理是:粉碎到一定粒度的铁矿石用热的盐酸分解,试样分解完全后,在体积较小的热溶液中,加入 $SnCl_2$ 将大部分 Fe^{3+} 还原为 Fe^{2+},溶液由红棕色变为浅黄色,然后以 Na_2WO_4 作为指示剂,用 $TiCl_3$ 将剩余的 Fe^{3+} 全部还原成 Fe^{2+},当 Fe^{3+} 定量还原为 Fe^{2+} 之后,过量滴加 1 到 2 滴 $TiCl_3$ 溶液,即可使溶液中的 Na_2WO_4 还原为蓝色的五价钨化合物,俗称"钨蓝",此时指示溶液呈蓝色,滴入少量 $K_2Cr_2O_7$ 溶液,使过量的 $TiCl_3$ 氧化,"钨蓝"刚好褪色。在无汞测定铁的方法中,常采用 $SnCl_2$-$TiCl_3$ 联合还原,其反应方程式为

$$2Fe^{3+}+SnCl_4^{2-}+2Cl^-=SnCl_6^{2-}+2Fe^{2+}$$

$$Fe^{3+}+Ti^{3+}+H_2O=Fe^{2+}+TiO^{2+}+2H^+$$

此时试液中的 Fe^{3+} 已被全部还原为 Fe^{2+}，加入硫磷混酸和二苯胺磺酸钠指示剂，用标准重铬酸钾溶液滴定至溶液呈稳定的紫色即为终点。在酸性溶液中，滴定 Fe^{2+} 的反应式如下：

$$Cr_2O_7^{2-}+6Fe^{2+}+14H^+=6Fe^{3+}+2Cr^{3+}+7H_2O$$

在滴定过程中，不断产生的 Fe^{3+}（黄色）对终点的观察有干扰，通常用加入磷酸的方法，使 Fe^{3+} 与磷酸形成无色的 $[Fe(HPO_4)_2]^-$ 配合物，消除 Fe^{3+}（黄色）的颜色干扰。同时由于生成了 $[Fe(HPO_4)_2]^-$，Fe^{3+} 的浓度大量下降，避免了二苯胺磺酸钠指示剂被 Fe^{3+} 氧化而过早地改变颜色，使滴定终点提前到达的现象，提高了滴定分析的准确性。

[实验用品]

（1）仪器：250 mL 烧杯、表面皿、玻璃棒、250 mL 容量瓶、酸式滴定管、250 mL 锥形瓶、10 mL 量筒。

（2）药品：铁矿石粉样品、浓 HCl、50 g·L^{-1} SnCl$_2$ 溶液（称取 5 g SnCl$_2$·5H$_2$O 溶于 100 mL 1∶1 HCl 溶液中，使用前一天配制）、15 g·L^{-1} TiCl$_3$ 溶液（取 100 mL150 g·L^{-1} TiCl$_3$ 试剂与 200 mL1∶1 HCl 溶液及 700 mL 水混合，存于棕色瓶中）、2 g·L^{-1} 二苯胺磺酸钠指示剂水溶液、硫磷混酸（将 150 mL 浓 H$_2$SO$_4$ 缓缓加入 700 mL 水中，冷却后再加入 150 mL 浓 H$_3$PO$_4$ 制成）、250 g·L^{-1} Na$_2$WO$_4$ 溶液、K$_2$Cr$_2$O$_7$（基准试剂或优级纯，于 140 ℃干燥 2 h，存于干燥器中）。

[实验步骤]

1. 0.017 mol·L^{-1} K$_2$Cr$_2$O$_7$ 标准溶液的配制

准确称取 1.2~1.3 g 已在 150~180 ℃下干燥 2 h 的 K$_2$Cr$_2$O$_7$ 于小烧杯中，加水溶解，定量转移至 250 mL 容量瓶中，加水稀释至刻度，摇匀。

2. 铁矿中全铁含量的测定

准确称取 0.2 g 铁矿石粉于 250 mL 锥形瓶中，用少量水润湿，加入 10 mL 浓 HCl 溶液，盖上表面皿，在通风柜中低温加热分解试样，若有带色不溶残渣，可滴加 8~10 滴 SnCl$_2$ 溶液助溶。试样分解完全时，残渣应接近白色（即 SiO$_2$ 的颜色），用少量水吹洗表面皿及烧杯壁，试样分解完全后，样品可以长时间放置。应特别强调的是，用 SnCl$_2$ 还原 Fe^{3+} 至 Fe^{2+} 时，要预处理一份试样就立即滴定，而不能同时预处理几份试样并放置，然后一份一份地滴定。

趁热滴加 SnCl$_2$ 溶液，边加边摇动，直到溶液由棕黄色变为浅黄色，表明大部分 Fe^{3+} 已被还原，加入 4 滴 Na$_2$WO$_4$ 溶液及 60 mL 蒸馏水并加热，在摇动下滴加 TiCl$_3$ 溶液至出现稳定的蓝色（即 30 s 内不褪色），再过量 1 滴。用自来水冲洗锥形瓶外壁使溶液冷却至室温，小心滴加稀释 10 倍的 K$_2$Cr$_2$O$_7$ 溶液至蓝色刚刚消失（呈浅绿色或接近无色）。

将试液加水稀释至 150 mL，加入 15 mL 硫磷混酸及 5 或 6 滴二苯胺磺酸钠指示剂，立即用 K$_2$Cr$_2$O$_7$ 标准溶液滴定至溶液呈稳定的紫色即为终点。

[数据处理]

将实验数据和计算结果填入表 4-16。根据滴定所消耗的 K_2CrO_7 溶液的体积计算 Fe 的含量，并计算三次测定结果的相对平均偏差。

表 4-16　相关实验室数据和计算结果

记录项目 ＼ 滴定序号	1	2	3
$m(K_2Cr_2O_7)$/g			
$c(K_2Cr_2O_7)$/(mol·L^{-1})			
$m($试样$)$/g			
$V(K_2Cr_2O_7)($终$)$/mL			
$V(K_2Cr_2O_7)($始$)$/mL			
$V(K_2Cr_2O_7)$/mL			
$w($Fe$)$/%			
$\bar{w}($Fe$)$/%			
相对平均偏差			

计算公式为

$$w(\text{Fe}) = \frac{6c(K_2Cr_2O_7)V(K_2Cr_2O_7)\times10^{-3}\times M(\text{Fe})}{m}\times100\%$$

[实验习题]

（1）简述用重铬酸钾法测定褐铁矿中铁含量的原理并写出测定过程中各反应的方程式。

（2）先后用 $SnCl_2$ 和 $TiCl_3$ 作为还原剂的目的何在？如果不慎加入了过多的 $SnCl_2$ 或 $TiCl_3$，应该怎么办？

（3）加入硫磷混酸的目的何在？

[注意事项]

（1）溶解试样时，加热温度不能太高，不应使溶液沸腾，必须盖上表面皿，以防止 $FeCl_3$ 挥发或溶液溅出。溶样时如酸挥发太多，应适当补加盐酸，使最后滴定的溶液中的盐酸量不少于 10 mL。

（2）氧化"钨蓝"和滴定时溶液温度控制在 20~40 ℃较好，若 $SnCl_2$ 过量，应滴加少量 $KMnO_4$ 溶液至溶液呈浅黄色。

（3）在酸性溶液中，Fe^{2+} 易被氧化，故加入硫磷混酸后应立即滴定，一般还原后，20 min 以内进行滴定，重现性良好。

实验三十五　I$_2$ 和 Na$_2$S$_2$O$_3$ 标准溶液的配制和标定

[实验目的]

（1）掌握 I$_2$ 和 Na$_2$S$_2$O$_3$ 溶液的配制方法与保存条件。

（2）了解标定 I$_2$ 和 Na$_2$S$_2$O$_3$ 溶液浓度的原理和方法。

（3）掌握直接碘法和间接碘法的测定条件。

[实验原理]

碘量法是氧化还原滴定中常用的测定方法之一。在碘量法中,常用到 I$_2$ 和 Na$_2$S$_2$O$_3$ 两种标准溶液,现分别讨论如下。

1. I$_2$ 标准溶液的配制和标定

用升华法可制得纯 I$_2$,纯 I$_2$ 可用作基准物,用纯 I$_2$ 可按直接法配制标准溶液。如用普通的 I$_2$ 配标准溶液,则应先配成近似浓度,然后进行标定。

I$_2$ 微溶于水而易溶于 KI 溶液,但在稀的 KI 溶液中溶解得很慢,所以配制 I$_2$ 溶液时不能过早加水稀释,应先将 I$_2$ 与 KI 混合,用少量水充分研磨,溶解完全后再稀释。I$_2$ 与 KI 间存在如下平衡:

$$I_2 + I^- = I_3^-$$

游离 I$_2$ 容易挥发损失,这是影响碘溶液稳定性的原因之一。因此溶液中应维持适当过量的 I$^-$,以减少 I$_2$ 的挥发。空气能氧化 I$^-$,引起 I$_2$ 浓度增加,反应式如下:

$$4I^- + O_2 + 4H^+ = 2I_2 + 2H_2O$$

此氧化作用缓慢,但光、热及酸能使其加速,因此 I$_2$ 溶液应贮于棕色瓶中置冷暗处保存。I$_2$ 能缓慢腐蚀橡胶和其他有机物,所以 I$_2$ 溶液应避免与这类物质接触。

标定 I$_2$ 溶液浓度的最好方法是用 As$_2$O$_3$ 作为基准物,但是 As$_2$O$_3$（俗名砒霜）有剧毒,故更常用 Na$_2$S$_2$O$_3$ 标准溶液进行标定。

2. Na$_2$S$_2$O$_3$ 标准溶液的配制与标定

Na$_2$S$_2$O$_3$ 溶液不够稳定,水中的 CO$_2$、细菌和光照都能使其分解,水中的 O$_2$ 也能将其氧化。故配制 Na$_2$S$_2$O$_3$ 溶液时,最好采用新煮沸并冷却的蒸馏水,以除去水中的 CO$_2$ 和 O$_2$ 并杀死细菌;同时加入少量 Na$_2$CO$_3$,使溶液呈弱碱性,以抑制 Na$_2$S$_2$O$_3$ 的分解和细菌的生长。配制好的溶液应贮于棕色瓶中,放置几天后再进行标定。长期使用的溶液应定期标定。

通常采用 K$_2$Cr$_2$O$_7$ 作为基准物,以淀粉为指示剂,用间接碘量法标定 Na$_2$S$_2$O$_3$ 溶液。因为 K$_2$Cr$_2$O$_7$ 与 Na$_2$S$_2$O$_3$ 的反应产物有多种,不能按确定的反应式进行,故不能用 K$_2$Cr$_2$O$_7$ 直接滴定 Na$_2$S$_2$O$_3$,而应先使 K$_2$Cr$_2$O$_7$ 与过量的 KI 反应,析出与 K$_2$Cr$_2$O$_7$ 计量相当的 I$_2$,再用 Na$_2$S$_2$O$_3$ 溶液滴定 I$_2$,反应方程式如下:

$$Cr_2O_7^{2-} + 6I^- + 14H^+ = 2Cr^{3+} + 3I_2 + 7H_2O$$

$$2S_2O_3^{2-} + I_2 = 2I^- + S_4O_6^{2-}$$

$Cr_2O_7^-$ 与 I^- 的反应速度较慢，为了加快反应速度，可控制溶液中酸的浓度在 0.2~0.4 mol·L^{-1}，同时加入过量的 KI，并在暗处放置一定时间。但在滴定前，须将溶液稀释以降低酸度，防止 $Na_2S_2O_3$ 在滴定过程中遇强酸而分解。

[实验用品]

（1）仪器：50 mL 碱式滴定管、25.00 mL 移液管、100 mL 烧杯、250.00 mL 容量瓶。

（2）药品：KI(s)、10% KI 溶液（使用前配制）、$Na_2S_2O_3$·$5H_2O$(s, 分析纯)、I_2(s, 分析纯)、Na_2CO_3(s)、6 mol·L^{-1} HCl 溶液、0.2 mol·L^{-1} NaOH 溶液、$K_2Cr_2O_7$(s, 优级纯)、0.5% 淀粉溶液（称取 0.5 g 可溶性淀粉，用少量水调成糊状，慢慢加入 100 mL 沸腾的蒸馏水中，继续煮沸至溶液透明为止）。

[实验步骤]

1. 0.017 mol·L^{-1} $K_2Cr_2O_7$ 标准溶液的配制

准确称量 1.2~1.3 g $K_2Cr_2O_7$ 于 100 mL 烧杯中，加适量水溶解后定量转入 250 mL 容量瓶中，用水稀释至刻度，摇匀。计算其准确浓度。

2. 0.1 mol·L^{-1} $Na_2S_2O_3$ 标准溶液的配制和标定

1）$Na_2S_2O_3$ 标准溶液的配制

准确称取 13.0 g $Na_2S_2O_3$·$5H_2O$ 于 500 mL 烧杯中，加入新煮沸的冷却后的 500 mL 蒸馏水，加入 0.1 g Na_2CO_3，储于棕色瓶中，一周后标定。

2）$Na_2S_2O_3$ 标准溶液的标定

移取 25.00 mL 0.017 mol·L^{-1} $K_2Cr_2O_7$ 溶液于 250 mL 锥形瓶中，加入 10 mL 10% KI 溶液和 5 mL 6 mol·L^{-1} HCl（注意：不可三份同时加入），用表面皿盖上瓶口，摇匀，于暗处放置 5 min。取出后，加入 50~100 mL 蒸馏水（稀释的目的是减少溶液中过量 I^- 被氧化的速度；避免 $Na_2S_2O_3$ 的分解反应），立刻用需标定的 $Na_2S_2O_3$ 溶液滴定至试液变为黄绿色，加入 2 mL 淀粉指示剂（避免较多的 I_2 与淀粉结合），继续滴定至蓝色消失（溶液为亮绿色）即为终点，记录所消耗滴定剂的体积，平行测定三次，计算 $Na_2S_2O_3$ 标准溶液的浓度。

3. 0.05 mol·L^{-1} I_2 标准溶液的配制和标定

1）I_2 标准溶液的配制

称取 3.2 g I_2 于小烧杯中，加 6 g KI，先用约 30 mL 水溶解，待 I_2 完全溶解后，稀释至 250 mL，摇匀，贮于棕色瓶中，放至暗处保存。

2）I_2 标准溶液的标定

移取 25.00 mL I_2 溶液于 250 mL 锥形瓶中，加 50 mL 蒸馏水稀释，用已标定好的 $Na_2S_2O_3$ 标准溶液滴定至溶液呈浅黄色，再加入 2 mL 淀粉溶液，继续滴定至蓝色刚好消失即为终点。记下消耗的 $Na_2S_2O_3$ 溶液体积。平行测定三份，计算 I_2 标准溶液的浓度。

[数据处理]

将实验数据和计算结果填入表 4-17 和表 4-18。根据滴定所消耗 $Na_2S_2O_3$ 溶液的体积分别计算 $Na_2S_2O_3$ 溶液和 I_2 标准溶液的浓度,并计算三次测定结果的相对标准偏差。标定结果要求相对标准偏差小于 0.2%。

表 4-17 $Na_2S_2O_3$ 标准溶液标定的相关数据和计算结果

滴定编号	1	2	3
$V(Na_2S_2O_3)$/mL			
$c(Na_2S_2O_3)$/(mol·L^{-1})			
平均浓度 /(mol·L^{-1})			
相对标准偏差			

表 4-18 I_2 标准溶液标定的相关数据和计算结果

滴定编号	1	2	3
$V(Na_2S_2O_3)$/mL			
$c(I_2)$/(mol·L^{-1})			
平均浓度 /(mol·L^{-1})			
相对标准偏差			

计算公式如下。

(1)$Na_2S_2O_3$ 标准溶液浓度的计算:

$$c(Na_2S_2O_3) = \frac{6c(K_2Cr_2O_7)V(K_2Cr_2O_7)}{V(Na_2S_2O_3)} = \frac{6c(K_2Cr_2O_7) \times 25.00 \text{ mL}}{V(Na_2S_2O_3)}$$

$$= \frac{150.00 \text{ mL} \times c(K_2Cr_2O_7)}{V(Na_2S_2O_3)}$$

(2)I_2 标准溶液浓度的计算:

$$c(I_2) = \frac{1/2c(Na_2S_2O_3)V(Na_2S_2O_3)}{V(I_2)}$$

[实验习题]

(1)配制 I_2 溶液时为何加入 KI? 为何要先用少量水溶解后再稀释至所需体积?

(2)如何配制和保存 I_2 和 $Na_2S_2O_3$ 标准溶液,使它们的浓度在一定时间里保持稳定?

(3)用 $K_2Cr_2O_7$ 作为基准物标定 $Na_2S_2O_3$ 溶液时,为什么要加入过量的 KI 和 HCl 溶液? 为什么放置一定时间后才加水稀释? 如果:①加 KI 溶液而不加 HCl 溶液,②加酸后不放置暗处,③不放置或少放置一定时间即加水稀释,会产生什么影响?

（4）为什么用 I_2 溶液滴定 $Na_2S_2O_3$ 溶液时应预先加入淀粉指示剂,而用 $Na_2S_2O_3$ 滴定 I_2 溶液时必须在将近终点之前才加入?

［注意事项］

$Na_2S_2O_3$ 溶液滴定 I_2 标准溶液至终点,试液放置 5~10 min 会变蓝,这是由于溶液中过量 I^- 被空气氧化。如滴定后试液变蓝且不断加深,则说明 $Cr_2O_7^{2-}$ 与 I^- 的反应不完全,稀释溶液过早,应重做。

实验三十六　用间接碘量法测定铜盐中铜的含量

［实验目的］

（1）掌握用碘量法测定铜盐中铜含量的基本原理。
（2）掌握用碘量法测定铜盐中铜含量的分析方法。

［实验原理］

在弱酸性的条件下，Cu^{2+} 可以被 KI 还原为 CuI,同时析出与之计量相当的 I_2,用 $Na_2S_2O_3$ 标准溶液滴定,以淀粉为指示剂。反应式为

$$2Cu^{2+} + 5I^- = 2CuI \downarrow + I_3^-$$
$$2S_2O_3^{2-} + I_3^- = S_4O_6^{2-} + 3I^-$$

可见,在上述反应中,I^- 不仅是 Cu^{2+} 的还原剂,还是 Cu^{2+} 的沉淀剂和 I_2 的络合剂。

间接碘量法必须在弱酸性或中性溶液中进行。在测定 Cu^{2+} 时,通常用 NH_4HF_2 控制溶液的 pH 为 3~4。这种缓冲溶液（HF/F^-）同时提供了 F^- 作为掩蔽剂,使共存的 Fe^{3+} 转化为 FeF_6^{3-},以消除其对 Cu^{2+} 测定的干扰。若试样中不含 Fe^{3+},可不加 NH_4HF_2。

CuI 沉淀表面易吸附少量 I_2,这部分 I_2 不与淀粉作用,从而使终点提前。为此,应在临近终点时加入 NH_4SCN 溶液,使 CuI 转化为溶解度更小的 CuSCN,而 CuSCN 不吸附 I_2,从而使被吸附的那部分 I_2 释放出来,提高了测定的准确度。

［实验用品］

（1）仪器:25 mL 碱式滴定管、100 mL 量筒、250 mL 锥形瓶。
（2）药品:0.1 $mol \cdot L^{-1}$ $Na_2S_2O_3$ 标准溶液、100 $g \cdot L^{-1}$ KI 溶液（使用前配制）、5 $g \cdot L^{-1}$ 淀粉指示剂、100 $g \cdot L^{-1}$ KSCN 溶液、1 $mol \cdot L^{-1}$ H_2SO_4 溶液、$CuSO_4 \cdot 5H_2O$ 试样。

［实验步骤］

准确称取 0.5~0.6 g $CuSO_4 \cdot 5H_2O$ 试样,置于 250 mL 锥形瓶中,加入 5 mL 1 $mol \cdot L^{-1}$ H_2SO_4 溶液和 100 mL 蒸馏水使其溶解。然后加入 10 mL 100 $g \cdot L^{-1}$ KI 溶液,立即用 $Na_2S_2O_3$

标准溶液滴定至浅黄色,加入 2 mL 淀粉指示剂,继续用 $Na_2S_2O_3$ 标准溶液滴定至浅蓝色,再加入 10 mL 100 g·L^{-1} KSCN 溶液,溶液蓝色转深,继续用 $Na_2S_2O_3$ 标准溶液滴定至蓝色消失即为终点,此时溶液变为米色或浅肉红色。平行测定三次,计算 $CuSO_4·5H_2O$ 试样中 Cu 的质量分数和相对标准偏差。

[数据处理]

将实验数据和计算结果填入表 4-19。根据滴定所消耗的体积计算铜盐中铜的含量,并计算三次测定结果的相对标准偏差。对测定结果,要求其相对标准偏差小于 0.3%。

表 4-19　铜盐中铜的含量测定相关数据和计算结果

滴定编号	1	2	3
$m(CuSO_4·5H_2O)$/g			
$V(Na_2S_2O_3)$/mL			
$w(Cu)$/%			
平均 $w(Cu)$/%			
相对标准偏差			

计算公式:

$$w(Cu) = \frac{c(Na_2S_2O_3) \times V(Na_2S_2O_3) M(Cu)}{m_{试样}} \times 100\%$$

[实验习题]

(1)本实验中加入 KI 的作用是什么?
(2)本实验中为什么要加入 NH_4SCN?为什么不能过早地加入?

[注意事项]

(1)$K_2Cr_2O_7$ 与 KI 的反应需一定的时间才能进行得比较完全,故需放置 5 min。
(2)淀粉指示剂应在临近终点时加入,不能加入过早。
(3)NH_4SCN 溶液只能在临近终点时加入。

实验三十七　可溶性氯化物中氯含量的测定(摩尔法)

[实验目的]

(1)掌握沉淀滴定法的原理和滴定方法。
(2)掌握 $AgNO_3$ 标准溶液的配制和标定。
(3)掌握摩尔法中指示剂的用量。

［实验原理］

摩尔法是测定可溶性氯化物中氯含量常用的方法。此法是在中性或弱碱性溶液中,以 K_2CrO_4 为指示剂,用 $AgNO_3$ 标准溶液进行滴定。由于 AgCl 沉淀的溶解度比 Ag_2CrO_4 小,溶液中首先析出白色 AgCl 沉淀。当 AgCl 定量沉淀后,过量 1 滴 $AgNO_3$ 溶液,Ag^+ 即与 CrO_4^{2-} 生成砖红色 Ag_2CrO_4 沉淀,指示终点到达。主要反应如下:

$$Ag^+ + Cl^- = AgCl（白色）\downarrow \qquad K_{sp} = 1.8 \times 10^{-10}$$
$$2Ag^+ + CrO_4^{2-} = Ag_2CrO_4（砖红色）\downarrow \qquad K_{sp} = 2.0 \times 10^{-12}$$

滴定必须在中性或弱碱性溶液中进行,最适宜的 pH 范围是 6.5~10.5。如果有铵盐存在,溶液的 pH 范围为 6.5~7.2。

指示剂的用量对滴定有影响,一般 50 mL 溶液中以加 5% K_2CrO_4 溶液 1 mL 为宜,即溶液中 K_2CrO_4 浓度为 5×10^{-3} mol·L^{-1}。

凡是能与 Ag^+ 生成难溶化合物或络合物的阴离子,如 PO_4^{3-}、AsO_4^{3-}、AsO_3^{3-}、S^{2-}、SO_3^{2-}、CO_3^{2-}、$C_2O_4^{2-}$ 等均干扰测定,其中 H_2S 可加热煮沸除去,SO_3^{2-} 可用氧化成 SO_4^{2-} 的方法消除干扰。大量 Cu^{2+}、Ni^{2+}、Co^{2+} 等有色离子影响终点观察。凡能与指示剂 K_2CrO_4 生成难溶化合物的阳离子也干扰测定,如 Ba^{2+}、Pb^{2+} 等。Ba^{2+} 的干扰可加过量 Na_2SO_4 消除。Al^{3+}、Fe^{3+}、Bi^{3+}、Sn^{4+} 等高价金属离子在中性或弱碱性溶液中易水解产生沉淀,会干扰测定。

［实验用品］

（1）仪器:250 mL 容量瓶、250 mL 锥形瓶、25 mL 移液管、10 mL 量筒、50 mL 酸式滴定管。

（2）药品:NaCl 基准试剂（分析纯,在 500~600 ℃ 灼烧 30 min 后,于干燥器中冷却）、$AgNO_3$（s,分析纯）、5% K_2CrO_4 溶液。

［实验步骤］

1. 0.1 mol·L^{-1} $AgNO_3$ 标准溶液的配制与标定

用台秤称取 8.5 g $AgNO_3$ 于 250 mL 烧杯中,用适量不含 Cl^- 的蒸馏水溶解后,将溶液转入棕色瓶中,用水稀释至 500 mL,摇匀,在暗处避光保存。

用减量法准确称取 1.4~1.5 g 基准 NaCl 于小烧杯中,用蒸馏水（不含 Cl^-）溶解后,定量转入 250 mL 容量瓶中,用水冲洗烧杯数次,一并转入容量瓶中,稀释至刻度,摇匀。准确移取 25.00 mL NaCl 标准溶液于 250 mL 锥形瓶中,加水（不含 Cl^-）25 mL,加 5% K_2CrO_4 溶液 1 mL,在不断用力摇动下,用 $AgNO_3$ 溶液滴定至从黄色变为淡红色混浊即为终点。平行测定三次,根据 NaCl 标准溶液的浓度和 $AgNO_3$ 溶液的体积,计算 $AgNO_3$ 溶液的浓度及相对标准偏差。

2. 试样分析

准确称取氯化物试样 1.8~2.0 g 于小烧杯中,加水溶解后,定量转入 250 mL 容量瓶中,用水冲洗烧杯数次,一并转入容量瓶中,稀释至刻度,摇匀。移取此溶液 25.00 mL 三份分别放入三个 250 mL 锥形瓶中,各自加 25 mL 水(不含 Cl⁻)、1 mL 5% K₂CrO₄ 溶液,在不断用力摇动下,用 AgNO₃ 溶液滴定至溶液从黄色变为淡红色混浊即为终点。计算 Cl⁻ 含量及相对平均偏差。

[数据处理]

将实验数据和计算结果填入表 4-20 和表 4-21。根据滴定所消耗的体积分别计算 AgNO₃ 标准溶液和试样中氯的含量,并计算三次测定结果的相对平均偏差。

表 4-20　硝酸银溶液标定的相关数据和计算结果

项目 ＼ 序号	1	2	3
$m(NaCl)/g$			
$V(AgNO_3)$(初读数)/mL			
$V(AgNO_3)$(终读数)/mL			
$V(AgNO_3)/mL$			
$c(AgNO_3)/(mol·L^{-1})$			
$\bar{c}(AgNO_3)/(mol·L^{-1})$			
绝对偏差			
相对平均偏差			

表 4-21　氯化物中氯含量测定的相关数据和计算结果

项目 ＼ 序号	1	2	3
$m($氯化物$)/g$			
$V(AgNO_3)$(初读数)/mL			
$V(AgNO_3)$(终读数)/mL			
$V(AgNO_3)/mL$			
$w(Cl)/\%$			
$\bar{w}(Cl)/\%$			
绝对偏差			
相对平均偏差			

公式如下。

(1)AgNO₃ 溶液的标定:

$$c(AgNO_3) = \frac{m(NaCl) \times \frac{25.00}{250.00} \times 1\,000}{M(NaCl)V(AgNO_3)}$$

(2)试样中氯含量的测定:

$$w(\text{Cl}) = \frac{c(\text{AgNO}_3)V(\text{AgNO}_3)M(\text{Cl})}{m \times \dfrac{25.00}{250.00}} \times 100\%$$

[实验习题]

（1）用摩尔法测 Cl$^-$ 时，为什么溶液的 pH 需控制在 6.5~10.5？

（2）用 K$_2$CrO$_4$ 作为指示剂时，其浓度太大或太小对滴定结果有何影响？

（3）滴定过程中为什么要充分摇动溶液？

[注意事项]

（1）当试样中有 NH$_4^+$ 存在时，溶液的 pH 值范围应控制在 6.5~7.2。

（2）本实验中用过的含银溶液及沉淀不要丢弃，应收集起来用于回收银。

第五单元　有机及物化实验

实验三十八　有机化学实验基础知识

[实验目的]

（1）了解有机化学实验目的、安全操作和防护、有机实验室规则。
（2）认识有机化学实验中玻璃仪器的结构和名称。
（3）培养良好的实验工作方法和工作习惯、严谨科学的实验态度。

[实验用品]

铁架、铁夹、铁圈、三脚架、水浴锅、镊子、剪刀、三角锉刀、圆锉刀、压塞机、打孔器、升降台、电吹风、电加热套、旋转蒸发仪、调压变压器、电动搅拌器、磁力搅拌器、烘箱等。

一、有机实验常用装置

1. 回流装置（图 5-1）

常用的回流装置如图 5-1 所示。其中图 5-1（a）是一般的回流装置，若需要防潮，可在冷凝管顶端装一个氯化钙干燥管，如图 5-1（a）中右上角所示。图 5-1（b）所示装置适用于有氯化氢、溴化氢或二氧化硫等气体产生和逸出的反应。图 5-1（c）所示装置适用于边加料边进行回流的反应。

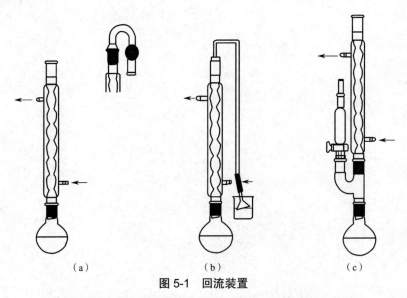

（a）　　　　　（b）　　　　　（c）

图 5-1　回流装置

（a）一般的回流装置　（b）吸收气体的回流装置　（c）边加料边回流的装置

进行回流前,应选择适当的烧瓶,使液体体积占烧瓶容积的1/2左右。加热前,须在烧瓶中放入沸石,以防暴沸。回流停止后再要进行加热,须重新放入沸石。根据瓶内液体的沸腾温度,在140 ℃以下时采用球形冷凝管,高于140 ℃时采用空气冷凝管。加热的方式可根据具体情况选用水浴、油浴、电热套、煤气灯和石棉网直接加热等。回流的速度应控制在每秒1~2滴,不宜过快,否则蒸气因来不及冷凝而挥发出去。

2. 蒸馏装置(图 5-2)

蒸馏是分离两种以上沸点相差较大的液体和除去有机溶剂的常用方法。

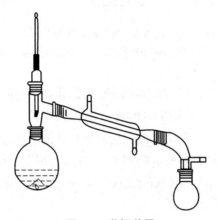

图 5-2　蒸馏装置

3. 气体吸收装置(图 5-3)

在某些有机化学实验中会产生和逸出有刺激性的、水溶性的气体,例如:在制备苯乙酮时会产生大量氯化氢,在制备 1– 溴丁烷时会逸出溴化氢,这时就需要使用气体吸收装置来吸收这些气体,以免污染实验室空气。常见的气体吸收装置见图 5-3。其中图 5-3(a)和(b)是用于吸收少量气体的装置。图 5-3(a)中的漏斗口应略为倾斜,使漏斗一半在水中,一半露出水面。这样既能防止气体逸出,又可防止水被倒吸至反应瓶中。图 5-3(b)中的玻璃管应略微离开水面,以防倒吸。有时为了使卤化氢、二氧化硫等气体能较完全地被吸收,可在水中加些氢氧化钠。若反应过程中会生成或逸出大量有害气体,特别是当气体逸出速度很快时,应使用图 5-3(c)的装置。在图 5-3(c)中,水自上端流下(可利用冷凝管流出的水),并在恒定的平面上从吸滤瓶支管溢出,引入水槽。粗玻璃管应恰好伸入水面,被水封住,吸收效果较好。

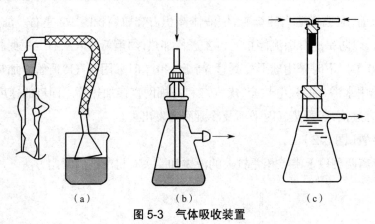

图 5-3　气体吸收装置

(a)(b)吸收少量气体的装置　(c)吸收大量气体的装置

4. 搅拌装置(图 5-4)

当反应在均相溶液中进行时一般不需要搅拌,因为加热时溶液存在一定程度的对流,可使液体各部分均匀地受热。如果是非均相间反应,或反应物之一为逐渐滴加时,为了尽可能使其迅速均匀地混合,以避免因局部过浓过热而导致其他副反应发生或有机物的分解,有时反应产物是固体,如不搅拌将影响反应顺利进行,在这些情况下均需进行搅拌。在许多合成实验中若使用搅拌装置,不但可以较好地控制反应温度,而且能缩短反应时间和提高产率。常用的搅拌装置如图 5-4 所示。

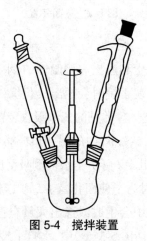

图 5-4　搅拌装置

二、仪器装置方法(在相关实验中介绍)

有机化学实验常用的玻璃仪器,一般用铁夹依次固定于铁架上。铁夹的双钳应贴有橡皮、绒布等软性物质,或缠上石棉绳、布条等。若用铁钳直接夹住玻璃仪器,则容易将仪器夹坏。 用铁夹夹玻璃器皿时,先用左手手指将双钳夹紧,再拧紧铁夹螺丝,待夹钳手指感到螺丝触到双钳时,即可停止旋动,做到夹物不松不紧。

安装仪器遵循的总则是:

(1)先下后上,从左到右;

（2）正确、整齐、稳妥、端正，其轴线应与实验台边沿平行。

[实验步骤]

1. 了解有机化学实验室安全知识

对于实验室的安全守则可以简单地用两个词来描述："一定"和"禁止"。

"一定"：一定要熟悉实验室的安全程序，必要时须戴上防护眼镜。一定要穿着实验服，离开实验室之前一定要洗手，在实验开始之前一定要认真阅读实验内容。一定要检查仪器是否安装正确，对待所有的药品一定要小心、仔细。一定要保持自己的工作环境清洁。一定要注意观察实验现象，遇到疑问一定要问指导老师。

"禁止"：实验室里禁止吃东西或喝水；实验室里禁止抽烟；禁止吸入、品尝药品；禁止妨碍或分散他人注意力；禁止在实验室里奔跑或大声喧哗；禁止独自一人在实验室做实验；禁止做一些未经批准的实验。

2. 仪器的清洗、干燥和保养

（1）仪器的清洗；

（2）仪器的干燥；

（3）仪器的保养。

3. 有机化学反应的实施方法

1）加热方法

有机实验中最常用的是间接加热的方法，如电热套，而直接用火焰加热玻璃器皿很少被采用，因为剧烈的温度变化和不均匀的加热会造成玻璃仪器破损，引起燃烧甚至爆炸事故的发生。另外，由于局部过热，还可能引起部分有机化合物的分解。为了避免直接加热带来的问题，加热时可根据液体的沸点、有机化合物的特征和反应要求选用适当的加热方法。

（1）空气浴：电热套加热是简便的空气浴加热，加热温度从室温到 300 ℃ 左右。

（2）水浴：当所需加热温度在 80 ℃ 以下时采用。

（3）油浴：当所需加热温度在 80~250 ℃ 之间时采用。

此外，还有沙浴加热等。

2）冷却方法

有机合成反应中有时会产生大量的热，使得反应温度迅速升高，如果控制不当，可能引起副反应或使反应物蒸发，甚至会发生冲料和爆炸事故。要把温度控制在一定范围内，就要进行适当的冷却。有时为了降低溶质在溶剂中的溶解度或加速结晶析出，也要采用冷却的方法。可根据不同试验要求，采用不同的冷却剂。

4. 实验预习、记录和实验报告

1）实验预习

实验预习是做好实验的第一步。应首先认真阅读实验教材及相关参考资料，做到实验目的明确、实验原理清楚，熟悉实验内容和实验方法，牢记实验条件和实验中有关的注意事项。在此基础上简明、扼要地写出预习笔记。

2）实验记录

应做到及时、准确、简明，不应追记、漏记和凭想象记。实验记录本可与实验预习本共用，每次实验结束后连同实验产品交老师审查。

3）实验报告

应按实验报告要求认真完成，备两个实验报告本轮流使用。实验报告格式示例见附录Ⅷ。

实验三十九　蒸馏及沸点测定

[实验目的]

（1）熟悉用蒸馏法分离混合物的操作。
（2）掌握测定化合物沸点的方法。

[实验原理]

液体沸腾时，其蒸气压等于施加于液面的外部压力。如果一端封闭、灌满液体的管子插入盛在另一容器内的该液体中，当液体被加热到沸点时，管内的蒸气压被施加于液面的大气压抵消。此时，管内正好被蒸气充满。如果温度高于沸点，则管内有气泡逸出；若温度低于沸点，则液体进入管内。

[实验用品]

（1）仪器：圆底烧瓶、温度计、蒸馏头、冷凝器、尾接管、锥形瓶、电炉、加热套、量筒、烧杯、毛细管、橡皮圈、铁架台。
（2）药品：氯仿、工业酒精。
（3）材料：沸石。

[实验步骤]

1. 酒精的蒸馏（ 图 5-5 ）

（1）加料：取一干燥圆底烧瓶，加入约 50 mL 的工业酒精，并提前加入几粒沸石。
（2）加热：加热前先向冷凝管中缓缓通入冷水，然后打开电热套进行加热，慢慢增大火力使之沸腾，再调节火力使温度恒定，收集馏分，量出乙醇的体积。

2. 微量法测沸点（ 图 5-6 ）

在一小试管中加入 8~10 滴氯仿，将毛细管开口端朝下斜靠在试管上，使试管下端贴于温度计的水银球旁，然后进行加热。当温度达到沸点时毛细管口处连续出泡，此时停止加热，注意观察温度，至最后一个气泡欲从开口处冒出而退回内管时温度计显示的温度即为沸点。

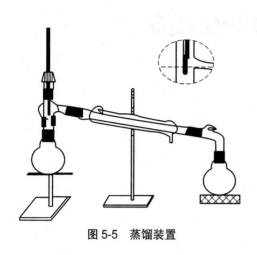

图 5-5　蒸馏装置

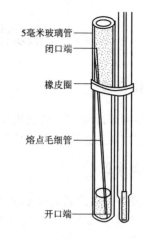

图 5-6　微量法测沸点装置

[实验习题]

（1）蒸馏时放入沸石为什么能防止暴沸？若加热后才发觉未加沸石,应怎样处理？

（2）向冷凝管通水是由下而上,反过来效果会怎样？把橡皮管套进冷凝管侧管时怎样才能防止折断其侧管？

（3）用微量法测定沸点时,为什么把最后一个气泡刚欲缩回管内的瞬间温度作为该化合物的沸点？

[注意事项]

（1）选择容量合适的仪器:液体量应与仪器配套,瓶内液体的体积量应不少于瓶体积的1/3,不多于 2/3。

（2）温度计的位置:温度计水银球上线应与蒸馏头侧管下线对齐。

（3）接收器:接收器有两个,一个接收低馏分,另一个接收产品的馏分。可用锥形瓶或圆底烧瓶作为接收器。蒸馏易燃液体(如乙醚)时,应在接引管的支管处接一根橡皮管,将尾气导至水槽或室外。

（4）安装仪器步骤:一般是从下到上,从左、头到右、尾,先难后易逐个装配。蒸馏装置严禁安装成封闭体系。拆仪器时则相反,从尾到头,从上到下。

（5）蒸馏可将沸点不同的液体分开,但各组分沸点至少相差 30 ℃以上。

（6）若液体的沸点高于 140 ℃,应用空气冷凝管。

（7）进行简单蒸馏时,安装好装置以后,应先通冷凝水再进行加热。

（8）毛细管口应向下。

（9）用微量法测定沸点时应注意:第一,加热不能过快,被测液体不宜太少,以防液体全部气化;第二,正式测定前,让沸点内管里有大量气泡冒出,以此带出空气;第三,观察要仔细及时,要重复测定几次,要求几次的误差不超过 1 ℃。

实验四十　苯甲酸的制备

[实验目的]

（1）学习苯环支链上的氧化反应。
（2）掌握减压过滤和重结晶提纯的方法。

[实验原理]

甲苯被高锰酸钾氧化成苯甲酸,反应式如下:

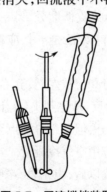

$$\text{C}_6\text{H}_5\text{CH}_3 + 2\text{KMnO}_4 \longrightarrow \text{C}_6\text{H}_5\text{COOK} + 2\text{MnO}_2 + \text{KOH} + \text{H}_2\text{O}$$

$$\text{C}_6\text{H}_5\text{COOK} + \text{HCl} \longrightarrow \text{C}_6\text{H}_5\text{COOH} + \text{KCl}$$

[实验用品]

（1）仪器:天平、量筒、圆底烧瓶、冷凝管、电炉、布氏漏斗、抽滤瓶。
（2）药品:甲苯、高锰酸钾、浓盐酸、活性炭。
（3）材料:沸石。

[实验步骤]

（1）在烧瓶中放入 2.7 mL 甲苯和 100 mL 蒸馏水,瓶口装上冷凝管,加热烧瓶至液体沸腾。经冷凝管上口分批加入 8.5 g 高锰酸钾。黏附在冷凝管内壁的高锰酸钾用 25 mL 水分多次冲入烧瓶中,继续煮沸至甲苯层消失,回流液中不再出现油珠为止。(图 5-7)

图 5-7　回流搅拌装置

（2）将反应混合物趁热过滤,用少量热水洗涤滤渣,合并滤液和洗涤液,并将抽滤瓶放入冷水浴中冷却,然后用浓盐酸酸化至苯甲酸全部析出为止。若滤液呈紫色,加入亚硫酸氢钠除去过量的高锰酸钾。

（3）将上述已析出苯甲酸的滤液用布氏漏斗过滤,将所得晶体置于沸水中充分溶解,若有颜色,加入活性炭除去,然后趁热过滤除去不溶杂质,并将滤液置于冰水浴中重结晶,最后经抽滤、压干后称重。

[实验习题]

（1）反应完毕后,若滤液呈紫色,加入亚硫酸氢钠有何作用?

（2）简述重结晶的操作过程。

（3）在制备苯甲酸的过程中,加入高锰酸钾时如何避免瓶口附着? 实验完毕后,黏附在瓶壁上的黑色固体物是什么? 如何除去?

[注意事项]

（1）一定要等反应液沸腾后再分批加入高锰酸钾。高锰酸钾溶于水而不溶于有机溶剂,分批加入的目的是避免反应过于激烈,从而使反应液从回流管上端喷出。

（2）在苯甲酸的制备中抽滤得到的滤液呈紫色是由于里面还有高锰酸钾,可加入亚硫酸氢钠将其除去。

实验四十一　1- 溴丁烷的制备

[实验目的]

（1）掌握从醇制备卤代烃的原理与方法。

（2）掌握蒸馏、萃取、洗涤、液体干燥等基本操作。

[实验原理]

主要反应:$NaBr+H_2SO_4 \longrightarrow HBr+NaHSO_4$

$n\text{-}C_4H_9OH+HBr \rightleftharpoons n\text{-}C_4H_9Br+H_2O$

副反应:$n\text{-}C_4H_9OH \xrightarrow[\triangle]{浓H_2SO_4} CH_3CH_2CH{=}CH_2+CH_3CH{=}CHCH_3$

$\xrightarrow[\triangle]{浓H_2SO_4} n\text{-}C_4H_9OC_4H_9\text{-}n+H_2O$

[实验用品]

（1）仪器:铁架台、冷凝管、烧瓶、升降台、磁力加热搅拌器、加热套、乳胶套、万能夹、十字夹、抽滤瓶、锥形瓶、尾接管、具塞玻璃管、橡胶塞、量筒、天平、分液漏斗、药勺。

（2）药品:正丁醇、溴化钠、浓硫酸、10 mL 碳酸钠溶液、无水氯化钙。

（3）材料:称量纸。

[实验步骤]

（1）在 50 mL 圆底烧瓶内加入 8.3 g 研细的溴化钠、6.2 mL 正丁醇和 1 至 2 粒沸石，装上回流冷凝管。

（2）在锥形瓶中加入 10 mL 水，然后将锥形瓶放入冷水浴中冷却，边摇边加入 10 mL 浓硫酸，将稀释后的硫酸分四次从冷凝管上口加至圆底烧瓶中，加入后充分搅拌，使反应物混合均匀。

（3）在冷凝管上口用导气管连一气体吸收装置（见图 5-8），用小火加热反应混合物至沸腾并保持回流 30 min，反应完成后冷却 5 min。然后卸下回流冷凝管，待反应液冷却后补加 1 或 2 粒沸石，装上蒸馏头和冷凝管进行蒸馏（见图 5-9），仔细观察流出液至无油滴蒸出为止。

（4）将馏出液倒入分液漏斗中，将下层油层放入一干燥的锥形瓶中，分三次加入 10 mL 浓硫酸，每次加入都要摇匀混合物；若锥形瓶发热，可用冷水浴冷却。将混合物慢慢加入分液漏斗中，静置分层，放出下层浓硫酸。油层依次用 10 mL 蒸馏水、5 mL 碳酸钠、10 mL 蒸馏水洗涤。

（5）将下层的粗 1- 溴丁烷放入锥形瓶中，加入 1~2 g 块状无水氯化钙，间歇振荡锥形瓶，直到液体澄清为止，量出最终获得的 1- 溴丁烷的体积。

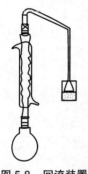
图 5-8　回流装置

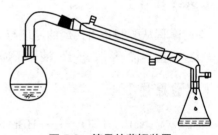
图 5-9　简易的蒸馏装置

[实验习题]

本实验有哪些副反应？如何减少副反应？

实验四十二　环己酮的制备

[实验目的]

（1）掌握用次氯酸氧化法制备环己酮的原理和方法。

（2）进一步了解酮和醇的区别和联系。

[实验原理]

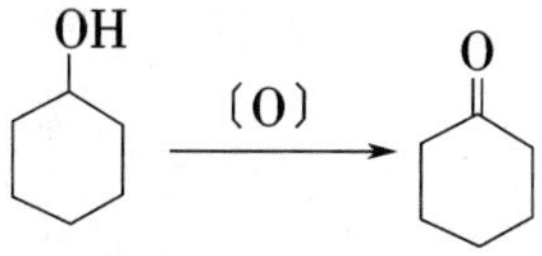

[实验用品]

（1）仪器:滴液漏斗、温度计、烧瓶、三口连接管、水浴锅、量筒、电炉、石棉网、冷凝管、尾接管、锥形瓶、淀粉试纸、分液漏斗、磁力加热搅拌器。

（2）药品:环己醇、冰醋酸、次氯酸钠、重铬酸钠、饱和亚硫酸氢钠溶液、氯化铝、无水碳酸钠、无水硫酸镁、食盐。

（3）材料:沸石、碘化钾－淀粉试纸。

[实验步骤]

（1）往烧瓶中依次加入 5.2 mL 环己醇和 25 mL 冰醋酸,开动磁力加热搅拌器,在冰水浴冷却下,将 38 mL 次氯酸钠溶液(约 1.8 mol·L^{-1})经滴液漏斗逐滴加入,使烧瓶内温度保持在 30~35 ℃,加完后搅拌 15 min。用碘化钾－淀粉试纸检验反应液是否为蓝色,若不是蓝色,应补加 5 mL 次氯酸钠溶液。

（2）在室温下继续搅拌 30 min 后,加入饱和亚硫酸氢钠溶液至反应液对碘化钾－淀粉试纸不再显色为止。

（3）在反应液中加入 30 mL 水、3 g 三氯化铝和几粒沸石,加热蒸馏至流出液无油滴为止。

（4）在搅拌情况下向馏出液中加入无水碳酸钠至显中性,接着加入精制食盐使之饱和,再将此液体倒入分液漏斗,分出有机层,用无水硫酸镁干燥,蒸馏并收集 150~155 ℃的馏分。

[实验习题]

（1）试验中使用精制食盐有何作用?

（2）第一次蒸馏所得馏分是什么?

实验四十三　硝基苯的制备

[实验目的]

（1）了解用苯制备硝基苯的方法。

（2）掌握萃取、空气冷凝等基本操作。

[实验原理]

苯与硝酸在浓硫酸作用下加热生成硝基苯与水。

主反应：$PhH + HONO_2 \xrightarrow{\text{浓} H_2SO_4} PhNO_2 + H_2O$

副反应：$PhNO_2 + HONO_2 \xrightarrow{\text{浓} H_2SO_4} Ph(NO_2)_2 + H_2O$

[实验用品]

（1）仪器：电炉、水浴锅、圆底烧瓶、冷凝管、温度计、铁架台、锥形瓶、分液漏斗、量筒。

（2）药品：苯、硝酸、浓硫酸、饱和食盐水、无水氯化钙。

（3）材料：pH试纸、沸石。

[实验步骤]

（1）在锥形瓶中加入 3.6 mL 的浓硝酸，另取 5 mL 浓硫酸，分多次加入锥形瓶中，边加边摇匀。

（2）将 4.5 mL 苯和实验步骤（1）中配制的混酸一并加入烧瓶中（图5-10），充分震荡，混合均匀并开始加热，控制水浴温度在 60 ℃左右，保持回流 30 min。

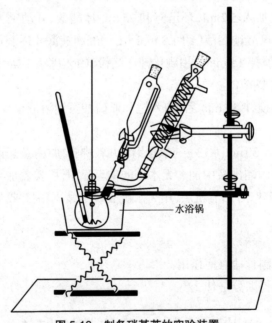

水浴锅

图 5-10　制备硝基苯的实验装置

（3）将产物倒入分液漏斗中分液，然后将上层清液（即有机层）放入锥形瓶中，用等体积水洗涤至不显酸性，最后用水洗至中性。将有机层放入干燥锥形瓶中，用无水氯化钙干燥后量取产物体积。

注意：第一次用等体积水洗涤时，有机层在上层，第二次用水洗涤时有机层在下层。

[实验习题]

（1）浓硫酸在试验中的作用是什么？

（2）反应过程中如温度过高对实验有何影响？

[注意事项]

（1）配制硝酸和硫酸的混酸溶液时,应在硝酸中分次加入硫酸,边加边振荡,使其混合均匀。

（2）硝基化合物对人体有较大的毒性,吸入多量蒸气或皮肤接触吸收,均会引起中毒,所以处理硝基苯或其他硝基化合物时,必须小心谨慎,如不慎触及皮肤,应立即用少量乙醇擦洗,再用肥皂及温水洗涤。

（3）硝化反应系放热反应,若温度超过 60 ℃,有较多的二硝基苯生成;若温度超过 80 ℃,则生成副产物苯磺酸且有部分硝酸和苯挥发逸去。

（4）洗涤硝基苯时,特别是用碳酸钠溶液洗涤时,不可过分用力摇荡,否则易使产品乳化而难以分层。若遇此情况,加数滴酒精,静置片刻,即可分层。

实验四十四　乙酰水杨酸的制备

[实验目的]

（1）了解利用酚类的酰化反应制备乙酰水杨酸的原理和方法。
（2）掌握重结晶、减压过滤、洗涤、干燥、熔点测定等基本实验操作。

[实验原理]

乙酰水杨酸即阿司匹林,可通过水杨酸与乙酸酐反应制得。

[实验用品]

（1）仪器:圆底烧瓶、水浴锅、抽滤瓶、循环水真空泵、锥形瓶、玻璃棒、烧瓶、量筒、胶头滴管、天平、磁力加热搅拌器、温度计。

（2）药品:水杨酸、乙酸酐、浓硫酸、碎冰、饱和碳酸钠溶液、浓盐酸。

（3）材料:滤纸。

[实验步骤]

（1）在 125 mL 的锥形瓶中加入 2 g 水杨酸、5 mL 乙酸酐、5 滴浓硫酸,小心旋转锥形瓶使水杨酸全部溶解后,在水浴中加热 5~10 min,控制水浴温度在 85~90 ℃。取出锥形瓶边摇边滴加 1 mL 冷水,然后快速加入 50 mL 冷水,立即将其放入冰水浴中冷却。若无晶体出现或出现油状物,可用玻璃棒摩擦内壁,注意必须在冰水浴中进行。待晶体完全析出后用布氏漏斗抽滤,用少量冰水分二次洗涤锥形瓶后再洗涤晶体,抽干。

（2）将粗产品转移到 150 mL 烧杯中,在搅拌下慢慢加入 25 mL 饱和碳酸钠溶液,加完后继续搅拌几分钟,直到无二氧化碳气体产生为止。抽滤后,作为副产物的聚合物被滤出,用 5~10 mL 水冲洗漏斗,合并滤液,倒入预先盛有由 4~5 mL 浓盐酸和 10 mL 水配成的溶液的烧杯中搅拌均匀,即有乙酰水杨酸沉淀析出。用冰水冷却,使沉淀完全。减压过滤,用冷水洗涤两次,抽干水分。将晶体置于表面皿上,蒸汽浴干燥得乙酰水杨酸产品。

[实验习题]

（1）本实验为什么不能在回流下长时间反应?
（2）反应后加水的目的是什么?
（3）第一步结晶的粗产品中可能含有哪些杂质?

实验四十五　　环己烯的制备

[实验目的]

（1）了解以浓磷酸催化环己醇脱水制取环己烯的原理和方法。
（2）初步掌握分馏操作。

[实验原理]

$$\text{环己醇—OH} \xrightarrow{85\%H_3PO_4} \text{环己烯} + H_2O$$

[实验药品]

（1）仪器:25 mL、50 mL 圆底烧瓶,125 mL 分液漏斗,50 mL 磨口锥形瓶,直形冷凝管,磁力搅拌器,蒸馏头,接液管,温度计,电热套。

（2）药品:环己醇、磷酸、食盐、无水氯化钙。

[实验步骤]

（1）在 50 mL 干燥圆底烧瓶中放入 10 mL 环己醇、5 mL 浓磷酸和几粒沸石,充分振荡使混合均匀,安装简单分馏装置,用小锥形瓶作为接收器,并将其置于冰水浴中。

（2）小火慢慢加热,控制加热速度,使分馏柱上端的温度不超过 85 ℃,馏出液为带水的混合物。当烧瓶中只剩下很少量的残渣并出现阵阵白雾时,即可停止蒸馏。全部蒸馏时间约需 1 h。

（3）将蒸馏液倒入分液漏斗中分液,取上层有机层,并向有机层中加入等体积的饱和食盐水,振摇后静置分层,取上层有机层。将有机层倒入干燥的锥形瓶中,加入少量无水氯化钙干燥。

[实验习题]

在粗制的环己烯中,加入精盐使水层饱和的目的是什么?

[注意事项]

（1）环己醇在常温下是黏稠状液体,若用量筒量取,应注意转移中的损失,所以取样时最好先取环己醇后取磷酸。

（2）环己醇与磷酸应充分混合,否则在加热过程中可能会局部碳化,使溶液变黑。

（3）加热温度不宜过高,加热速度不宜过快,以减少未反应的环己醇的蒸出。柱顶温度宜控制在 73 ℃左右,但因反应速度太慢,本实验为了加快蒸出速度,将温度控制在 85 ℃以下。

实验四十六　偶氮苯与邻硝基苯胺的柱层析分离

[实验目的]

（1）了解柱色谱分离有机物原理、吸附剂的选择和溶剂的选择。

（2）掌握柱色谱分离有机物的操作步骤。

[实验原理]

利用混合物中各组分对某一物质（如硅胶）的吸附、溶解性能的不同,或亲和能力的差异,使得混合溶液流经此物质的过程中,经过反复的吸附或分配等作用,从而将各组分分开。

[实验用品]

（1）仪器:色谱柱（直径 1.5 cm,长 15 cm）、50 mL 锥形瓶、125 mL 滴液漏斗。

（2）药品:色谱用中性氧化铝（活度Ⅳ级）、苯、石油醚、石英砂、偶氮苯、邻硝基苯胺、对硝基苯胺。

[实验步骤]

1. 偶氮苯和邻硝基苯胺的分离

本实验以色谱用中性氧化铝为吸附剂,以 1：1 的苯－石油醚为洗脱剂。由于待分离的偶氮苯和邻硝基苯胺两者中,吸附剂对前者的吸附性较弱,所以在淋洗过程中偶氮苯首先被洗脱,而邻硝基苯胺的洗脱就需用极性稍大的乙醇（或氯仿）作为洗脱剂。

用一支 25 mL 酸式滴定管作为色谱柱垂直放置,用 25 mL 锥形瓶作为洗脱液的接收器。用镊子取少许脱脂棉（或玻璃毛）放于干净的色谱柱底部,轻轻塞紧,再在脱脂棉（或玻璃毛）上盖一层厚 0.5 cm 的石英砂（或用一张比柱内径略小的滤纸代替）,关闭活塞。向柱中倒入无水苯至约为柱高的 3/4 处,打开活塞,控制流出速度为 1 滴 /s。通过一干燥的玻璃漏斗慢慢加入色谱用中性氧化铝,用木棒或带橡胶塞的玻璃棒轻轻敲打柱身下部,使填装紧密。当装柱至柱高 3/4 处时在上面加一层 0.5 cm 厚的石英砂。操作时一直保持上述流速,注意不能使液面低于砂子的上层。

当溶剂液面刚好流至石英砂面时,立即沿柱壁加入 2 mL 含有 50 mg 邻硝基苯胺及 50 mg 偶氮苯的苯溶液。当此液面将近流至石英砂面时,立即用 0.5 mL 无水苯洗下管壁的有色物质。如此连续 2 到 3 次,直至洗净为止。然后在色谱柱上装置滴液漏斗,用 1∶1 的苯－石油醚溶液洗脱,控制流出速度如前。橙红色的偶氮苯因极性小,向柱下移动,极性较大的邻硝基苯胺则留在柱的上端。当橙红色的色带快洗出时,更换另一个接收器,继续淋洗至滴出液近无色为止。换一接收器改用乙醇作为洗脱剂。至黄色液体开始滴出时,用另一接收器收集,至黄色物洗下为止。将上述含有偶氮苯和邻硝基苯胺的溶液分别蒸除洗脱剂,快蒸干时,转移至蒸发皿中,在水浴上蒸干(或用红外灯烘干)得固体结晶产物,干燥后测熔点。(已知偶氮苯熔点为 67~68 ℃,邻硝基苯胺的熔点为 71~71.5 ℃。)

2. 邻硝基苯胺和对硝基苯胺的分离

在色谱柱(直径 1.5 cm,长 15 cm)的底部用棉花轻轻塞紧,关闭活塞,从柱顶加入无水苯至柱高的 3/4 处。打开活塞,控制流速为 1 滴 /s。然后自柱顶用玻璃漏斗加入活性为Ⅳ级的氧化铝约 13 g(或用苯将氧化铝调成浆状物,直接倒入色谱柱),边加边轻轻敲打色谱柱,使填装紧密而均匀,最后在氧化铝顶部水平表面用一圆形滤纸覆盖。当苯的液面恰好降至氧化铝上端的表面上时立即用滴管沿柱壁加入 3 mL 邻硝基苯胺和对硝基苯胺混合液。当溶液液面降至氧化铝上端表面时,用滴管滴入苯洗去黏附在柱壁上的混合物。然后在色谱柱上装置滴液漏斗,用苯淋洗,控制滴加速度如前,直至观察到色层带的形成和分离。当黄色邻硝基苯胺色层带到达柱底时,立即更换另一接收器收集全部此色层带。然后改用苯－乙醚(体积比 1∶1)为洗脱剂,并收集淡黄色对硝基苯胺色层带。

将收集的邻硝基苯胺的苯溶液和对硝基苯胺的苯－乙醚溶液分别用水泵减压蒸去溶剂,然后冷却结晶,干燥后测定熔点。(已知邻硝基苯胺熔点为 71~71.5 ℃,对硝基苯胺熔点为 147 ℃ ~148 ℃。)

[实验习题]

为什么极性大的组分要用极性较大的溶剂洗脱?

实验四十七　从菠菜中提取叶绿素

[实验目的]

(1)了解用柱层析法分离菠菜叶中色素的原理和方法。

(2)掌握柱层析操作技术。

（3）了解用薄层色谱法鉴定化合物的原理和操作。

（4）了解萃取原理,掌握分液漏斗的使用方法。

[实验原理]

绿色植物(如菠菜)中含有叶绿素,包括叶绿素 a 和叶绿素 b、叶黄素及胡萝卜素等天然色素。

叶绿素 a 为蓝黑色固体,在乙醇溶液中呈蓝绿色;叶绿素 b 为暗绿色,其乙醇溶液呈黄绿色。它们是吡咯衍生物与镁的络合物,是植物进行光合作用必需的催化剂,易溶于石油醚等非极性溶剂中。通常植物中叶绿素 a 的含量是叶绿素 b 的 3 倍。二者的分子结构式如图 5-11、图 5-12 所示。

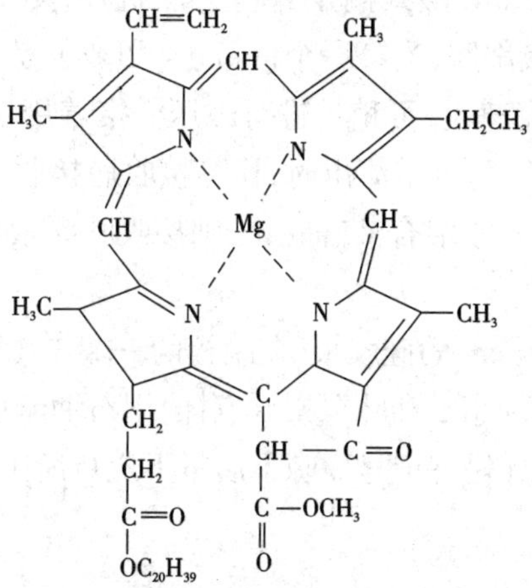

图 5-11 叶绿素 a 的分子结构式

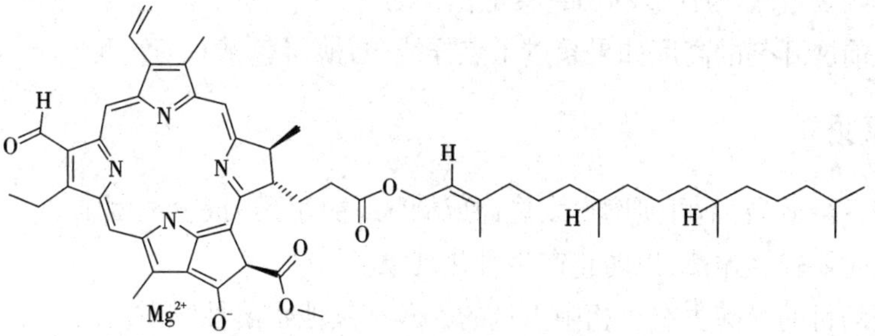

图 5-12 叶绿素 b 的分子结构式

胡萝卜素是一种橙色的天然色素,属于四萜,为一长链共轭多烯,有 α、β、γ 三种异构体,其中 β 异构体含量最多。

叶黄素是一种黄色色素,与叶绿素同存在于植物体内,是胡萝卜素的羟基衍生物,较易溶于乙醇,在石油醚中溶解度较小。秋天,高等植物的叶绿素被破坏后,叶黄素的颜色就显示出来。

本实验从菠菜叶中提取上述各种色素,并用柱层析法进行分离。

[实验用品]

（1）仪器:研钵、分液漏斗、锥形瓶、酸式滴定管、硅胶板、层析缸。
（2）药品:菠菜、石油醚、乙醇、无水硫酸钠、中性氧化铝、丙酮、正丁醇、蒸馏水。

[实验步骤]

（1）取 5 g 新鲜的菠菜叶子于研钵中,捣烂后用 30 mL 2∶1 的石油醚－乙醇混合液分几次浸取。将浸取液过滤,并将滤液转移至分液漏斗中,加等体积的水洗一次,弃去下层的水－乙醇层。对石油醚层,再用等体积的水洗两次。有机相用无水硫酸钠干燥后转移到另一锥形瓶中保存。取一半作柱层析分离,其余留作薄层分析用。

（2）柱层析分离。用 25 mL 酸式滴定管作为层析柱,用 20 g 中性氧化铝装柱。先用9∶1 的石油醚－丙酮混合液洗脱,当第一个橙黄色(胡萝卜素)色带流出时,换一接收瓶接收,约用洗脱剂 50 mL。若流速慢,可稍稍进行减压。接着用 7∶3 的石油醚－丙酮混合液洗脱,当第二个棕黄色(叶黄素)色带流出时,换一接收瓶接收。约用洗脱剂 200 mL。再换用 3∶1∶1 的正丁醇－乙醇－水混合液洗脱,分别接收叶绿素 a(蓝绿色)和叶绿素 b(黄绿色),约用洗脱剂 30 mL。

（3）鉴定:取一 10 cm×4 cm 的硅胶板,在距板的一端 1~1.5 cm 处用铅笔轻轻画一条直线作为起点。用分离后的叶绿素 a 和叶绿素 b 点样,用石油醚展开,当展开剂前沿上行到板另一端约 1 cm 时,立即取出并做好记号。晾干后量下斑点所走的距离,计算 R_f 值。

[实验习题]

（1）如果柱子填充不均匀或留有气泡,会对分离有何影响? 如何避免?
（2）什么叫 R_f 值? 为什么利用它鉴定化合物?
（3）展开前展开剂的高度如果超过了点样线,对薄层色谱有何影响?

[注意事项]

（1）研磨只可适当,不可研磨得太烂而成糊状,否则会造成分离困难。
（2）洗涤时要轻轻振荡,以防止产生乳化现象。
（3）水洗的目的是除去有机相中少量的乙醇和其他水溶性物质。

实验四十八　从番茄酱中提取番茄红素和 β－胡萝卜素

[实验目的]

（1）了解从天然产物中提取有机化合物的方法。
（2）掌握用薄层层析法检验有机化合物的基本原理以及点样、展开和计算 R_f 值的方法。

[实验原理]

利用混合物各个组分在固定相和流动相的溶解度不同,即在两相间分配系数不同而使各组分分开。

[实验用品]

（1）仪器:圆底烧瓶、冷凝管、玻璃漏斗、锥形瓶、分液漏斗、烧杯、直径为 1 mm 的毛细管、薄层板。

（2）药品:番茄酱、乙醇、石油醚、饱和食盐水、硫酸钠。

（3）材料和工具:棉花、铅笔、尺。

[实验步骤]

（1）取一平勺番茄酱于 50 mL 圆底烧瓶中,加入 5 mL 95% 的乙醇,装上冷凝管回流 3~5 min。用玻璃漏斗垫棉花过滤,用带塞子的锥形瓶接收滤液,将滤渣放回原烧瓶。加入乙醇的目的是破坏细胞壁,为下一步用石油醚提取创造条件。

（2）将上部的滤渣及棉花一起放入烧瓶中加入 10 mL 石油醚,加热回流 10 min 后冷却过滤。将滤液和上面滤液合并,滤渣扔掉。

（3）将合并的滤液倒入分液漏斗中,加入 5 mL 饱和食盐水,萃取分层。其中有机层用于薄板层析,无机层作对比用。

（4）向有机相中加入少量干燥 Na_2SO_4（干燥很重要）。β- 胡萝卜素是合成维生素 B6 的原料,极性小,R_f 值大,在上边。番茄红素极性大,R_f 值小,在下边。

（5）薄板层析爬板。具体操作如下。

①事先准备:用铅笔和尺子轻轻画出起始线和终止线。

②点样:用直径为 1 mm 的平头毛细管点取待提取物,先在废纸上快速点一下,然后在起始线上少量多次地点样（为了保证一定浓度,一般需要 50 次以上）。待溶剂挥发以后,轻放到装好展开剂的展开缸内,注意不要让展开剂溅起或倾斜。

③展开（爬板）:当展开剂爬到终止线时,停止爬行,取出。因为 β- 胡萝卜素（黄点）易挥发,所以要尽快画出黄点的位置。

④点样:在薄板一端 10 mm（下）及另一端 5 mm（上）处用铅笔轻轻画一道痕迹□用直径小于 1 mm 的毛细管（平口）点样,点样时要做到少量多次,保证样品点小而又有一定的浓度,一块板上可以点两个点。

⑤展开剂的选择:根据样品的极性而定,极性大的化合物可选用极性较大的展开剂。为达到较好的分离效果,可用混合溶剂。做多次展开后可确定一合适的配比。展开时溶剂前沿离板顶 5 mm 停止。

⑥显示方法:（a）有色化合物可直接观察;（b）无色的,用显色剂显色（如碘熏法）,或用紫外光显色,用硅胶 GF254,有样品点的位置在紫外灯光照射下发暗。

⑦ R_f 值计算公式：R_f = 样品中某组分移动离开原点的距离 / 展开剂前沿距离原点中心的距离。R_f 值在 0.15~0.75 时分离效果最好。

[实验习题]

加入饱和食盐水的目的是什么？

实验四十九　用凝固点降低法测定摩尔质量

[实验目的]

（1）通过本实验加深对稀溶液依数性质的理解。
（2）掌握溶液凝固点的测量技术。
（3）用凝固点降低法测定萘的摩尔质量。

[实验原理]

固体溶剂与溶液成平衡的温度称为溶液的凝固点。含非挥发性溶质的双组分稀溶液的凝固点低于纯溶剂的凝固点。凝固点降低是稀溶液依数性质的一种表现。当确定了溶剂的种类和数量后，溶剂凝固点降低值仅取决于所含溶质分子的数目。对于理想溶液，根据相平衡条件，稀溶液的凝固点降低与溶液成分关系由范特霍夫（van't Hoff）凝固点降低公式给出：

$$\Delta T_f = \frac{R(T_f^*)^2}{\Delta_f H_m(A)} \times \frac{n_B}{n_A + n_B}$$

式中：ΔT_f 为凝固点降低值；T_f^* 是纯溶剂的凝固点；$\Delta_f H_m(A)$ 为摩尔凝固热；n_A 和 n_B 分别为溶剂和溶质的物质的量。当溶液浓度很稀时，$n_A \geqslant n_B$，则

$$\Delta T_f = \frac{R(T_f^*)^2}{\Delta_f H_m(A)} \times \frac{n_B}{n_A} = \frac{R(T_f^*)^2}{\Delta_f H_m(A)} \times M_A b_B = K_f b_B$$

式中：M_A 为溶剂的摩尔质量；b_B 为溶质的质量摩尔浓度；K_f 为质量凝固点降低常数。

如果已知溶剂的凝固点降低常数 K_f，并测得此溶液的凝固点降低值 ΔT_f，以及溶剂和溶质的质量 $m_A m_B$，则溶质的摩尔质量由下式求得：

$$M_B = K_f \frac{m_B}{\Delta T_f m_A}$$

溶液的凝固点是该溶液与溶剂的固相共存的平衡温度，冷却曲线与纯溶剂不同。当有溶剂凝固析出时，剩余溶液的浓度逐渐增大，因而溶液的凝固点也逐渐下降。因有凝固热放出，冷却曲线的斜率发生变化，即温度的下降速度变慢，如图 5-13 中曲线 3 所示。本实验要求测定已知浓度溶液的凝固点。如果溶液过冷程度不大，析出固体溶剂的量很少，对原始溶液浓度影响不大，则以过冷回升的最高温度作为该溶液的凝固点，如图 5-13 中曲线 4 所示。

　　确定凝固点的另一种方法是外推法,如图 5-14 所示,首先绘制纯溶剂与溶液的冷却曲线,作曲线后面部分(已经有固体析出)的趋势线并延长,使其与曲线的前面部分相交,其交点即为凝固点。

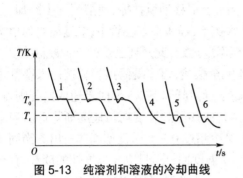

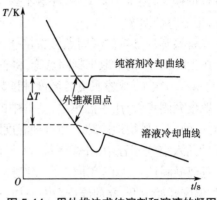

图 5-13　纯溶剂和溶液的冷却曲线　　　　　　图 5-14　用外推法求纯溶剂和溶液的凝固点

[实验用品]

　　(1)仪器:凝固点测定仪、1 000 mL 烧杯、25 mL 移液管、数字式贝克曼温度计、压片机、水银温度计(分度值为 0.1 ℃)、酒精温度计。
　　(2)药品:环己烷(分析纯)、萘(分析纯)、碎冰。

[实验步骤]

1. 仪器安装

　　按图 5-15 将凝固点测定仪安装好。凝固点管、数字式贝克曼温度计探头及搅拌棒均须清洁和干燥,防止搅拌时搅拌棒与管壁或温度计相摩擦。

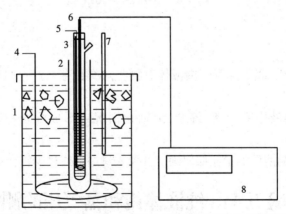

1—玻璃缸;2—玻璃套管;3—凝固点管;4、5—搅拌器;6—温差仪探头;7—冰水浴温度计;8—精密温差仪
图 5-15　凝固点测定仪示意

2. 调节寒剂的温度

　　调节冰水的量,使寒剂的温度为 3.5 ℃左右(寒剂的温度以不低于所测溶液凝固点 3 ℃

为宜)。实验时寒剂应经常搅拌并间断地补充少量的碎冰,使寒剂温度基本保持不变。

3. 溶剂凝固点测定

用移液管准确吸取 25 mL 环己烷,加入凝固点管中,加入的环己烷要能够浸没贝克曼温度计的探头,但也不要太多,注意不要将环己烷溅在管壁上。塞紧软木塞,以避免环己烷挥发,记下溶剂温度。

先将盛有环己烷的凝固点管直接插入寒剂中,上下移动搅拌棒,使溶剂逐步冷却,当有固体析出时,从寒剂中取出凝固点管,将管外冰水擦干,插入空气套管中,缓慢而均匀地搅拌之(约每秒一次)。观察贝克曼温度计读数,直至温度稳定,此乃环己烷的近似凝固点。

取出凝固点管,用手温热之,使管中的固体完全融化,再将凝固点管直接插入寒剂中缓慢搅拌,使溶剂较快地冷却。当溶剂温度降至高于近似凝固点 0.5 ℃时迅速取出凝固点管,擦干后插入空气套管中,并缓慢搅拌(每秒一次),使环己烷温度均匀地逐渐降低。当温度低于近似凝固点 0.2~0.3 ℃时应急速搅拌(防止过冷超过 0.5 ℃),促使固体析出。当固体析出时,温度开始上升,立即改为缓慢搅拌,连续记录温度回升后贝克曼温度计的读数,直至稳定,此即为环己烷的凝固点。重复测定三次,要求溶剂凝固点的绝对平均误差小于 ± 0.003 ℃。

4. 溶液凝固点的测定

取出凝固点管,使管中的环己烷融化。自凝固点管的支管加入事先压成片状,并已精确称量的萘(所加的量约使溶液的凝固点降低 0.5 ℃左右)。测定该溶液凝固点的方法与纯溶剂相同,先测近似凝固点,再精确测定之。但溶液的凝固点是取过冷后温度回升所达到的最高温度,重复测定三次,要求其绝对平均误差小于 0.003 ℃。

[数据处理]

(1)计算出室温时环己烷的密度,然后算出所取环己烷的质量。

(2)由测定的纯溶剂、溶液凝固点计算萘的摩尔质量,并判断萘在环己烷中的存在形式。

[实验习题]

(1)在冷却过程中,凝固点管管内液体有哪些热交换存在? 它们对凝固点的测定有何影响?

(2)当溶质在溶液中有解离、缔合、溶剂化情况或形成配合物时,测定的结果有何意义?

(3)加入溶剂中的溶质的量应如何确定? 加入量过多或过少将会有何影响?

实验五十　纯液体饱和蒸气压的测定

[实验目的]

(1)明确纯液体饱和蒸气压的定义和气液两相平衡的概念,深入了解纯液体饱和蒸气压和温度的关系——克劳修斯﹣克拉佩龙(Clausius-Clapeyron)方程式。

（2）用数字式真空计测定不同温度下环己烷的饱和蒸气压,初步掌握低真空实验技术。

（3）学会用图解法求被测液体在实验温度范围内的平均摩尔汽化热与正常沸点。

[实验原理]

在一定温度下与纯液体处于平衡状态时的蒸气压力称为该温度下的饱和蒸气压。这里的平衡状态是指动态平衡。在某一温度下,被测液体处于密闭真空容器中,液体分子从表面逃逸成蒸气,同时蒸气分子因碰撞而凝结成液相,当两者的速率相同时,就达到了动态平衡,此时气相中的蒸气密度不再改变,因而具有一定的饱和蒸气压。

纯液体的蒸气压是随温度变化而改变的,它们之间的关系可用克劳修斯﹣克拉佩龙方程式来表示:

$$\frac{\mathrm{d}\ln\{p^*/[p]\}}{\mathrm{d}T} = \frac{\Delta_{\mathrm{vap}}H_{\mathrm{m}}}{RT^2} \tag{1}$$

式中: p^* 为纯液体在温度 T 时的饱和蒸气压; T 为热力学温度; $\Delta_{\mathrm{vap}}H_{\mathrm{m}}$ 为液体摩尔汽化热; R 为摩尔气体常数。如果温度的变化范围不大,视为常数,可将 $\Delta_{\mathrm{vap}}H_{\mathrm{m}}$ 当作平均摩尔汽化热,则对式（1）积分得

$$\ln\{p^*/[p]\} = \frac{-\Delta_{\mathrm{vap}}H_{\mathrm{m}}}{RT^2} + C \tag{2}$$

式中 C 为积分常数,此数与压力的单位有关。

由式（2）可知,在一定温度范围内,测定不同温度下的饱和蒸气压,以 $\ln\{p^*/[p]\}$ 对 $1/T$ 作图,可得一直线。由该直线的斜率可求得实验温度范围内液体的平均摩尔汽化热 $\Delta_{\mathrm{vap}}H_{\mathrm{m}}$。当外压为101.325 kPa 时,液体的蒸气压与外压相等时的温度称为该液体的正常沸点。从图中也可求得其正常沸点。

测定饱和蒸气压常用的方法有动态法、静态法、饱和气流法等。本实验采用静态法,即将被测物质放在一个密闭的体系中,在不同温度下直接测量其饱和蒸气压,在不同外压下测量相应的沸点。此法适用于蒸气压比较大的液体。

[实验用品]

（1）仪器:蒸气压测定装置、真空泵、数字式气压计、电加热器、温度计、数字式真空计、磁力搅拌器。

（2）药品:环己烷(分析纯)。

[实验步骤]

1. 按仪器装置图 5-16 接好测量线路

所有接口必须严密封闭。平衡管由三根相连通的玻璃管 a、b 和 c 组成,a 管中储存待测液体,b 和 c 中有相同液体在底部相连,当 a、c 管的上部纯粹是待测液体的蒸气,而 b 与 c 管

中的液面在同一水平时,则表示在 c 管液面上的蒸气压与加在 b 管液面上的外压相等。此时液体的温度即为体系的气液平衡温度,亦即沸点。

平衡管中的液体可用下法装入:先将平衡管取下洗净,烘干,然后烘烤(可用煤气灯)a管,赶走管内空气,迅速将液体自 b 管的管口灌入,冷却管 a,液体即被吸入。反复二三次,使液体灌至 a 管高度的约 2/3 处,然后接在装置上。

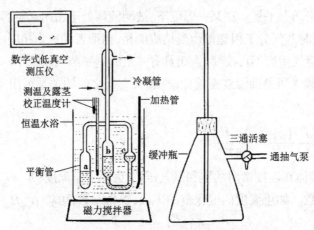

图 5-16　纯液体饱和蒸气压测定装置示意

2. 系统检漏

缓慢旋转三通活塞,使系统通大气。开启冷却水,接通电源,使真空泵正常运转 4~5 min后,调节活塞使系统减压(注意! 旋转活塞必须用力均匀、缓慢,同时注视真空计),至余压大约为 10^3 Pa 时关闭活塞,此时系统处于真空状态。如果在数分钟内真空计示值基本不变,表明系统不漏气。若系统漏气,则应分段检查,直至不漏气才可进行下一步实验。

3. 测定不同温度下液体的饱和蒸气压

转动三通活塞使系统与大气相通。开动搅拌器,并加热水浴。随着温度逐渐上升,平衡管中有气泡逸出。继续加热至正常沸点之上大约 5 ℃。保持此温度数分钟,将平衡管中的空气赶净。

1)测定大气压力下的沸点

测定前须正确读取大气压数据。

系统空气被赶净后,停止加热。让温度缓慢下降,c 管中的气泡将逐渐减少直至消失。c 管液面开始上升而 b 管液面下降。严密注视两管液面,一旦两液面处于同一水平时,记下此时的温度。细心而快速转动三通活塞,使系统与泵略微连通。既要防止空气倒灌,也应避免系统减压太快。

重复测定三次,结果应在测量允许误差范围内。

2)测定不同温度下纯液体的饱和蒸气压

在大气压力下测定沸点之后,旋转三通活塞,使系统慢慢减压。减至压差约为 4×10^3 Pa 时,平衡管内液体明显汽化,不断有气泡逸出。(注意勿使液体沸腾!)随着温度下降,气泡再次减少直至消失。同样等 b、c 两管液面相平时,记下温度和真空计读数。再次转动三通活塞,缓慢减压。减压幅度同前,直至烧杯内水浴温度下降至 50 ℃左右。停止实验,再次读取大气压力。

[数据处理]

(1)自行设计实验数据记录表,正确记录全套原始数据并填入演算结果。

(2)温度的正确测量是本实验的关键之一。温度计必须作露茎校正。

(3)以蒸气压 p^* 对温度 T 作图。

(4)从 p^*-T 曲线中均匀读取 10 个点,列出相应的数据表,然后绘出对 $1/T$ 的直线图。由直线斜率计算出待测液体在实验温度区内的平均摩尔汽化热。

(5)由曲线求得样品的正常沸点,并与文献值比较。

[实验习题]

(1)压力和温度的测量都有随机误差,试导出误差传递表达式。

(2)用此装置可以很方便地研究各种液体,如苯、二氯乙烯、四氯化碳、水、正丙醇、异丙醇、丙酮、乙醇等,这些液体中很多是易燃的,在加热时应该注意哪些问题?

[注意事项]

(1)测定前,必须将平衡管 a、b 中的空气驱赶净。在常压下利用水浴加热被测液体,使其温度控制在高于该液体正常沸点 3~5 ℃,持续约 5 min,让其自然冷却,读取大气压下的沸点。再次加热并进行测定。如果数据偏差在正常误差范围内,可认为空气已被赶净。注意切勿过分加热,否则蒸气来不及冷凝就进入抽气泵,或者冷凝在 b 管中的液体过多,影响下一步实验。

(2)冷却速度不宜太快,一般控制在每分钟下降 0.5 ℃左右,如果冷却太快,测得的温度将偏离平衡温度。因为被测气体内外以及水银温度计本身都存在着温度滞后效应。

(3)在整个实验过程中,要严防空气倒灌,否则要重做实验。为了防止空气倒灌,在每次读取平衡温度和平衡压力数据后,应立即加热,同时缓慢减压。

(4)在停止实验时,应缓慢地先将三通活塞打开,使系统通大气,再使抽气泵通大气(防止泵中的油倒灌),然后切断电源,最后关闭冷却水,使实验装置复原。为使系统通入大气或系统减压以缓慢速度进行,可将三通活塞通大气的管子拉成尖口。

实验五十一　分解反应平衡常数的测定

[实验目的]

(1)用静态平衡压力的方法测定一定温度下氨基甲酸铵的分解压力,并求出分解反应的平衡常数。

（2）了解温度对反应平衡常数的影响,由不同温度下平衡常数的数据计算等压反应热效应 $\Delta_r H_m^{\ominus}$ 和标准熵变 $\Delta_r S_m^{\ominus}$。

（3）学会低真空实验技术。

[实验原理]

氨基甲酸铵是合成尿素的中间产物,很不稳定,易发生如下分解反应:

$$NH_2COONH_4(s) \rightleftharpoons 2NH_3(g)+CO_2(g)$$

该反应是可逆的多相反应,若不将分解产物从体系中移走,则很容易达到平衡。在压力不太大时,气体的逸度近似为 1,且纯固态物质的活度为 1,所以分解反应的平衡常数 K_p 为

$$K_p = p^2_{NH_3} \cdot p_{CO_2}$$

p_{NH_3}、p_{CO_2} 分别为平衡时 NH_3、CO_2 的分压。又因固体氨基甲酸铵的蒸气压可以忽略,故体系的总压为

$$p_{总} = p_{NH_3}+p_{CO_2}$$

从分解反应式可知

$$p_{NH_3}=2p_{CO_2}$$

则有

$$p_{NH_3} = \frac{2}{3} p_{总} \quad p_{CO_2}=\frac{1}{3} p_{总}$$

$$K_p = \left(\frac{2}{3} p_{总}\right)^2 \cdot \left(\frac{1}{3} p_{总}\right) = \frac{4}{27} p_{总}^3$$

可见,当体系达到平衡后,只要测量其平衡总压,便可求得实验温度下的平衡常数。

温度对平衡常数的影响如下式表示:

$$\frac{d\ln \{K_p /[K_p]\}}{dT} = \frac{\Delta_r H_m^{\ominus}}{RT^2} \tag{1}$$

式中:$[K_p]$ 是 K_p 的量纲;T 为热力学温度;$\Delta_r H_m^{\ominus}$ 为等压反应热效应。若温度变化范围不大,$\Delta_r H_m^{\ominus}$ 可视为常数。对式(1)积分得

$$\ln K_p = -\frac{\Delta_r H_m^{\ominus}}{RT} + C$$

以 $\ln \{K_p/[K_p]\}$ 对 $1/T$ 作图得一直线,其斜率为 $-\dfrac{\Delta_r H_m^{\ominus}}{2.303R}$,由此可求得 $\Delta_r H_m^{\ominus}$。

$$\Delta_r H_m^{\ominus} = -RT\ln\{K_p/[K_p]\}$$

其中摩尔气体常数 R=8.314 J·K^{-1}·mol^{-1}。

利用实验温度范围内的分解反应的平均等压热效应和某温度下的标准吉布斯自由能变化 $\Delta_r G_m^{\ominus}$,可近似地算出该温度下的标准熵变 $\Delta_r S_m^{\ominus}$,即

$$\Delta_r S_m^{\ominus} = \frac{\Delta_r H_m^{\ominus} - \Delta_r G_m^{\ominus}}{T}$$

[实验用品]

（1）仪器：数字压力计、恒温水浴、等压计、样品管、三通真空活塞、缓冲瓶、真空泵。
（2）药品：硅油、氨基甲酸铵（自制）。

[实验步骤]

1. 安装测量装置

按图 5-17 安装测量装置。

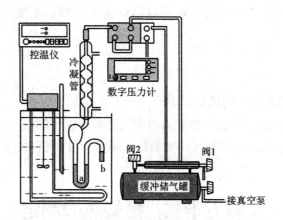

图 5-17　测量装置示意

2. 测量

1）压力计调零

打开数字压力计电源开关，预热 5 min，同时按下复位键，将单位调至 kPa。关闭阀 2，打开阀 1，按下数字压力计面板上的采零键，使示数为零（大气压被视为零值）。

2）检查系统气密性

关闭与大气相通的阀 1，打开阀 2 和进气阀使系统与真空泵相通，开动真空泵，抽气减压至压力计显示 −99 到 −98 kPa 时（2~3 min），关闭进气阀（此时真空泵不关）。若压力计示数下降值小于 0.01 kPa/s，则表明系统不漏气，否则应逐段检查，消除漏气原因。

3）排除球管上方空间内的空气

打开抽气阀，继续抽气减压使气泡一个一个地逸出至液体轻微沸腾，此时 a、b 弯管内的空气不断随蒸气逸出（若气泡成串冲出沸腾不止时，可以打开阀 1，使少许空气进入），如此 3~4 min，待空气排除干净，关闭阀 2 和抽气阀，拔除抽气胶管后关闭真空泵（防止循环水倒吸入胶管）。

4）饱和蒸气压的测定

（1）打开恒温槽开关，当水温升至 40 ℃，液体沸腾时，缓慢打开阀 1，放入少许空气，使 U 形管左、右侧液面平齐，关闭阀 1，记录温度和压力。

（2）打开阀 2,待负压读数稳定后关闭。当温度升高 2 ℃,液体沸腾时,缓慢打开阀 1,放入少许空气,使 U 形管左、右侧液面平齐,关闭阀 1,记录温度和压力。重复上述操作,测八组数据后,关闭所有电源,打开阀 1、2 和抽气阀,使系统与大气相通。整理好装置(但不要拆装置)待下组实验之用。

[数据处理]

（1）对所测的分解压进行校正,计算分解反应的平衡常数,并将所测的分解压与文献值进行对照。

（2）以 $\ln(K_p/[K_p])$ 对 $1/T$ 作图,计算氨基甲酸铵分解反应的平均等压反应热效应 $\Delta_r H_m^{\ominus}$。

（3）计算 25 ℃时氨基甲酸铵分解反应的标准吉布斯自由能变化 $\Delta_r G_m^{\ominus}$ 和标准熵变 $\Delta_r S_m^{\ominus}$。

[实验习题]

（1）试述本实验测量装置的检漏方法。

（2）当将空气缓缓放入系统时,如放入的空气过多,将有何现象出现? 怎样克服?

（3）本实验和纯液体的饱和蒸气压实验都使用等压计,测定的体系和测定的方法有何区别?

实验五十二　燃烧热的测定

[实验目的]

（1）掌握燃烧热的定义,了解恒压燃烧热和恒容燃烧热的差别和相互联系。

（2）熟悉热量计中主要部件的原理和作用,掌握氧弹热量计的实验技术。

（3）学会用氧弹热量计测定苯甲酸和蔗糖的燃烧热。

（4）学会用雷诺图解法校正温度改变值。

[实验原理]

1. 燃烧与量热

根据热化学的定义,1 mol 物质完全氧化时的反应热称作燃烧热。

燃烧热的测定,除了有其实际应用价值外,还可以用于求算化合物的生成热、键能等。

量热法是热力学的一种基本实验方法。在恒容或恒压条件下可以分别测得恒容燃烧热 Q_V 和恒压燃烧热 Q_p。由热力学第一定律可知, Q_V 等于体系内能变化, Q_p 等于其焓变。若把参加反应的气体和反应生成的气体都作为理想气体处理,则它们之间存在以下关系:

$$\Delta H = \Delta U + \Delta(pV)$$

$$Q_p = Q_V + \Delta nRT$$

式中：Δn 为一个反应前后反应物和生成物中气体的物质的量之差；R 为摩尔气体常数；T 为反应时的热力学温度。

热量计的种类很多,本实验所用的氧弹热量计是一种环境恒温式的热量计(图 5-18 和图 5-19)。

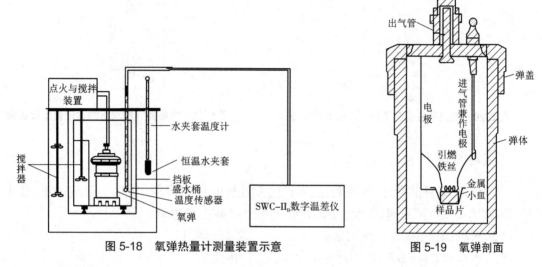

图 5-18　氧弹热量计测量装置示意　　　　图 5-19　氧弹剖面

2. 氧弹热量计

氧弹热量计的基本原理是能量守恒。样品完全燃烧后所释放的能量使得氧弹本身及周围的介质和热量计有关的附件温度升高,则通过测量介质在燃烧前后体系温度的变化值,就可求得该样品的恒容燃烧热。其关系式如下：

$$-\frac{m_{样}}{M}Q_V - lQ_l = (m_水 c_水 + c_计)\Delta T$$

式中：$m_样$ 和 M 分别为样品的质量和摩尔质量；Q_V 为样品的恒容燃烧热；l 和 Q_l 是引燃用铁丝的长度和单位长度燃烧热；$m_水$ 和 $c_水$ 是以水为测量介质时水的质量和比热容；$c_计$ 称为热量计的水当量,即除水之外,热量计升高 1 ℃所需的热量；ΔT 为样品燃烧前后水温的变化值。

为了保证样品完全燃烧,氧弹中须充以高压氧气或其他氧化剂,因此氧弹应有很好的密封性能,耐高压且耐腐蚀。氧弹应放在一个与室温一致的恒温套壳中。盛水桶与套壳之间有一个高度抛光的挡板,以减少热辐射和空气的对流。

3. 雷诺温度校正图

实际上,热量计与周围环境的热交换无法完全避免,它对温度测量值的影响可用雷诺(Renolds)温度校正图校正。具体方法为：称取适量待测物质,估计其燃烧后可使水温上升 1.5 ~2.0 ℃。预先调节水温,使其低于室温 1.0 ℃左右。按操作步骤进行测定,对燃烧前后通过观察所得的一系列水温和时间关系作图,可得如图 5-20 所示的曲线。图中 H 点意味着燃烧开始,热传入介质；D 点为观察到的最高温度值；从相当于室温的 J 点作水平线交曲线于 I,过 I 点作垂线 ab 线,再将 FH 线和 GD 线分别延长并交 ab 线于 A、C 两点,其间的温度差值即为经过校正的 ΔT。图中 AA' 为开始燃烧到体系温度上升至室温这一段时间内,由环境辐射和搅拌引进的能量所造成的升温,故应予以扣除。CC' 是由室温升高到最高点 D 这一段时间 Δt_2 内,热量计向环境的热漏造成的温度降低,计算时必须考虑在内。故可认为,交叉两点的差值较客观地表示了样品燃烧引起的升温数的值。

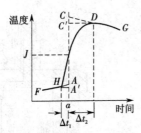

图 5-20　绝热稍差情况下的雷诺温度校正图

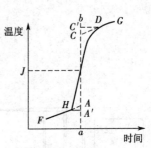

图 5-21　绝热良好情况下的雷诺温度校正图

[实验用品]

（1）仪器:氧弹热量计、万用表、数字式精密温差测量仪、案秤（10 kg）、氧气钢瓶、温度计（0~50 ℃）、氧气减压阀、小台钟、压片机、电炉（500 W）、药物天平。

（2）药品:苯甲酸（分析纯）、蔗糖（分析纯）、萘（分析纯）。

（3）材料和工具:塑料桶、引燃专用铁丝、剪刀、直尺。

[实验步骤]

1. 测定热量计的水当量

1）样品制作

用药物天平称取大约 0.95 g 左右的苯甲酸,在压片机上稍用力压成圆片,用镊子将样品在干净的称量纸上轻击 2 到 3 次,除去表面粉末后再用分析天平精确称量。

2）装样并充氧气

拧开氧弹盖,将氧弹内壁擦干净,特别是电极下端的不锈钢丝更应擦干净。搁上金属小器皿,小心将样品片放置在小器皿中部。剪取长 18 cm 的引燃铁丝,在直径约 3 mm 的铁钉上,将引燃铁丝的中段按螺旋形绕 5~6 圈。将螺旋部分紧贴样品片的表面,两端如图 5-17 所示固定在电极上。注意引燃铁丝不能与金属小皿相接触。用万用电表检查两电极间电阻值,一般应不大于 20 Ω。旋紧氧弹盖,卸下进气管口的螺栓,换接上导气管接头。导气管的另一端与氧气钢瓶上的减压阀连接,打开钢瓶阀门,向氧弹中充入 2 MPa 的氧气。

旋下导气管,关闭氧气瓶阀门,放掉氧气表中的余气。将氧弹的进气螺栓旋上,再次用万用表检查两电极间的电阻。如阻值过大或电极与弹壁短路,则应放出氧气,开盖检查。

3）测量

用案秤准确称取已被调节到低于室温 1.0 ℃的自来水 3 kg 于盛水桶内。将氧弹放入水的桶中央,装好搅拌马达,把氧弹两电极用导线与点火变压器相连接,盖上盖子后,先将数字式精密温差测量仪的探头插入恒温水夹套中测出环境温度（即雷诺温度校正图中的 J 点），然后将其插入系统。开动搅拌马达，待温度稳定上升后，每隔 1 min 读取一次温度（准确读至 0.001 ℃）。10 ~ 12 min 后，按下变压器上电键通电 4 ~ 5 s 点火。自按下电键后，温度读数改为每隔 15 s 一次，直至两次读数差值小于 0.005 ℃，读数间隔恢复为 1 min 一次，继续 10 ~ 12 min 后方可停止实验。

关闭电源后，取出数字式精密温差测量仪的探头，再取出氧弹，打开氧弹出气口放出余气。旋开氧弹盖，检查样品燃烧是否完全。氧弹中应没有明显的燃烧残渣。若发现黑色残渣，则应重做实验。测量未燃烧的铁丝长度，并计算实际燃烧掉的铁丝长度。最后擦干氧弹和盛水的桶。

样品点燃及燃烧完全与否，是本实验最重要的一步。

2. 测定蔗糖的燃烧热

称取 1.5 g 左右的蔗糖，按上述方法进行测定。

[数据处理]

（1）苯甲酸的燃烧热为 -26 460 J·g^{-1}，引燃铁丝的燃烧热值为 -2.9 J·cm^{-1}。

（2）作苯甲酸和蔗糖燃烧的雷诺温度校正图，计算水当量的恒容燃烧热 Q_V，并计算其恒压燃烧热 Q_p。

（3）根据所用仪器的精度，正确表示测量结果，并指出最大测量误差所在。

相关文献值如表 5-1 所示。

表 5-1　相关文献值

物质名称	恒压燃烧热			
	kcal·mol^{-1}	kJ·mol^{-1}	J·g^{-1}	测定条件
苯甲酸	-771.24	-3 226.9	-26 460	$p^{\ominus}$,20 ℃
蔗糖	-1 348.7	-5 643	-16 486	$p^{\ominus}$,25 ℃
萘	-1 231.8	-5 153.8	-40 205	$p^{\ominus}$,25 ℃

[实验习题]

（1）固体样品为什么要压成片状？

（2）在量热学测定中，还有哪些情况可能需要用到雷诺温度校正方法？

（3）如何用蔗糖的燃烧热数据来计算蔗糖的标准生成热？

实验五十三　原电池电动势的测定及其应用

[实验目的]

（1）掌握用对消法测定电池电动势的原理及电位差计的使用。

（2）了解可逆电池电动势的应用。

（3）学会银电极、银－氯化银电极的制备和盐桥的制备。

[实验原理]

1. 对消法测电动势的原理

测量电动势只能在无电流通过的情况下进行，因此需要用对消法来测定电动势。对消法测定电动势，就是在所研究的外电路上加一个方向相反的电压，当两者相等时，电路的电流为零。对消法测电动势常用的就是电位计，其原理如图 5-22 所示。

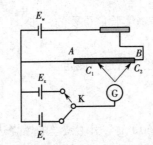

E_w—工作电池；E_s—标准电池；E_x—待测电池
图 5-22　电位计工作原理

2. 电池电动势的测定原理

原电池是将化学能转化为电能的装置。在电池放电反应中，正极起还原反应，负极起氧化反应。电池的电动势等于组成两个电极电位的差值，即 $E=\psi^+-\psi^-=\psi_右-\psi_左$，其中：$E$ 是原电池的电动势；ψ^+、ψ^- 分别代表正、负电极电位。

[实验用品]

（1）仪器：ZD-WC 数字电位差计（含附件）、标准电池、甘汞电极（饱和）、银－氯化银电极、光铂电极、银电极、洗瓶、100 mL 烧杯、50 mL 广口瓶、10 mL 移液管。

（2）药品：饱和氯化钾溶液、0.01 mol·L^{-1} AgNO$_3$ 溶液、0.1 mol·L^{-1} KCl 溶液、0.2 mol·L^{-1} HOAc 溶液、0.2 mol·L^{-1} NaOAc 溶液、KNO$_3$ 盐桥。

（3）工具：吸耳球。

[实验步骤]

1. 电极制备

（1）锌电极：将锌片放入硫酸溶液中浸泡片刻，除去表面氧化层，取出后用蒸馏水洗涤，再用硫酸锌溶液润洗，然后插入硫酸锌溶液待用。

（2）铜电极：将铜片在硝酸溶液中浸泡片刻，除去表面氧化层，取出后用蒸馏水洗涤，再用硫酸铜溶液润洗，然后插入硫酸锌溶液中待用。

2. 电池组合

Zn ｜ ZnSO$_4$（0.100 0 mol·L^{-1}）‖ KCl（饱和）｜ Hg$_2$Cl$_2$ ｜ Hg

$Hg_2Cl_2 \mid Hg \parallel KCl(饱和) \mid CuSO_4(0.100\ 0\ mol \cdot L^{-1}) \mid Cu$

$Zn \mid ZnSO_4(0.100\ 0\ mol \cdot L^{-1}) \parallel KCl(饱和) \mid CuSO_4(0.100\ 0\ mol \cdot L^{-1}) \mid Cu$

3. 电位差计(图 5-23)的使用

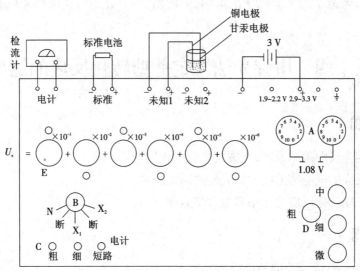

图 5-23　电位差计

（1）将选择旋钮扳向"N"，继而按下粗测键、细测键，观察检流计指针的偏转方向，调节可变电阻(粗、中、细、微)使检流计指针归零。

（2）分别按下粗测键和细测键，同时旋转各测量挡按钮，至检流计归零。

[数据处理]

（1）根据饱和甘汞电极的电极电势温度校正公式，计算实验温度下的电极电势。

（2）根据测定的各电池的电动势分别计算铜、锌的 ψ_T、$\psi_T^\ominus$、$\psi_{298}^\ominus$。

（3）根据有关公式计算 Zn-Cu 电池的理论电动势 $E_{理}$，并与实验值 $E_{实}$进行比较。

（4）计算 Zn-Cu 电极的温度系数及标准电极电势。

[实验习题]

（1）KNO_3 盐桥有何作用？ 如何选用盐桥以适应各种不同的原电池？

（2）在工作电流"标准化"和测量电动势过程中，为什么粗测键和细测键不能长时间按下？

（3）本实验中，甘汞电极如果采用 0.1 或 1.0 mol·L^{-1} 的 KCl 溶液，对原电池电动势的测量有否影响？ 为什么？

（4）参比电池应具备什么样的条件？

[注意事项]

（1）在测量电池电动势的过程中，检流计光点总往一个方向偏转，则可能原因是待测电极正、负极接反。

（2）检流计不用时要将其两端短路，不要浪费电能，按旋钮时间要短，不超过 1 s，防止过多电流通过电池，造成极化现象，破坏电池的电化学可逆状态。

（3）计算时考虑 T 对实验结果的影响，因数据太小，处理时要保持 4 位有效数字，以减少误差。

实验五十四　用旋光法测定蔗糖转化反应的速率常数

[实验目的]

（1）了解旋光仪的基本原理，掌握旋光仪的正确使用方法。

（2）了解反应的反应物浓度与旋光度之间的关系。

（3）测定蔗糖转化反应的速率常数和半衰期。

[实验原理]

蔗糖在水中水解成葡萄糖的反应为

$$C_{12}H_{22}O_{11}(蔗糖)+H_2O \xrightarrow{H^+} C_6H_{12}O_6(葡萄糖)+C_6H_{12}O_6(果糖)$$

这是一个二级反应，但在 H^+ 浓度和水量保持不变时，反应可视为一级反应，速率方程式可表示为

$$-\frac{dc}{dt}=kc$$

式中：c 为时间 t 时的反应物浓度；k 为反应速率常数。上式积分可得

$$\ln\frac{c}{c_0}=-kt$$

式中：c_0 为反应开始时反应物浓度。

当 $c=0.5c_0$ 时，可用 $t_{1/2}$ 表示，即为反应半衰期，计算如下：

$$t_{1/2}=\ln 2/k=0.693/k$$

从 $\ln\dfrac{c}{c_0}=-kt$ 可看出，在不同时间测定反应物的相应浓度，并以 $\ln\dfrac{c}{c_0}$ 对 t 作图，可得一直线，由直线斜率即可得反应速率常数 k。然而反应是在不断进行的，要快速分析出反应物的浓度是很困难的。由于蔗糖及其转化物都具有旋光性，而且它们的旋光能力不同，故可以利用体系在反应进程中旋光度的变化来度量反应的进程。

测量物质旋光度的仪器称为旋光仪。溶液的旋光度与溶液中所含物质的旋光能力、溶液性质、溶液浓度、样品管长度及温度等均有关系。当其他条件固定时，旋光度 α 与反应物浓度 c 呈线形关系，即 $\alpha=\beta c$，式中比例常数 β 与物质旋光能力、溶液性质、溶液浓度、样品管长度、温度等有关。

物质的旋光能力用比旋光度来度量,比旋光度用下式表示:

$$[\alpha]_D^{20} = \alpha \times 100/l \times c_A$$

式中:$[\alpha]_D^{20}$ 右上角的"20"表示实验时温度为 20 ℃,D 是指用钠灯光源 D 线的波长(即 589 nm),α 为测得的旋光度,(°);l 为样品管长度,dm;c_A 为浓度,g/100 mL。

作为反应物的蔗糖是右旋性物质,其比旋光度 $[\alpha]_D^{20} = 66.6°$;生成物中的葡萄糖也是右旋性物质,其比旋光度 $[\alpha]_D^{20} = 52.5°$,但果糖是左旋性物质,其比旋光度 $[\alpha]_D^{20} = -91.9°$。由于生成物中果糖的左旋性比葡萄糖右旋性大,所以生成物呈现左旋性质。因此随着反应进行,体系的右旋角不断减小,反应至某一瞬间时,体系的旋光度恰好等于零,而后就变成左旋,直至蔗糖完全转化,这时左旋角达到最大值 α_∞。

设体系最初的旋光度为 $\alpha_0 = \beta_反 c_0$($t = 0$,蔗糖尚未转化),体系最终的旋光度为

$$\alpha_\infty = \beta_生 c_0 (t = \infty,蔗糖已完全转化)$$

以上两式中 β反和 β生分别为反应物与生成物的比例常数。

当时间为 t 时,蔗糖浓度为 c,此时旋光度为 α_t,即

$$\alpha_t = \beta_反 c + \beta_生 (c_0 - c)$$

由以上三式联立可解得

$$c_0 = (\alpha_0 - \alpha_\infty)/(\beta_反 - \beta_生) = \beta/(\alpha_0 - \alpha_\infty)$$
$$c = (\alpha_t - \alpha_\infty)/(\beta_反 - \beta_生) = \beta/(\alpha_t - \alpha_\infty)$$

将以上两式代入 $\ln \dfrac{c}{c_0} = -kt$ 即得

$$\ln(\alpha_t - \alpha_\infty) = -kt + \ln(\alpha_0 - \alpha_\infty)$$

显然,以 $\ln(\alpha_t - \alpha_\infty)$ 对 t 作图可得一直线,从直线斜率即可求得反应速率常数 k。

[实验用品]

(1)仪器:旋光仪、25 mL 移液管、恒温箱、50 mL 具塞大试管。
(2)药品:蔗糖(分析纯)、HCl 溶液。

[实验步骤]

1. 了解仪器装置

了解旋光仪的构造、原理,掌握其使用方法。

当平面偏振光通过具有旋光性的物质时,测定物质旋光度的方向和大小的仪器称为旋光仪。通过对某些分子的旋光性的研究,可以了解其立体结构的许多重要规律。所谓旋光性是指某一物质在一束平面偏振光通过时能使其偏振方向转过一个角度的性质。这个角度被称为旋光度,其方向和大小与该分子的立体结构有关。对于溶液来说,旋光度还与其浓度有关。

在新型的旋光仪中,三分视野的检测以及检偏镜角度的调整都是通过光电检测电子放大及机械反馈系统自动进行的,最后用数字显示或自动记录等二次仪表显示旋光物质的浓

度值及其变化。因此,也可用于常规浓度的测定、反应动力学研究以及工业过程的自动检测的控制。现以 WZZ-2 型自动旋光仪说明其工作原理(如图 5-24 所示)。

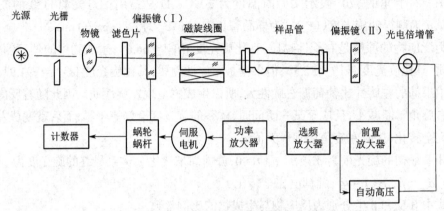

图 5-24　自动旋光仪工作原理示意

该仪器采用 20 W 钠光灯作为光源,由小孔光阑和物镜组成一个简单点光源平行光管,平行光经偏振镜(Ⅰ)变为平面偏振光,又经过法拉第效应的磁旋线圈,使其振动平面产生一定角度的往复摆动。通过样品后的偏振光振动面旋转某角度,再经过偏振镜(Ⅱ)投射到光电倍增管上,产生交变的电信号,经过放大后在数码管上显示读数。

2. 旋光仪的零点校正

蒸馏水为非旋光物质,可以用来校正旋光仪的零点(即 $\alpha=0$ 时仪器对应的刻度)。校正时,先洗净样品管,将管的一端加上盖子,并由另一端向管内灌满蒸馏水,在上面形成一凸面,然后盖上玻璃片和套盖,玻璃片紧贴于旋光管,此时管内不应该有气泡存在。但必须注意旋紧套盖时,一手握住管上的金属鼓轮,另一手旋套盖,不能用力过猛,以免玻璃片压碎。然后用吸滤纸将管外的水擦干,再用擦镜纸将样品管两端的玻璃片擦净,放入旋光仪的光路中。打开光源,调节目镜聚焦,使视野清晰,再旋转检偏镜至能观察到三分视野暗度相等为止。记下检偏镜的旋光度 α,重复测量数次,取其平均值。此平均值即为零点,用来校正仪器系统误差。

3. 反应过程的旋光度的测定

将恒温水浴和恒温箱都调节到所需的反应温度(如 15 ℃、25 ℃、30 ℃或 35 ℃)。

用移液管吸取蔗糖溶液 25 mL,注入预先清洁干燥的 50 mL 试管内并加盖;用另一支移液管吸取 25 mL 4 mol·L^{-1} HCl 溶液,置于另一支 50 mL 试管内加盖。将这两支试管一起置于恒温水浴内恒温 10 min 以上,然后取出,擦干管外壁的水珠,把盛有 HCl 溶液的那支试管倒入蔗糖溶液中,同时记下反应开始的时间,迅速混合均匀,立即用少量反应液荡洗旋光管两次,然后将反应液装满旋光管,旋上套盖,放进已预先恒温的旋光仪内,测量各时间的旋光度。第一个数据,要求在反应起始时间前 1~2 min 内进行测定。在以后的 15 min 内,每隔 1 min 测量一次。

4. α_∞ 的测量

反应完毕后,将旋光管内反应液与试管内剩余的反应液合并,置于 50 ℃的水浴内温热 40 min,使其加速反应至完全。然后取出,冷至实验温度下测定旋光度,等 1~2 min,等旋光度变化很小时,记下此时的旋光度,即为 α_∞ 值。

[数据处理]

（1）蔗糖转化反应旋光度的测定结果,如表 5-2 所示。

表 5-2　实验数据

序号	t /min	α_t/(°)	α_∞/(°)	$\alpha_t - \alpha_\infty$/(°)	$\ln(\alpha_t - \alpha_\infty)$
1					
2					
3					
4					
5					
6					
7					
8					

（2）作 α_t-t 曲线图。

（3）作 $\ln(\alpha_t - \alpha_\infty)$-$t$ 图。

由计算机作线性拟合可得斜率,即测得反应速率常数和反应半衰期。

[实验习题]

（1）在用旋光法测定蔗糖转化反应的速率常数的实验中,用蒸馏水来校正旋光仪的零点,试问在蔗糖转化反应过程中所测定的旋光度 α_t 是否必须进行零点校正?

（2）配制蔗糖溶液和盐酸溶液时,是将盐酸加到蔗糖溶液里,可否将蔗糖溶液加到盐酸溶液中? 为什么?

实验五十五　丙酮碘化反应的速率方程

[实验目的]

（1）掌握用孤立法确定反应级数的方法。

（2）学会测定酸催化作用下丙酮碘化反应的速率常数。

（3）通过本实验加深对复杂反应特征的理解。

[实验原理]

大多数化学反应都是由若干个基本反应组成的。用实验方法测定反应速率和反应活度的计量关系,是研究反应动力学的一个重要内容。孤立法是动力学研究中常用的一种方法。设计一系列溶液,其中只有某一种物质的浓度不同,而其他物质的浓度均相同,借此可以求得反应对该物质的级数。同样亦可得到各种作用物的级数,从而确立速率方程。

丙酮碘化是一个复杂反应,其反应式为

$$CH_3-\overset{\overset{\displaystyle O}{\|}}{C}-CH_3 + I_2 \xrightarrow{H^+} CH_3-\overset{\overset{\displaystyle O}{\|}}{C}-CH_2I + I^- + H^+$$

设丙酮碘化反应速率方程式为

$$-\frac{dc_{碘}}{dt} = kc_{丙酮}$$

积分可得

$$c_{碘} = -kc_{丙酮}t \tag{1}$$

式中 k 为反应速率常数。

碘在可见光区有很宽的吸收带,可用分光光度计测定反应过程中碘浓度随时间变化的关系。按照比尔定律可得

$$A = -\lg T = -\lg\frac{I}{I_0} = \varepsilon l c_{碘} \tag{2}$$

$$\lg T = -\varepsilon l \frac{dc_{碘}}{dt}t + B$$

式中:A 为吸光度;T 为透光率;I 和 I_0 分别为某一特定波长的光线通过待测溶液和空白溶液后的光强;ε 为吸光系数;l 为样品池光径长度。以 A 对时间 t 作图,斜率为 $\varepsilon l\, dc_{碘}/dt$。测得 ε 和 l,可算出反应速率。

当控制碘为变量时,反应过程中可认为丙酮和盐酸的浓度不变,将式(1)代入式(2)后可得

$$A = -k\varepsilon l c_{丙酮}t$$

[实验用品]

(1)仪器:722 型光栅分光光度计、50 mL 容量瓶、5 mL 移液管。

(2)药品:2.00 mol·L^{-1} 丙酮标准溶液、2.00 mol·L^{-1} 盐酸标准溶液、0.02 mol·L^{-1} I_2 标准溶液。

[实验步骤]

(1)用蒸馏水作为参比溶液,在 1 cm 比色皿样品池里装 2/3 的蒸馏水。打开分光光度计,将波长调至 520 nm 处,合上盖板,调节拉杆位置及 100 旋钮使透光率在 100 位置上。打

开盖板,用透光率旋钮调到 0.000。打开盖板观察是否显示 1,若不显示 1,则可适当增加电流放大器灵敏度挡数,但应尽可能使用低挡数,这样仪器将有更高的稳定性。当改变灵敏度后必须重新校正"0"和"100"。

（2）在 50 mL 容量瓶中移入 10 mL 的 2.00 mol·L^{-1} 盐酸和 10 mL 的 0.02 mol·L^{-1} 的碘溶液,稀释至 30 mL,加入 10 mL 丙酮溶液,稀释至刻度。迅速混匀后,尽快倒入样品池中。读取吸光度读数 A,以后每隔 5 min 读数一次。

［数据处理］

（1）在测试波长为 520 nm、$T=25$ ℃的条件下,随时间 t 的变化,溶液吸光度也发生变化,将相关数据记入表 5-3。

表 5-3　溶液吸光度随时间 t 的变化

t/min	0	5	10	15	20	25	30	35	40
A									

（2）作出溶液的吸光度 A 随时间 t 的变化曲线。

［实验习题］

（1）若将丙酮加至含有碘和盐酸的容量瓶中,并不立即开始计时,而是当混合物稀释至 30 mL 摇匀,并加入比色皿测定透光率时开始计时,这样做是否影响实验结果? 为什么?

（2）影响本实验结果的主要因素是什么?

实验五十六　用最大泡压法测定溶液的表面张力

［实验目的］

（1）了解表面张力的性质、表面自由能的意义以及表面张力和吸附的关系。

（2）掌握用最大泡压法测定表面张力的原理和技术。

（3）学会测定不同浓度乙醇水溶液的表面张力,并会计算表面吸附量和乙醇分子的横截面积。

［实验原理］

1. 表面自由能

从热力学观点来看,液体表面缩小是一个自发过程,这是使体系总自由能减小的过程,欲使液体产生新的表面 ΔA,就需对其做功,其大小应与 ΔA 成正比:

$$-W' = \sigma \cdot \Delta A \tag{1}$$

σ 称为比表面自由能,其量纲为 J·m^{-2},它表示液体表面自动缩小趋势的大小。因其量纲又可以写成 N·m⁻¹，所以 σ 还可称为表面张力。其量值与溶液的成分、溶质的浓度、温度及表面气氛等因素有关。

2. 溶液的表面吸附

根据能量最低原理，当溶质能降低溶剂的表面张力时，溶质在表面层中的浓度比在溶液内部高；反之，溶质在表面层中的浓度比在溶液内部低。这种表面浓度与内部浓度不同的现象叫作溶液的表面吸附。在指定的温度和压力下，溶质的吸附量与溶液的表面张力及溶液的浓度之间的关系遵守吉布斯（Gibbs）吸附方程：

$$\Gamma = -\frac{c}{RT} \times \left(\frac{\partial \gamma}{\partial c}\right)_T \tag{2}$$

式中：Γ 为溶质在气-液界面上的吸附量，$mol \cdot m^{-2}$；T 为热力学温度，K；c 为稀溶液浓度，$mol \cdot L^{-1}$；R 为摩尔气体常数。

当 $\left(\frac{\partial \gamma}{\partial c}\right)_T < 0$ 时，$\Gamma > 0$，这种表面吸附称为正吸附；当 $\left(\frac{\partial \gamma}{\partial c}\right)_T > 0$ 时，$\Gamma < 0$，这种表面吸附称为负吸附。

前者表明加入溶质使液体表面张力下降，此类物质叫表面活性物质；后者表明加入溶质使液体表面张力升高，此类物质叫非表面活性物质。本实验测定正吸附情况。

3. 饱和吸附量和溶质分子的横截面积

在一定的温度下，吸附量 Γ 与浓度 c 之间的关系，可用朗格缪尔（Langmuir）吸附等温式表示：

$$\Gamma = \Gamma_\infty \frac{Kc}{1+Kc} \tag{3}$$

式中：Γ_∞ 为饱和吸附量；K 为经验常数，其值与溶质的表面活性大小有关。将上式两边同时取倒数并乘以 c，即可化成如下直线方程：

$$\frac{c}{\Gamma} = \frac{1+Kc}{K\Gamma_\infty} = \frac{1}{K\Gamma_\infty} + \frac{c}{\Gamma_\infty} \tag{4}$$

以 c/Γ 对 c 作图，得一直线，该直线的斜率为 $\frac{1}{\Gamma_\infty}$。

如果以 N 代表 1 m² 表面上溶质的分子数，则有

$$N = \Gamma_\infty L \tag{5}$$

其中 L 为阿伏加德罗常数，由此可得每个溶质分子在表面上所占据的横截面积为

$$\sigma_B = \frac{1}{\Gamma_\infty L} \tag{6}$$

4. 表面张力的测定方法——最大泡压法

当毛细管下端端面与被测液体液面相切时，液体沿毛细管上升。打开抽气瓶（滴液漏斗）的活塞缓缓放水抽气，此时测定管中的压力 p_r 逐渐减小，毛细管中的大气压 p_0 就会将管内液面压至管口，并形成气泡。其曲率半径恰好等于毛细管半径 r 时，根据拉普拉斯（Laplace）公式，此时能承受的压力差最大：

$$\Delta p_{max} = p_0 - p_r = \frac{2\sigma}{r}$$

$$(7)$$

随着放水抽气,大气压力将该气泡压出管口,曲率半径再次增大,此时气泡表面膜所能承受的压力差必然减少,而测定管中的压力差却在进一步加大,故导致气泡立即破裂。最大压力差可通过数字式微差测量仪得到。

用同一个毛细管分别测定具有不同表面张力(σ_1 和 σ_2)的溶液时,可得下列关系:

$$\sigma_1 = \sigma_2 \times \frac{\Delta p_{max1}}{\Delta p_{max2}} = K'\Delta p_{max1}$$

$$(8)$$

其中 K' 称为毛细管常数,可用已知表面张力的物质来确定。

[实验用品]

(1)仪器:表面张力测定装置、恒温水浴、阿贝折光仪、滴管、20 mL 烧杯。
(2)药品:乙醇(分析纯)。

[实验步骤]

(1)配置溶液:用称重法粗略配制 5%、10%、15%、20%、25%、30%、35%、40% 的乙醇水溶液各 50 mL 待用。

(2)调节恒温水浴至 25 ℃(或 30 ℃)。

(3)测定毛细管常数:将玻璃器皿认真洗涤干净,在测试管中注入蒸馏水,使管内液面刚好与毛细管口接触,置于恒温水浴内恒温 10 min。毛细管需垂直放置,注意液面位置,然后按图 5-25 接好测量系统。慢慢打开抽气瓶活塞,注意气泡形成的速率应保持稳定,通常控制在每分钟 8~12 个气泡为宜,即数字式微差测量仪的读数(瞬间最大压差)在700~800 Pa 之间。读数三次,取平均值。

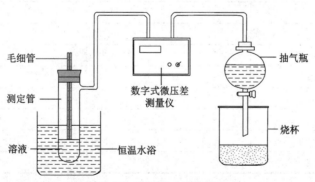

图 5-25 表面张力测定装置

(4)测量乙醇溶液的表面张力:按实验步骤(3)从稀到浓依次测量不同浓度的乙醇溶液。每次测量前必须用少量被测溶液洗涤试管,尤其是毛细管部分,确保毛细管内外溶液的浓度一致。

(5)分别测定乙醇溶液的折光率。

[数 据 处 理]

1. 数据记录

相关实验数据如表 5-4 所示。

表 5-4　相关实验数据

项目	微压差 Δp/kPa	折光率 n
水		
5% 乙醇溶液		
10% 乙醇溶液		
15% 乙醇溶液		
20% 乙醇溶液		
25% 乙醇溶液		
30% 乙醇溶液		
35% 乙醇溶液		
40% 乙醇溶液		

2. 数据处理

（1）以纯水的测量结果按方程计算 K' 值。

（2）根据所测折光率，由实验室提供的浓度 – 折光率工作曲线查出各溶液的浓度，记入表 5-5 中。

表 5-5　各溶液的折光率和浓度

项目	折光率 n	浓度 /(mol·L^{-1})
5% 乙醇溶液		
10% 乙醇溶液		
15% 乙醇溶液		
20% 乙醇溶液		
25% 乙醇溶液		
30% 乙醇溶液		
35% 乙醇溶液		
40% 乙醇溶液		

（3）分别计算各种浓度溶液的 σ 值，列入表 5-6 中。

表 5-6　相关数据和计算结果

	压力差 $\Delta p/kPa$	折光率	溶液浓度 / $(mol \cdot L^{-1})$	表面张力 σ	$\left(\dfrac{d\sigma}{dc}\right)_T$	c/Γ /m^{-1}
5% 乙醇溶液						
10% 乙醇溶液						
15% 乙醇溶液						
20% 乙醇溶液						
25% 乙醇溶液						
30% 乙醇溶液						
35% 乙醇溶液						
40% 乙醇溶液						

（4）作 σ-c 图,并在曲线上取 10 个点,求得相应的斜率为 $\left(\dfrac{d\sigma}{dc}\right)_T$。

（5）根据方程求算各浓度的吸附量,作出 c/Γ-c 图,由直线斜率求取 Γ_∞,并计算 σ_B 值。

[实验习题]

（1）在测量中,如果抽气速度过快,对测量结果会有何影响?

（2）将毛细管末端插入溶液内部进行测量是否可行? 为什么?

（3）本实验中为什么要读取最大压力差?

（4）表面张力仪（玻璃器皿）的清洁与否和温度的稳定与否对测量数据有何影响?

第六单元　综合、创新设计实验

实验五十七　三草酸合铁(Ⅲ)酸钾的制备和组成测定

[实验目的]

(1)掌握合成 $K_3Fe[(C_2O_4)_3]\cdot 3H_2O$ 的基本原理和操作技术。

(2)加深对铁(Ⅲ)和铁(Ⅱ)化合物性质的了解。

(3)掌握容量分析等基本操作。

[实验原理]

本实验以硫酸亚铁铵为原料,其与草酸在酸性溶液中发生反应得到草酸亚铁沉淀,然后草酸亚铁沉淀在草酸钾和草酸的存在下,被过氧化氢氧化,得到铁(Ⅲ)草酸配合物。

主要反应为

$$FeSO_4\cdot(NH_4)_2SO_4\cdot 6H_2O + H_2C_2O_4 \longrightarrow FeC_2O_4\cdot 2H_2O \downarrow (黄色) + (NH_4)_2SO_4 + H_2SO_4 + 4H_2O$$

$$6FeC_2O_4\cdot 2H_2O + 3H_2O_2 + 6K_2C_2O_4 \longrightarrow 4K_3[Fe(C_2O_4)_3]\cdot 3H_2O + 2Fe(OH)_3 \downarrow$$

加入适量草酸可使 $Fe(OH)_3$ 转化为三草酸合铁(Ⅲ)酸钾:

$$2Fe(OH)_3 + 3H_2C_2O_4 + 3K_2C_2O_4 \longrightarrow 2K_3[Fe(C_2O_4)_3]\cdot 3H_2O$$

加入乙醇,放置,即可析出产物的结晶,通过化学分析确定配离子的组成。

草酸根在酸性介质中可被高锰酸钾定量氧化,反应式为

$$5C_2O_4^{2-} + 16H^+ + 2MnO_4^- = 10CO_2 \uparrow + 2Mn^{2+} + 8H_2O$$

用 $KMnO_4$ 标准溶液在酸性介质中滴定 $C_2O_4^{2-}$,由消耗的高锰酸钾的量以及根据上面的反应式,便可计算出草酸根含量。

Fe^{3+} 含量的测定,可先用过量锌粉将 Fe^{3+} 还原为 Fe^{2+},然后再用 $KMnO_4$ 标准溶液滴定 Fe^{2+},其反应式为

$$Zn + 2Fe^{3+} = 2Fe^{2+} + Zn^{2+}$$

$$5Fe^{2+} + 8H^+ + MnO_4^- = 5Fe^{3+} + Mn^{2+} + 4H_2O$$

由消耗的高锰酸钾的量便可计算出铁的含量。

[实验用品]

(1)仪器:托盘天平、分析天平、抽滤装置、烧杯、电炉、移液管、容量瓶、锥形瓶、量筒、试管、表面皿、玻璃棒、点滴板、恒温水浴槽、恒温干燥箱。

(2)药品:硫酸亚铁铵,3 mol·L⁻¹、1 mol·L⁻¹硫酸溶液,饱和草酸溶液,饱和草酸钾溶液,

氯化钾(分析纯),300 g·L^{-1}硝酸钾溶液,95%乙醇水溶液,乙醇-丙酮混合液(1:1),5%六氰合铁(Ⅲ)酸钾,3%双氧水溶液,锌粉,草酸钠。

(3)材料:滤纸。

[实验步骤]

1. 草酸亚铁的制备

称取 5 g 硫酸亚铁铵固体放在 250 mL 烧杯中,然后加 15 mL 蒸馏水和 5 至 6 滴 1 mol·L^{-1} H$_2$SO$_4$,加热溶解后再加入 25 mL 饱和草酸溶液,加热搅拌至沸,然后不断搅拌,防止飞溅。维持 4 min 后,停止加热,静置。待黄色晶体 FeC$_2$O$_4$·2H$_2$O 沉淀后倾析,弃去上层清液,加入 20 mL 蒸馏水洗涤沉淀,搅拌并温热,静置,弃去上层清液,即得黄色沉淀草酸亚铁。

2. 三草酸合铁(Ⅲ)酸钾的制备

往草酸亚铁沉淀中,加入 10 mL 饱和 K$_2$C$_2$O$_4$ 溶液,水浴加热至 313 K,恒温下慢慢滴加 3% 的 H$_2$O$_2$ 溶液 20 mL,边加边搅拌,沉淀转为深棕色。检测 Fe^{2+} 是否存在。加完后将溶液加热至沸,然后加入 20 mL 饱和草酸溶液,沉淀立即溶解,溶液转为绿色。趁热过滤,将滤液转入 100 mL 烧杯中,加入 95% 的乙醇水溶液 25 mL,混匀后冷却,可以看到烧杯底部有晶体析出。为了加快结晶速度,可往其中滴加 KNO$_3$ 溶液。固体产品置于一表面皿上,置暗处晾干。称重并计算产率。

3. 高锰酸钾溶液浓度的标定

称取 1.6 g 左右的高锰酸钾配成 500 mL 溶液。准确称取 0.13~0.17 g Na$_2$C$_2$O$_4$ 三份,分别置于三个 250 mL 锥形瓶中,然后各加水 50 mL 使其溶解,分别加入 10 mL 3 mol·L^{-1} H$_2$SO$_4$ 溶液,在水浴上加热到 75~85 ℃,趁热用待标定的 KMnO$_4$ 溶液滴定,开始时滴定速率应慢,待溶液中产生了 Mn^{2+} 后,滴定速率可适当加快,但仍须逐滴加入,滴定至溶液呈现微红色并持续 30 s 内不褪色即为终点。根据每次滴定中 Na$_2$C$_2$O$_4$ 的质量和消耗的 KMnO$_4$ 溶液体积,计算出 KMnO$_4$ 溶液的浓度。

4. 草酸根浓度的标定

把制得的 K$_3$Fe[(C$_2$O$_4$)$_3$]·3H$_2$O 在 50~60 ℃下于恒温干燥箱中干燥 1 h,在干燥器中冷却至室温,精确称取样品 0.2~0.3 g,在烧杯中溶解,放入 250 mL 中定容,分别取三份 25.00 mL 试液于三个锥形瓶中,各加入 25 mL 水和 5 mL 1 mol·L^{-1} H$_2$SO$_4$ 溶液,用标准 0.020 00 mol·L^{-1} KMnO$_4$ 溶液滴定。滴定时先滴入 8 mL 左右的 KMnO$_4$ 标准溶液,然后加热到 343~358 K(不高于 358 K)直至紫红色消失。再用 KMnO$_4$ 滴定热溶液,直至微红色在 30 s 内不消失。记下消耗 KMnO$_4$ 标准溶液的总体积,计算 K$_3$Fe[(C$_2$O$_4$)$_3$]·3H$_2$O 中草酸根的质量分数,并换算成物质的量。滴定后的溶液保留待用。

5. 铁含量的测定

在上述滴定过草酸根的保留液中加锌粉还原,至黄色消失。加热 3 min,使 Fe^{3+} 完全转变为 Fe^{2+},抽滤,用温水洗涤沉淀。将滤液转入 250 mL 锥形瓶中,再利用 KMnO$_4$ 溶液滴定至滤液显微红色,计算 $K_3Fe[(C_2O_4)_3]$ 中铁的质量分数,并换算成物质的量。

[数据处理]

(1)高锰酸钾浓度的标定,相关实验数据和计算结果见表 6-1。

表 6-1　标定高锰酸钾浓度的相关实验数据和计算结果

编号	1	2	3
$m_{草酸钠}$/g			
$V_{高锰酸钾}$/mL			
$c_{高锰酸钾}$/(mol·L^{-1})			
$\bar{c}_{高锰酸钾}$/(mol·L^{-1})			

(2)草酸根含量的测定,相关实验数据和计算结果见表 6-2。

表 6-2　测定草酸根含量的相关实验数据和计算结果

编号	1	2	3
$V_{高锰酸钾}$/mL			
$n_{草酸根}$/mol			
$\bar{n}_{草酸根}$/mol			

(3)铁含量的测定,相关实验数据和计算结果见表 6-3。

表 6-3　测定铁含量的相关实验数据和计算结果

编号	1	2	3
$V_{高锰酸钾}$/mL			
$n_{Fe^{2+}}$/mol			
$n_{Fe^{3+}}$/mol			
$\bar{n}_{Fe^{3+}}$/mol			

(4)三草酸合铁酸钾产率的计算。

通过实验原理中的化学方程式可知硫酸亚铁铵与三草酸合铁(Ⅲ)酸钾的物质的量相同,所以

$$\begin{matrix} 三草酸合铁(Ⅲ)酸钾 \\ 的理论产量 \end{matrix} = \frac{称取的硫酸亚铁铵的质量 \times 三草酸合铁(Ⅲ)酸钾的相对原子质量}{硫酸亚铁铵的相对原子质量}$$

[实验习题]

（1）能否用 $FeSO_4$ 代替硫酸亚铁铵来合成 $K_3Fe[(C_2O_4)_3]$？这时可用 HNO_3 代替 H_2O_2 作为氧化剂，写出用 HNO_3 作为氧化剂的主要反应式。你认为用哪个作为氧化剂较好？为什么？

（2）根据三草酸合铁（Ⅲ）酸钾的合成过程及它的 TG 曲线，你认为该化合物应如何保存？

（3）在三草酸合铁（Ⅲ）酸钾的制备过程中，加入 15 mL 饱和草酸溶液后，沉淀溶解，溶液转为绿色。若往此溶液中加入 25 mL 95% 乙醇水溶液或将此溶液过滤后往滤液中加入 25 mL 95% 的乙醇水溶液，现象有何不同？为什么？对产品质量有何影响？

实验五十八　硫酸亚铁铵的制备

[实验目的]

（1）学会利用溶解度的差异制备硫酸亚铁铵。

（2）从实验中掌握硫酸亚铁、硫酸亚铁铵复盐的性质。

（3）掌握水浴、减压过滤等基本操作。

（4）学会 pH 试纸、吸管、比色管的使用。

（5）学会用目视比色法检验产品质量。

[实验原理]

硫酸亚铁铵又称摩尔盐，是一种透明、浅蓝绿色单斜晶体，比一般的亚铁盐稳定，在空气中不易被氧化。在定量分析中常用摩尔盐来配制亚铁离子的标准溶液。摩尔盐在水中的溶解度比组成它的每一个组分的溶解度都要小，因此溶液经蒸发浓缩、冷却后，复盐在水溶液中首先结晶，形成 $FeSO_4 \cdot (NH_4)_2SO_4 \cdot 6H_2O$ 晶体。本实验利用铁屑溶于稀硫酸，先得到 $FeSO_4$ 溶液。

$$Fe + H_2SO_4 = FeSO_4 + H_2 \uparrow$$

再在 $FeSO_4$ 溶液中加入 $(NH_4)_2SO_4$，使其全部溶解后，经浓缩、冷却，即得溶解度较小的硫酸亚铁铵晶体。

$$FeSO_4 + (NH_4)_2SO_4 + 6H_2O = FeSO_4 \cdot (NH_4)_2SO_4 \cdot 6H_2O$$

比色原理为：$Fe^{3+} + nSCN^- = [Fe(SCN)_n]^{3-n}$（红色）。用比色法可估计产品中所含杂质 Fe^{3+} 的量。Fe^{3+} 能与 SCN^- 生成红色的物质 $[Fe(SCN)]^{2+}$，当红色较深时，表明产品中含 Fe^{3+} 较多；当红色较浅时，表明产品中含 Fe^{3+} 较少。所以，只要将所制备的硫酸亚铁铵晶体与 KSCN 溶液在比色管中配制成待测溶液，将它所呈现的红色与含一定 Fe^{3+} 量所配制成的标准 $[Fe(SCN)]^{2+}$ 溶液的红色进行比较，根据红色深浅程度相仿情况，即可知待测溶液中杂质 Fe^{3+} 的含量，从而可确定产品的等级。

[实验用品]

（1）仪器：台秤，布氏漏斗，抽滤瓶，25 mL 比色管，水浴锅，蒸发皿，10 mL、50 mL 量筒，酒精灯。

（2）药品：3 mol·L⁻¹ H₂SO₄ 溶液、95% 乙醇水溶液、铁屑、$(NH_4)_2SO_4(s)$、1 mol·L⁻¹ Na₂CO₃ 溶液、0.1 mol·L⁻¹ KSCN 溶液。

（3）材料：pH 试纸。

[实验步骤]

1. 铁屑去油污

用电子天平称取 4.0 g 铁屑放入锥形瓶中，加入 100 g·L⁻¹ Na₂CO₃ 溶液 20 mL，缓慢加热约 10 min，用倾析法倾去碱液，用 20 mL 自来水洗涤两次，最后用 20 mL 去离子水将铁屑洗干净（如是用纯净的铁屑，则可省去这一步）。

2. 硫酸亚铁制备

往盛有铁屑的锥形瓶中加入 25 mL 3 mol·L⁻¹ H₂SO₄ 溶液，水浴加热约 30 min，轻轻振摇。在加热过程中应经常摇荡锥形瓶，以加速反应，并不时加入少量去离子水，以补充被蒸发的水分，防止 FeSO₄ 结晶出来。待反应基本完成（即不再产生氢气气泡，约需 15 min）后，再加入适量 3 mol·L⁻¹ H₂SO₄ 溶液以控制溶液的 pH 值不大于 1。趁热减压过滤。用少量热的去离子水洗涤锥形瓶及漏斗上的残渣，抽干，将滤液转至蒸发皿中。将锥形瓶中和滤纸上的铁屑和残渣洗净，收集起来用滤纸吸干后称重，算出已反应的铁屑的量并计算出生成的硫酸亚铁的理论产量。

3. 硫酸亚铁铵的制备

根据 FeSO₄ 的理论产量，计算并称取所需 $(NH_4)_2SO_4$ 固体的用量，然后倒入上面所制得的 FeSO₄ 溶液中，在水浴上加热搅拌，使 $(NH_4)_2SO_4$ 全部溶解，用 3 mol·L⁻¹ H₂SO₄ 溶液调节 pH 值为 1~2。在水浴锅上加热蒸发浓缩直至溶液表面刚出现薄层的结晶时为止（注意：蒸发过程中不宜搅动）。自水浴锅上取下蒸发皿，放置、冷却，即有硫酸亚铁铵晶体析出。待冷至室温后用布氏漏斗抽气过滤，为减少晶体表面附着的水分，可用少量 95% 乙醇水溶液洗涤两次，并继续抽气过滤，取出晶体放在表面皿上晾干片刻，观察晶体的颜色和形状。称重（实际产量）并计算产率。

4. Fe³⁺ 的限量分析

称取 1 g 试样置于 25 mL 比色管中，用 15 mL 不含氧水溶解，再加 2 mL 3 mol·L⁻¹ HCl 溶液和 1 mL 250 g·L⁻¹ KSCN 溶液，继续加入不含氧水稀释至 25 mL 刻度，摇匀，与标准溶液进行目视比色，确定产品的等级。（不含氧水的准备：在 250 mL 锥形瓶中加入 150 mL 纯水，小火煮沸 10~20 min，冷却后备用。）

[实验习题]

（1）在反应过程中,铁和硫酸哪一种应过量,为什么? 反应为什么要在通风橱中进行?

（2）混合液为什么要呈酸性?

（3）怎样确定所需的硫酸铵的用量?

（4）铁屑净化及混合硫酸亚铁和硫酸铵溶液以制备复盐时均需加热,加热时应注意什么问题?

[相关资料]

（1）几种物质的溶解度如表 6-4 所示。不同等级标准溶液 Fe^{3+} 含量如表 6-5 所示。

表 6-4　几种物质的溶解度　　　　　　　　　　　　　（g/100 g H₂O）

温度 /℃	0	10	20	30	40
$FeSO_4 \cdot 7H_2O$	28.8	40.0	48.0	60.0	73.3
$(NH_4)_2SO_4$	70.6	73	75.4	78.0	81
$FeSO_4 \cdot (NH_4)_2SO_4$	12.5	17.2	26.4	33	46
$FeSO_4 \cdot (NH_4)_2SO_4 \cdot 6H_2O$	17.2	31.0	36.47	45.0	—

表 6-5　不同等级标准溶液 Fe^{3+} 含量

规格	I	II	III
Fe^{3+} 含量 /mg	0.050	0.10	0.20

（2）Fe^{3+} 标准溶液的配制:先配制浓度为 0.01 mg·L⁻¹ 的 Fe^{3+} 标准溶液,然后用移液管取 Fe^{3+} 标准溶液 5 mL 于比色管中,加 2 mL 3 mol·L⁻¹ HCl 溶液和 1 mL 250 g·L⁻¹ KSCN 溶液, 继续加入不含氧水稀释至 25 mL 刻度,摇匀。这是一级试剂标准液（其中含 Fe^{3+} 0.050 mg）。再分别取 Fe^{3+} 标准溶液 10 mL 和 20 mL 于比色管中,用同样的方法可配得二级和三级试剂的标准液,其中含 Fe^{3+} 分别为 0.10 mg 和 0.20 mg。

实验五十九　钨磷酸的合成及红外吸收光谱表征

[实验目的]

（1）学会用乙醚萃取法制备 Keggin 型十二钨磷酸并对其进行红外表征。

（2）进一步练习萃取分离操作技术。

[实验原理]

杂多酸作为一种新型催化剂,近年来已广泛应用于石油化工、冶金、医药等许多领域。

在碱性溶液中 Mo(Ⅵ)或 W(Ⅵ)以正钨酸根 MoO_4^{2-}(WO_4^{2-})存在,随着溶液 pH 减小,逐渐聚合为多酸根离子。在上述聚合过程中,加入一定量的磷酸盐或硅酸盐,则可生成有确定组成的钼(钨)杂多酸根离子,如 $[SiMo_{12}O_{40}]^{4-}$、$[PW_{12}O_{40}]^{3-}$ 等。这类钼(钨)杂多酸在水溶液中结晶时,得到高水合状态的杂多酸(盐)结晶,如 $H_m[XMo_{12}O_{40}]\cdot nH_2O$ 或 $H_m[XW_{12}O_{40}]\cdot nH_2O$,后者易溶于水及有机溶剂(乙醚、丙酮等),遇碱分解,在酸性水溶液中较稳定。钨、磷等元素的简单化合物在强酸溶液中易与乙醚生成加合物,以此来制备十二钨磷酸。

$$12WO_4^{2-}+HPO_4^{2-}+23H^+=[PW_{12}O_{40}]^{3-}+12H_2O$$

用乙醚萃取制备十二钨磷酸是一种经典的方法。向反应体系中加入乙醚并酸化,经乙醚萃取后液体分三层。上层是溶有少量杂多酸的醚,中间层是氯化钠、盐酸和其他物质的水溶液,下层是油状的杂多酸醚合物。收集下层进行蒸发,即析出杂多酸晶体。

[实验用品]

(1)仪器:磁力搅拌器、红外吸收光谱仪、烧杯、分液漏斗、蒸发皿、水浴锅。
(2)药品:钨酸钠、磷酸氢二钠、醋酸钠、盐酸、乙醚、3% 双氧水溶液、无水乙醇、醋酸。

[实验步骤]

1. 十二钨磷酸钠溶液的合成

称取 12.5 g $Na_2WO_4\cdot 2H_2O$ 和 2 g 磷酸氢二钠溶于 80 mL 蒸馏水中,加热搅拌使其溶解,在微沸状态下逐滴滴加浓 HCl,待溶液澄清,继续加热 30 s(开始滴入浓 HCl 时有酸沉淀出现,继续滴加浓 HCl 至不再有黄色沉淀时,便可停止滴加,此过程约需 10 min,消耗浓 HCl 约 12.5 mL)。若溶液呈蓝色,表明钨被还原,需向溶液中滴加 3% 的过氧化氢溶液至蓝色褪去,然后将溶液冷却至室温。

2. 酸化、乙醚萃取合成十二钨磷酸

将烧杯中的溶液和析出的少量固体一并过滤,将滤液转移到分液漏斗中,加入 20 mL 乙醚,再加入 5 mL 6 mol·L⁻¹ HCl 溶液,充分振荡萃取后,静置。分出下层油状物于蒸发皿中,加入少量蒸馏水(15~20 滴),搅拌几下,在 60 ℃水浴上蒸发浓缩,直至液体表面有晶膜出现为止。冷却,待乙醚完全挥发后,得白色或浅黄色十二钨磷酸固体。

3. 红外吸收光谱的测定

图 6-1 为 $H_3[PW_{12}O_{40}]\cdot xH_2O$ 的红外吸收光谱,在 600~1 100 cm⁻¹ 之间有 4 个特征反对称峰,分别对应 σ_{as}(P—O_a):1 080 cm⁻¹;σ_{as}(W—O_d):932 cm⁻¹;σ_{as}(W—O_b—W):889 cm⁻¹;σ_{as}(W—O_c—W):801 cm⁻¹。

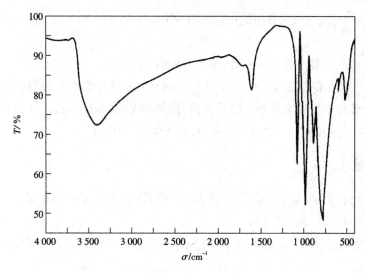

图 6-1　$H_3[PW_{12}O_{40}] \cdot xH_2O$ 的红外吸收光谱

[实验习题]

（1）十二钨磷酸具有较强的氧化性，与橡胶、纸张、塑料等有机物质接触，甚至与空气中的灰尘接触时，均易被还原为"杂多蓝"。因此，在制备过程中，要注意哪些问题？

（2）使用乙醚进行实验时有哪些注意事项？

（3）使用分液漏斗时有哪些注意事项？

实验六十　硫酸铝钾的制备

[实验目的]

（1）了解由金属铝制备硫酸铝钾的原理及过程。

（2）了解复盐的制备及性质。

（3）认识铝及氢氧化铝的两性性质。

（4）巩固蒸发、结晶、沉淀的转移、抽滤、洗涤、干燥等无机物制备的基本操作。

[实验原理]

硫酸铝同碱金属的硫酸盐（K_2SO_4）生成硫酸铝钾复盐 $KAl(SO_4)_2$（俗称明矾）。它是一种无色晶体，易溶于水并水解生成 $Al(OH)_3$ 胶状沉淀，具有很强的吸附性能，是工业上重要的铝盐，可作为净水剂、媒染剂、造纸填充剂等。

金属铝可溶于 NaOH 溶液中，生成可溶性的四羟基铝酸钠 $Na[Al(OH)_4]$，反应式如下：

$$2Al + 2NaOH + 6H_2O \longrightarrow 2Na[Al(OH)_4] + 3H_2 \uparrow$$

金属铝中其他杂质则不溶于 NaOH 溶液中，再用稀硫酸调节此溶液的 pH 值为 8~9，即

有 $Al(OH)_3$ 沉淀产生,分离后在沉淀中加入 H_2SO_4 溶液使 $Al(OH)_3$ 沉淀转化为 $Al_2(SO_4)_3$,反应式如下:

$$2Al(OH)_3 + 3H_2SO_4 \longrightarrow Al_2(SO_4)_3 + 6H_2O$$

在 $Al_2(SO_4)_3$ 溶液中加入等量的 K_2SO_4,二者在水溶液中结合生成溶解度较小的复盐,当冷却溶液时,硫酸铝钾以大块晶体结晶析出,即制得 $KAl(SO_4)_2 \cdot 12H_2O$,反应式如下:

$$Al_2(SO_4)_3 + K_2SO_4 + 12H_2O \longrightarrow 2KAl(SO_4)_2 \cdot 12H_2O$$

[实验用品]

（1）仪器:托盘天平、烧杯、量筒、布氏漏斗、抽滤瓶、滤纸、广泛 pH 试纸、真空泵、蒸发皿、表面皿、酒精灯、石棉网、铁三角。

（2）药品:铝屑、$K_2SO_4(s)$、$3\ mol \cdot L^{-1}\ H_2SO_4$ 溶液、$1:1\ H_2SO_4$ 溶液、$NaOH(s)$。

[实验步骤]

1. $Na[Al(OH)_4]$ 的制备

称取 2.3 g 固体 NaOH,置于 250 mL 烧杯中,加入 30 mL 蒸馏水溶解。称取 1 g 铝屑,分批放入 NaOH 溶液中(由于反应激烈,为防止溅出,应在通风橱中进行),搅拌至不再有气泡产生,说明反应完毕。补充少量蒸馏水使溶液体积约为 40 mL,反应后趁热抽滤。

2. $Al(OH)_3$ 的生成

将滤液转入 250 mL 烧杯中,加热至沸,在不断搅拌下,逐滴滴加 $3\ mol \cdot L^{-1}\ H_2SO_4$ 溶液,使溶液的 pH 值为 8~9,继续搅拌煮沸数分钟,抽滤,用沸水洗涤沉淀,直至洗出液的 pH 值降至 7 左右,抽干。

3. $Al_2(SO_4)_3$ 的制备

将制得的 $Al(OH)_3$ 沉淀转入烧杯中,加入约 16 mL 1:1 H_2SO_4 溶液,并不断搅拌,小火加热使其溶解,得 $Al_2(SO_4)_3$ 溶液。

4. 复盐的制备

将 $Al_2(SO_4)_3$ 溶液与 3.3 g K_2SO_4 固体配成的饱和溶液相混合。搅拌均匀,充分冷却后,减压抽滤,尽量抽干,称重。

5. 实验结果记录

产品 _____ g,产品外观 _____。

$$产率 = \frac{m_{实际}}{m_{理论}} \times 100\%$$

注:$m_{理论}$ 以铝屑量为基准进行计算。

[实验习题]

（1）第一步反应中是碱过量还是铝屑过量? 为什么?

（2）铝屑中的杂质是如何除去的?

（3）如何制得明矾大晶体？

[相关资料]

不同温度下硫酸钾在水中的溶解度如表 6-6 所示。

表 6-6　硫酸钾在水中的溶解度

温度 /℃	0	10	20	30	40	60	80	90	100
溶解度 /（g/100 g 水）	7.4	9.3	11.1	13	14.8	18.2	21.4	22.9	24.1

实验六十一　钴（Ⅲ）配合物的制备

[实验目的]

（1）继续巩固减压过滤、蒸发浓缩等基本操作。

（2）掌握制备金属配合物的最常用方法——水溶液中的取代反应和氧化还原反应，了解其基本原理和方法。

（3）了解并会运用红外光谱和 XRD 粉晶衍射。

[实验原理]

运用水溶液中的取代反应来制取金属配合物,实际上是用适当的配体来取代水合配离子中的水分子。用氧化还原反应制备金属配合物是指在配体存在下将具有不同氧化态的金属化合物适当地氧化或还原以制得该金属配合物。根据有关电对的标准电极电势可知,通常情况下 Co（Ⅱ）盐在水溶液中是稳定的,而 Co（Ⅲ）盐在水溶液中不能稳定存在,但当生成氨配合物后正相反。因此常用空气或过氧化氢等氧化二价钴的化合物的方法来制备三价钴的氨配合物。以氨为配位剂,在不同的条件下可以制备出多种钴（Ⅲ）的氨配合物,如三氯化六氨合钴（Ⅲ）（$[Co(NH_3)_6]Cl_3$, 橙黄色晶体）、二氯化一氯五氨合钴（Ⅲ）（$[CoCl(NH_3)_5]Cl_2$,紫红色晶体）、三氯化五氨一水合钴（Ⅲ）（$[Co(NH_3)_5(H_2O)]Cl_3$,砖红色晶体）。

本实验以活性炭为催化剂,以过氧化氢为氧化剂,在过量氨和氯化铵存在下,将 Co（Ⅱ）氧化为 Co（Ⅲ）,来制备三氯化六氨合钴（Ⅲ）配合物,反应式为

$$2CoCl_2+10NH_3+2NH_4Cl+H_2O_2 = 2[Co(NH_3)_6]Cl_3（橙黄）+2H_2O$$

在改变反应条件的情况下制得配合物 $[CoCl(NH_3)_5]Cl_2$ 和 $[Co(NH_3)_5(ONO)]Cl_2$。

[实验用品]

（1）仪器:电子天平（百分之一）、抽滤装置、研钵、铁架台、漏斗、石棉网。

（2）药品: $CoCl_2 \cdot 6H_2O（s）$, $NH_4Cl（s）$, $NaNO_2（s）$, 浓氨水, 浓 HCl, 2 mol·L^{-1}、6 mol·L^{-1}、8 mol·L^{-1} HCl 溶液,6%、30% H$_2$O$_2$ 溶液,活性炭,乙醇,冰。

[实验步骤]

1. [Co(NH$_3$)$_6$]Cl$_3$ 的制备

称取 3 g 研细的 CoCl$_2$·6H$_2$O(s)和 2 g NH$_4$Cl(s),放入锥形瓶中,再加入 5 mL 去离子水,加热溶解后加入 0.2 g 研细的活性炭,混合均匀,流水冷却后加入 7 mL 浓氨水,进一步用冰水冷却到 10 ℃以下。缓慢加入 7 mL 6% H$_2$O$_2$ 溶液(分数次加入,边加边摇)。然后在水浴中加热到 60 ℃,恒温 20 min 后,先以流水冷却,再用冰水冷却至 0 ℃。抽滤,将沉淀溶于含有 1 mL 浓盐酸的 50 mL 沸水中,趁热过滤。在滤液中逐滴加入 3.5 mL 浓盐酸,以冰水冷却,即有橙黄色晶体析出。抽滤,晶体用 2 mol·L^{-1} HCl 溶液洗涤,再用少量乙醇洗涤,晶体在水浴上烘干。称重并计算产率。

2. [CoCl(NH$_3$)$_5$]Cl$_2$ 的制备

在锥形瓶中将 1.5 g NH$_4$Cl 溶于 6 mL 浓氨水中,待完全溶解后手持锥形瓶不断振摇,使溶液混合均匀,分数次加入 3.0 g CoCl$_2$ 粉末,边加边摇动,加完后继续摇动,使溶液成为棕色的稀浆,再往其中滴加 30% 的 H$_2$O$_2$ 溶液 2~3 mL,边加边摇动,加完后继续摇动。当固体完全溶解,溶液中停止起泡时,慢慢加入 6 mL 8 mol·L^{-1} HCl 溶液,边加边摇动,并在水浴上加热,温度不超过 85 ℃,边摇边加热 10~15 min,然后在室温下冷却混合物并摇动,待完全冷却后过滤出沉淀,用 5 mL 冷水分数次洗涤沉淀,再用 5 mL 冷的 6 mol·L^{-1} HCl 溶液洗涤。产物在 105 ℃左右烘干。

3. [Co(NH$_3$)$_5$(ONO)]Cl$_2$ 的制备

在 20 mL 水和 7 mL 浓氨水的混合液中,溶解制得的 1 g [CoCl(NH$_3$)$_5$]Cl$_2$,在水浴上加热,使其全部溶解,过滤不溶解的物质,待滤液冷却后以 4 mol·L^{-1} 的 HCl 溶液酸化到 pH 值为 3~4,加入 1.0 g 的 NaNO$_2$,搅拌使其溶解,再在冰水浴中冷却结晶,有橙红色的晶体析出。过滤晶体,再用冰冷的水和无水乙醇洗涤,在室温下干燥。

4. 三种配合物的进一步鉴别

(1)三种配合物红外吸收光谱的测定:对所合成的样品进行预处理,并对其进行红外光谱的测定,参考相应文献对特征吸收波数进行归属。

(2)三种配合物 X 射线粉晶衍射的测定:对所合成的样品进行 X 射线粉晶衍射的测定,并参考相应文献对其进行比对和鉴别。

[实验习题]

(1)试从电对 Co^{3+}/Co^{2+}、[Co(NH$_3$)$_6$]$^{3+}$/[Co(NH$_3$)$_6$]$^{2+}$ 的标准电极电势说明钴的化合物通常以 Co(Ⅱ)盐较稳定,而钴(Ⅲ)以配合物状态稳定。

(2)在加入 H$_2$O$_2$ 和浓盐酸时为何都要缓慢加入?它们在制备过程中各起什么作用?

实验六十二 硫酸四氨合铜(Ⅱ)的制备

[实验目的]

（1）了解配合物制备、结晶、提纯的方法，了解硫酸四氨合铜(Ⅱ)的制备原理及制备方法。

（2）进一步练习溶解、抽滤、洗涤、干燥等基本操作。

[实验原理]

一水合硫酸四氨合铜(Ⅱ)（$[Cu(NH_3)_4]SO_4 \cdot H_2O$）为蓝色正交晶体，在工业上用途广泛，常用作杀虫剂、媒染剂，在碱性镀铜工艺中常用作电镀液的主要成分，也用于制备某些含铜的化合物。本实验通过将过量氨水加入硫酸铜溶液中反应得硫酸四氨合铜(Ⅱ)。反应式为

$$CuSO_4 + 4NH_3 + H_2O === [Cu(NH_3)_4]SO_4 \cdot H_2O$$

由于硫酸四氨合铜(Ⅱ)在加热时易失氨，所以其晶体的制备不宜选用蒸发浓缩等常规的方法。硫酸四氨合铜(Ⅱ)溶于水但不溶于乙醇，因此在硫酸四氨合铜(Ⅱ)溶液中加入乙醇，即可析出深蓝色的 $[Cu(NH_3)_4]SO_4 \cdot H_2O$ 晶体。该配合物不稳定，常温下，易与空气中的二氧化碳、水反应生成铜的碱式盐，使晶体变成绿色粉末；在高温下分解成硫酸铵、氧化铜和水，故不宜高温干燥。

[实验用品]

（1）仪器：托盘天平、烧杯、量筒、玻璃棒、布氏漏斗、抽滤瓶、真空泵、表面皿。

（2）药品：五水硫酸铜（分析纯）、氨水（分析纯）、无水乙醇、乙醇与浓氨水(1∶2)混合液、乙醇与乙醚(1∶1)混合液、2 mol·L^{-1} H$_2$SO$_4$ 溶液、2 mol·L^{-1} NaOH 溶液、0.1 mol·L^{-1} Na$_2$S 溶液。

（3）材料：滤纸。

[实验步骤]

1. 制备硫酸四氨合铜(Ⅱ)

用托盘天平称取 5.0 g 五水硫酸铜，放入洁净的 100 mL 烧杯中，加入 10 mL 去离子水，搅拌至完全溶解，加入 10 mL 浓氨水，搅拌使混合均匀（此时溶液呈深蓝色，较为不透光。若溶液中有沉淀，抽滤使溶液中不含不溶物）。沿烧杯壁慢慢滴加 20 mL 无水乙醇，然后盖上表面皿静置 15 min。待晶体完全析出后，减压过滤，晶体用乙醇和浓氨水(1∶2)的混合液洗涤，再用乙醇与乙醚的混合液淋洗，抽滤至干。然后将其在 60 ℃左右烘干，称量。

2. 试验铜氨络离子的性质

取产品 0.5 g,加 5 mL 蒸馏水溶解备用。

(1)取少许产品溶液,滴加 2 mol·L^{-1} H$_2$SO$_4$ 溶液,观察现象。

(2)取少许产品溶液,滴加 2 mol·L^{-1} NaOH 溶液,观察现象。

(3)取少许产品溶液,加热至沸,观察现象;继续加热观察现象。

(4)取少许产品溶液,逐渐滴加无水乙醇,观察现象。

(5)在离心试管中逐渐滴加 0.1 mol·L^{-1} Na$_2$S 溶液,观察现象。

3. 实验结果记录

产品 ＿＿＿g,产品外观 ＿＿＿＿＿＿。

$$产率 = \frac{m_{实际}}{m_{理论}} \times 100\%$$

[实验习题]

为什么使用乙醇和浓氨水(1∶2)的混合液洗涤晶体而不是蒸馏水?

实验六十三　过氧化钙的制备与含量分析

[实验目的]

(1)掌握制备过氧化钙的原理及方法。

(2)掌握过氧化钙含量的分析方法。

(3)巩固无机制备及化学分析的基本操作。

[实验原理]

1. 过氧化钙的制备原理

CaCl$_2$ 在碱性条件下与 H$_2$O$_2$ 反应(或采用 Ca(OH)$_2$、NH$_4$Cl 溶液与 H$_2$O$_2$ 进行反应)得到 CaO$_2$·8H$_2$O 沉淀,反应方程式如下:

$$CaCl_2 + H_2O_2 + 2NH_3·H_2O + 6H_2O == CaO_2·8H_2O \downarrow + 2NH_4Cl$$

2. 过氧化钙含量的测定原理

在酸性条件下,过氧化钙与酸反应生成过氧化氢,用 KMnO$_4$ 标准溶液滴定,从而测得其含量,反应方程式如下:

$$5CaO_2 + 2MnO_4^- + 16H^+ = 5Ca^{2+} + 2Mn^{2+} + 5O_2 \uparrow + 8H_2O$$

[实验用品]

(1)仪器:托盘天平、烧杯、量筒、玻璃棒、布氏漏斗、抽滤瓶、真空泵、表面皿、恒温烘箱等。

（2）药品：$CaCl_2 \cdot 2H_2O$（分析纯）、氨水（分析纯）、30%H_2O_2溶液、0.05 mol $\cdot L^{-1}$ $MnSO_4$ 溶液、0.02 mol $\cdot L^{-1}$ $KMnO_4$ 标准溶液。

（3）材料：滤纸。

[实验步骤]

1. 过氧化钙的制备

称取 7.5 g $CaCl_2 \cdot 2H_2O$，用 5 mL 水溶解，加入 25 mL30%H_2O_2 溶液，边搅拌边滴加由 5 mL 浓 $NH_3 \cdot H_2O$ 和 20 mL 冷水配成的溶液，然后置于冰水中冷却 30 min。抽滤后用少量冷水洗涤晶体 2 至 3 次，然后抽干，置于恒温箱，在 150℃下烘 0.5~1 h，转入干燥器，中冷却后称重，计算产率。

2. 过氧化钙含量的测定

准确称取 0.2 g 样品于 250 mL 锥瓶中，加入 50 mL 水和 15 mL2 mol $\cdot L^{-1}$HCl，振荡使溶解，再加入 1 mL0.05 mol $\cdot L^{-1}$$MnSO_4$，立即用 0.02 mol $\cdot L^{-1}$ 的 $KMnO_4$ 标准溶液滴定溶液呈微红色并且在 30 s 内不褪色为止。平行测定三次，计算过氧化钙含量。

3. 数据记录与处理

（1）产率(%)。

（2）过氧化钙含量。

[注意事项]

（1）反应温度以 0~8 ℃为宜，低于 0 ℃，液体易冻结，使反应困难。

（2）抽滤出的晶体是八水合物，先在 60 ℃下烘 0.5 h 形成二水合物，再在 140 ℃下烘 30 min，得无水 CaO_2。

[实验习题]

（1）所得产物中的主要杂质是什么？如何提高产品的产率与纯度？

（2）CaO_2 产品有哪些用途？

（3）$KMnO_4$ 滴定常用 H_2SO_4 调节酸度，而测定 CaO_2 产品时为什么要用 HCl？对测定结果会有影响吗？如何证实？

（4）测定时加入 $MnSO_4$ 的作用是什么？不加可以吗？

实验六十四　由废弃鸡蛋壳制备丙酸钙

[实验目的]

（1）了解变废为宝理论。

（2）掌握中和法制备丙酸钙的方法。

（3）掌握原子吸收光谱测定的原理与方法。

[实验原理]

丙酸钙是一种新型食品添加剂,是世界卫生组织(WHO)和联合国粮农组织(FAO)批准使用的安全可靠的食品与饲料用防霉剂。丙酸钙对霉菌、酵母菌及细菌等具有广泛的抑制作用。丙酸钙是白色、无味的粉末,因为具有无毒、无色等特点,可作为钙强化剂用于食品添加。

蛋壳中碳酸钙的含量高于 90%,因蛋壳是生物组织,无毒,所以用蛋壳制备的丙酸钙是无毒的。

由废弃鸡蛋壳制备丙酸钙一般用高温煅烧法和直接反应法。高温煅烧法是在高温下煅烧鸡蛋壳,使主要成分 $CaCO_3$ 转化为 CaO,然后与丙酸反应制备丙酸钙。直接反应法是直接将经过壳膜分离后粉碎的鸡蛋壳与丙酸在水浴加热下制备丙酸钙。前一种方法需要高温煅烧,能耗大,成本高,而且在煅烧过程中产生大量 CO_2 和粉尘污染;后一种方法直接采用水浴加热,降低了能耗成本,避免了高温煅烧蛋壳所造成的环境污染,是用鸡蛋壳制备丙酸钙的发展方向。本实验中以废弃鸡蛋壳为原料利用直接反应中和法制备丙酸钙。

[实验用品]

(1)仪器:原子吸收分光光度计、托盘天平、烧杯、量筒、玻璃棒、布氏漏斗、抽滤瓶真空泵、表面皿、恒温烘箱、马弗炉等。

(2)药品:丙酸(分析纯)、盐酸(分析纯)、氯化钙(分析纯)。

(3)材料:滤纸。

[实验步骤]

1. 蛋壳预处理

用自来水清洗蛋壳,去除表面的杂质,晾干,放入烘箱干燥,研碎、备用。

2. 壳膜分离

称取 50 g 蛋壳放入烧杯中,加入 20 mL 浓 HCl、150 mL 蒸馏水作为壳膜分离剂,室温下搅拌 1 h,使壳膜完全分离,静置、回收水面上的蛋壳膜,将蛋壳烘干。

3. 通过中和反应制备丙酸钙

称取 5 g 蛋壳粉,按 1 g 固体对应 10 mL 液体的量加水,保持反应温度为 60 ℃,在不断搅拌下,缓慢加入比理论值多 50% 的丙酸,反应 5 h 后,得到所需溶液。将溶液抽滤,除去不溶物,然后将滤液转移到蒸发皿中蒸发、浓缩,80 ℃干燥,得白色粉末状产品。

4. 产品纯度的测定

1)钙标准溶液的配制

准确称取 0.276 9 g 无水 $CaCl_2$ 溶于 100 mL 容量瓶内,用二次蒸馏水稀释至刻度,充分摇匀后得到 1 mg·mL⁻¹ 钙标准溶液。稀释后得到一系列钙标准溶液(2、4、6、8、10、12、14 μg·mL⁻¹)。

2）待测溶液的配制

为了防止结晶水对实验结果的干扰,取适量的产品放入马弗炉中于 350 ℃下煅烧 2 h,准确称取煅烧产物 0.249 7 g,溶于 100 mL 的容量瓶中,稀释至刻度,摇匀、待用。

3）原子吸收光谱的测定

在波长 422.7 nm 处,测定空白液、上述一系列标准溶液、待测溶液的吸光度,绘制标准曲线,得出回归方程,然后根据回归方程计算出待测溶液中 Ca^{2+} 的浓度,得出产品的纯度。

[实验习题]

（1）实验中蛋壳粉中钙含量可以采用什么方法来进行测定？

（2）中和反应中应该注意什么问题？

实验六十五　注射液中葡萄糖含量的测定

[实验目的]

（1）掌握葡萄糖注射液中葡萄糖含量的测定。

（2）掌握间接碘量法的原理及其操作。

[实验原理]

碱性溶液中，I_2 可歧化成 IO^- 和 I^-，IO^- 能定量地将葡萄糖（$C_6H_{12}O_6$）氧化成葡萄糖酸（$C_6H_{12}O_7$），未与 $C_6H_{12}O_6$ 作用的 IO^- 进一步歧化为 IO_3^- 和 I^-，在溶液被酸化后，IO_3^- 又与 I^- 作用析出 I_2，用 $Na_2S_2O_3$ 标准溶液滴定析出的 I_2，由此可计算出 $C_6H_{12}O_6$ 的含量，有关反应式如下。

I_2 的歧化：

$$I_2 + 2OH^- = IO^- + I^- + H_2O$$

$C_6H_{12}O_6$ 和 IO^- 定量作用：

$$C_6H_{12}O_6 + IO^- = I^- + C_6H_{12}O_7$$

总反应式：

$$I_2 + C_6H_{12}O_6 + 2OH^- = C_6H_{12}O_7 + 2I^- + H_2O$$

反应完毕,剩下未作用的 IO^- 在碱性条件下发生歧化反应：

$$3IO^- = IO_3^- + 2I^-$$

在酸性条件下：

$$IO_3^- + 5I^- + 6H^+ = 3I_2 + 3H_2O$$

析出过量的 I_2 可用标准 $Na_2S_2O_3$ 溶液滴定：

$$I_2 + 2S_2O_3^{2-} = 2I^- + S_4O_6^{2-}$$

由以上反应可以看出，一分子葡萄糖与一分子 NaIO 作用，而一分子 I_2 产生一分子

NaIO,也就是一分子葡萄糖与一分子 I$_2$ 相当。由此可以作为定量计算葡萄糖含量的依据。

[实验用品]

（1）仪器：50 mL 碱式滴定管、25.00 mL 移液管、100 mL 烧杯、250.00 mL 容量瓶。

（2）药品：0.05 mol·L^{-1} I$_2$ 标准溶液、0.1 mol·L^{-1} Na$_2$S$_2$O$_3$ 标准溶液、1 mol·L^{-1} NaOH 溶液、6 mol·L^{-1} HCl 溶液、5% 葡萄糖注射液、0.5% 淀粉溶液。

[实验步骤]

用移液管移取 5% 葡萄糖注射液 25.00 mL 于 250 mL 容量瓶中，加水稀释至刻度线，摇匀。然后移取 25.00 mL 上述溶液于 250 mL 锥形瓶（或碘量瓶）中，准确加入 0.05 mol·L^{-1} I$_2$ 标准溶液 25.00 mL（记录准确读数），慢慢滴加 1 mol·L^{-1} NaOH 溶液，边加边摇，直至溶液呈淡黄色。用小表面皿将锥形瓶盖好，放置 10~15 min，然后加 2 mL 6 mol·L^{-1} HCl 使溶液成酸性，并立即用 Na$_2$S$_2$O$_3$ 标准溶液滴定，至溶液呈浅黄色时，加入淀粉指示剂 2 mL，继续滴至蓝色刚好消失即为终点，记下滴定读数。平行滴定三份，计算葡萄糖的含量。

[数据处理]

将实验数据和计算结果填入表 6-7。根据滴定所消耗的体积计算葡萄糖含量，并计算三次测定结果的相对标准偏差，对测定结果要求相对标准偏差小于 0.3%。

表 6-7　测定葡萄糖含量的相关数据和计算结果

滴定编号	1	2	3
$V($ Na$_2$S$_2$O$_3$ $)/$mL			
葡萄糖的浓度 /（g·L^{-1}）			
葡萄糖的平均浓度 /（g·L^{-1}）			
相对标准偏差			

计算公式为

$$W(C_6H_{12}O_6)=\frac{10\left[c(I_2)V(I_2)-\frac{1}{2}c(Na_2S_2O_3)V(Na_2S_2O_3)\right]\times M(C_6H_{12}O_6)}{25.00\ mL}$$

$$\frac{葡萄糖含量}{标示量}=\frac{W(C_6H_{12}O_6)}{50g·L^{-1}}\times100\%$$

[实验习题]

（1）用间接碘量法测定葡萄糖注射液的质量浓度时，为什么要先加 NaOH 溶液后加 HCl 溶液？

（2）淀粉指示剂的用量为什么要多达 2 mL？和其他滴定方法一样，只加几滴行不行？

（3）为什么在氧化葡萄糖时加碱的速度要慢，且加完后要放置一段时间，而在酸化后要立即用 $Na_2S_2O_3$ 滴定？

[注意事项]

氧化葡萄糖时滴加 NaOH 溶液的速度要慢。如果滴加 NaOH 溶液的速度过快就会使生成的 IO^- 来不及氧化葡萄糖就发生了歧化反应，生成了不与葡萄糖反应的 I^- 和 IO_3^-，使测定结果偏低。

实验六十六　　可溶性钡盐中钡含量的测定

[实验目的]

（1）了解晶形沉淀的沉淀条件、原理和沉淀方法。
（2）练习沉淀的过滤、洗涤、灼烧等重量分析的基本操作。
（3）学会测定可溶性钡盐中钡的含量，并用换算计算测定结果。

[实验原理]

Ba^{2+} 与某些酸根作用，可生成一系列难溶性化合物，如 $BaCO_3$、BaC_2O_4、$BaCrO_4$、$BaSO_4$ 等，其中以 $BaSO_4$ 的溶解度最小（$K_{sp}=1.1 \times 10^{-10}$），并且性质很稳定，其化学组成与分子式相符，满足重量分析对沉淀形式的基本要求，所以可用 SO_4^{2-} 将 Ba^{2+} 沉淀为 $BaSO_4$，沉淀经陈化、过滤、洗涤和灼烧后以 $BaSO_4$ 形式称重，从而求得 Ba^{2+} 的含量。$BaSO_4$ 沉淀初生成时，一般形成细小的晶体，过滤时易穿过滤纸引起沉淀损失，因此进行沉淀时要注意创造和控制有利于生成较大晶体的条件。为此，将 Ba^{2+} 用稀 HCl 酸化（酸化后溶液的酸浓度一般在 $0.05\ mol \cdot L^{-1}$ 左右），然后加热近沸并在不断搅拌下缓慢地加入热的稀 H_2SO_4 溶液，至沉淀完全。

$BaSO_4$ 重量法广泛用于石油重组、煤或焦炭、有机物以及硅盐中硫含量的测定。由于该方法的准确度较高，在分析工作中也常将重量法的测定结果作为标准，校对其他分析方法的准确度。

[实验用品]

（1）仪器：常规玻璃仪器、高温马弗炉、坩埚及坩埚钳、分析天平等。
（2）药品：$2\ mol \cdot L^{-1}$ HCl 溶液、$1\ mol \cdot L^{-1}$ H_2SO_4 溶液、$1\ mol \cdot L^{-1}$ $AgNO_3$ 溶液、可溶性钡盐。

[实验步骤]

精确称取可溶性钡盐试样 0.4~0.5 g 两份，分别置于 400 mL 烧杯中，各加蒸馏水

100 mL,搅拌使试样溶解(注意玻璃棒直至过滤、洗涤完毕才能取出),加入 3mL 2 mol·L^{-1} HCl 溶液,将试样溶液加热至近沸(勿使溶液沸腾溅失)。

在不断搅拌下缓慢滴加稀 H$_2$SO$_4$(1 mL 1 mol·L^{-1} H$_2$SO$_4$ 加水 30 mL 稀释后加热至沸),使沉淀完全(静置,待沉淀沉降后,在上一层清液中加入 1 至 2 滴稀 H$_2$SO$_4$,仔细观察,若无浑浊产生,表示已经完全,否则,应再加入沉淀剂,直至沉淀完全)。盖上表面皿,陈化 12 h,也可在水中加热 30 min,放置冷却。

用致密滤纸进行倾泻过滤,小心将杯中清液沿玻璃棒倾入漏斗中,杯中沉淀用稀 H$_2$SO$_4$(用 2 mL 1 mol·L^{-1} H$_2$SO$_4$ 溶液加 200 mL 水稀释而成)洗涤,每次用量 20~30 mL,直至滤液中不含 Cl$^-$ 为止。将沉淀定量地转移至漏斗中,再用热水在漏斗中洗沉淀 2 至 3 次。

将盛有沉淀的滤纸折成小包,放入已在 800~850 ℃下烧至恒重的瓷坩埚中,烘干,碳化后,放入 800~850 ℃高温炉中灼烧 1 h,取出,稍冷后,置于干燥器内冷却至室温,称量;第二次灼烧 10~15 min,冷却,准确称量至恒重。

[数据处理]

将实验数据和计算结果填入表 6-8。

表 6-8　相关实验数据和计算结果

序号	1	2	3
试样的质量 /g			
空坩埚的质量 /g			
第一次灼烧后 BaSO$_4$+ 坩埚的质量 /g			
第二次灼烧后 BaSO$_4$+ 坩埚的质量 /g			
两次灼烧后 BaSO$_4$ 的质量 /g			
钡含量 /%			
平均钡含量 /%			
相对平均偏差			

根据所得 BaSO$_4$ 和试样的质量,计算 Ba^{2+} 的含量,并计算三次测定结果的相对平均偏差。

计算公式为

$$钡含量 = \frac{m(BaSO_4) \times \dfrac{M(Ba)}{M(BaSO_4)}}{m} \times 100\%$$

式中:$m(BaSO_4)$ 为 BaSO$_4$ 沉淀的质量,g;m 为试样质量,g。

[实验习题]

(1)为什么本实验中试液和沉淀剂都要预先稀释且加热?

（2）沉淀完毕后,为什么要进行陈化?

（3）洗涤至不含 Cl^- 的目的是什么? 如何检查?

（4）为什么要在控制一定酸度的 HCl 介质中进行沉淀?

（5）用倾泻法过滤有什么优点?

（6）什么叫恒重? 怎样才能把灼烧后的沉淀称准?

[注意事项]

（1）盛滤液的容器要洁净,若 $BaSO_4$ 沉淀穿透滤纸,可重新过滤。

（2）沉淀在灼烧时,若空气不足,则 $BaSO_4$ 易被滤纸的碳还原为 BaS,使测定结果偏低,此时可将沉淀用浓 H_2SO_4 润湿,仔细升温灼烧,使其重新转变为 $BaSO_4$。

（3）高温灼烧不应超过 900 ℃,也不应延长时间,若在 1 000 ℃以上灼烧,部分沉淀可能分解。

实验六十七　食品中微量元素和日常生活化学

[实验目的]

（1）了解日用品中化学元素的种类。

（2）掌握鉴别掺假食品的方法。

[实验原理]

在体内含量不足 0.05% 的 15 种微量元素是人体所必需的,它们分别是: Zn、Fe、Cu、Mn、Cr、Mo、Co、Se、Ni、V、Sn、F、I、Si、Br。它们在人体内的含量是平衡的。当人体所处的环境或人的饮食发生变化,这些微量元素含量的平衡状态也会随之变化。长期处于微量元素失衡的环境或长期使用微量元素失衡的食品,均会破坏人体的微量元素平衡,影响人体健康。

1. 微量元素的作用

那么,每种微量元素在人体中究竟有什么样的生理功能呢? 我们重点介绍以下几种。

（1）钙:它是构成骨骼及牙齿的主要成分。钙对神经系统也有很大的影响,当血液中钙的含量减少时,神经兴奋性增高,会发生肌肉抽搐。钙还可帮助血液凝固。

（2）磷:它是身体中酶、细胞核蛋白质、脑磷脂和骨骼的重要成分。

（3）铁:它是制造血红蛋白及其他铁质物质不可缺少的元素。

（4）铜:它是多种酶的主要原料。

（5）钠:它是柔软组织收缩所必需的元素。

（6）钾:钾与钙的平衡对心肌的收缩有重要作用。

（7）镁:可以增强磷酸酶的功能,对骨骼的构成有益;还能维持神经的兴奋,缺乏时有抽搐现象发生。

（8）氟：它可预防龋齿和老年性骨质疏松。

（9）锌：它是很多金属酶的组成成分或酶的激动剂，儿童缺乏时可出现味觉减退、胃纳不佳、厌食和皮炎等。

（10）硒：心力衰竭、克山病、神经系统功能紊乱与缺硒有关。

（11）碘：碘缺乏时，可有甲状腺肿大、智力低下、身体及性器官发育停止等症状。

（12）锰：成人体内锰含量为 12~20 mg。缺乏时可出现糖耐量下降、脑功能下降、中耳失衡等症状。

另外，还需要给大家介绍两种有毒金属：铝和铅。铝可造成低血钙、小儿多动症及关节病等。铅可造成行为及神经系统的异常。平时应少接触它们，以免对身体造成损害。

上述微量元素人们都可以从食品中获取，但是过量摄入将会对人体产生严重的危害。

2. 食品中微量元素及检测方法

1）海带中的碘元素

海带属于褐藻门海带科，藻体褐色，扁平呈带状，最长可达 7 m。基部有固着器树状分枝，用以附着海底岩石。海带生长于水温较低的海中，藻体含有碘、藻胶素、昆布素（多糖类）、脂肪、蛋白质、胡萝卜素、硫胺素、核黄素。它所含营养物质特别丰富，尤其是矿物质。每 100 g 中含 24 mg 碘（为目前已知植物中含量最高的），还含有 1 177 mg 钙和 8.2 g 蛋白质。此外，还含有大量的粗纤维，碳水化合物，胡萝卜素，维生素 B1、B2 等，磷、氟等十几种矿物质和丰富的甘露醇。部分海带还含有特别丰富的铁。值得注意的是，海带中的碘主要以一碘乙酸或二碘乙酸的形式存在（极少量以碘酰化合物形式存在），可以认为碘是以 -1 价的形式存在。

海带中的碘元素可以通过加入氧化剂的方法将 -1 价碘氧化为单质碘，然后通过淀粉显色反应而鉴别。而食盐中的碘则以碘酸钾的形式存在，不能够采用氧化淀粉显色法。

2）菠菜中的铁元素

人体中微量元素含量最高的是铁元素，成年人铁含量为 4~5 g。正常情况下，人体内的铁主要来自食物。多数食物中都含有少量铁，如黑木耳、海带、发菜、菠菜、紫菜、香菇、猪肝、豆类、肉类、血、蛋等。人体对各种食物中铁的吸收量是不同的。从动物的肝、肌肉、血和黄豆等中吸收的铁可达 15%~20%，而谷物、蔬菜或水果则为 1.7%~7.9%。用铁锅做饭菜也能得到相当量的无机铁。其中菠菜含铁量最高（17~20 mg/kg），而且富集在菠菜根部（菠菜根部的红色表明富含胡萝卜素，与铁无关）。菠菜中的铁元素可以通过灰化处理后用酸浸出，也可以通过水浴加热酸浸出法获得，前者多用于定量分析，后者多用于性分析。铁元素定量分析方法非常多，如滴定法、邻二氮菲和磺基水杨酸显色分光光度法、原子吸收等等。定性方法采用硫氰酸铵显色即可，酸性条件下铁离子与硫氰酸根形成红色络合物。

3）骨头中的钙和磷元素

骨组织形式分为两种：密致骨（或称皮质骨）和松质骨（或称小梁骨）。在成熟骨骼中，密致骨结构按照哈佛式系统排列，形成外层（皮质），包绕着内层含有骨髓的疏松小梁状松质骨。密致骨构成骨质的 80%,包含 99% 的人体总钙和 90% 的磷酸盐。骨组织主要包括有机成分(约占 35%)和无机成分(约占 65%)。有机基质由胶原蛋白和糖蛋白构成;无机成分主要有羟基磷灰石、阳离子(钙、镁、钠、钾和锶)和阴离子(硫化物、磷和氯化物)。无机基质中钙主要提供骨骼硬度和压力,有机基质中的胶原纤维提供支撑、张力和一定的韧性,其中磷酸钙含量超过 95%。

骨头中的磷和钙元素的检测,定量方法为灰化,酸浸出,然后进行定量分析。而定性方法为热酸浸出,然后通过加入钼酸铵对磷酸根进行检测,二者反应形成磷钼酸络合物,该络合物为亮黄色。而钙离子可以通过加入钙指示剂或者铬黑 T 在碱性条件下络合显色,生成红色或者酒红色络合物。

4)豆粉中的钙、磷和铁元素

大豆粉的营养成分非常丰富,其蛋白质含量高达 40%,含油 20%,除此之外还含有大豆异黄酮、大豆低聚糖、大豆皂苷、大豆磷脂等保健成分,另含有钙、磷、铁和维生素 E、B1、B2 等人体必需的营养物质。豆粉中的微量元素检测方法同上,但是由于含量很低,因此关键是酸浸出的工艺和灰化效果要好。

3. 日常用品中的化学

1)不宜用火柴梗剔牙

有些人吃完饭顺手从火柴盒中取出一根火柴悠然剔起牙来,殊不知火柴梗在火柴生产过程中早已被制作火柴头的原料污染了,有毒物质乘机就会进入人体,危害健康。大家知道,安全火柴是以硫黄作为还原剂的,所以火柴头除了含有以硫黄为主的火药和玻璃屑等物质外,还含有帮助燃烧的松香、重铬酸钾等。重铬酸钾不仅有毒,而且是一种强烈的致癌物质,所以不要用已被重铬酸钾污染过的火柴剔牙。

检验火柴头中所含 $K_2Cr_2O_7$ 的方法很多,首先把火柴头压碎后用少量酸溶解,向溶液中加适当的还原剂检验 $K_2Cr_2O_7$,或者用与 $Pb(OAc)_2$ 生成黄色 $PbCrO_4$ 沉淀的方法检验 $K_2Cr_2O_7$。

2)消毒剂中的化学

日常生活中常用的几种消毒剂是酒精、浓食盐水、碘酒、双氧水、高锰酸钾和漂白粉等。其中:酒精是靠渗透到细菌菌体内使蛋白质凝固而杀死细菌的;浓食盐水是靠细菌菌体内的水大部分渗透到浓盐水中,导致细胞干瘪致死;其余则依靠自身的强氧化性破坏细菌菌体组织,致细菌于死地,从而达到消毒的目的。

3)指纹鉴定

许多影视作品中常常有指纹破案的情节,通过作案者在案发现场的器物上留下的指纹找到破案的线索。原来,人的手指表面有油脂、汗水等,当手指接触器物后,指纹上的油脂、汗水就会印在器物表面上,尽管人眼不易看出来,但如果用碘蒸气熏,由于碘易溶于油脂等有机物质中并显出一定的颜色,就可以使器物上的指纹显现出来。

4)壁画之谜

世界闻名的敦煌壁画画面上各种人物的脸和皮肤都是灰黑色,而不是正常的黄色或白色,这是怎么回事呢? 经过分析知道,灰黑色物质是 PbS。专家们经过研究认为,原来涂上去的并非 PbS,而是有名的白色颜料——铅白,即碱式碳酸铅($2PbCO_3 \cdot Pb(OH)_2$),它具有很强的覆盖力,涂抹在壁画上应该是雪白的,但由于空气中微量气体长期的作用,发生了如下的化学变化:

$$2PbCO_3 \cdot Pb(OH)_2 + 3H_2S === 3PbS \downarrow + 2CO_2 \uparrow + 4H_2O$$

于是原来白色的脸和皮肤就渐渐变成灰黑色了。

如果要使画面恢复原样,只需取一块软布蘸一些双氧水(H_2O_2)在画面上轻轻擦拭,由于发生了如下的化学变化:

$$PbS + 4H_2O_2 === PbSO_4 + 4H_2O$$

就可以使画面整旧如新了。

人们在日常生活中常常会遇到各类不同的化学问题,有些是常识性的、容易解决的,有些则需要运用化学知识及化学实验技术进行分析,设法加以解决。

4. 掺假食品的鉴别

1)牛奶中掺豆浆的检查

牛奶是一种营养丰富、老少皆宜的食品。正常牛奶为白色或浅黄色均匀胶状液体,无沉淀,无凝块,无杂质,具有轻微的甜味和香味,其成分如表 6-9 所示。

表 6-9　牛奶的成分

成分	水	脂肪	蛋白质	乳糖	灰分
含量 /%	87.35	3.75	3.40	4.75	0.75

在牛奶中掺入价格低得多的豆浆,尽管此时牛奶的密度、蛋白质含量变化不大,可能仍在正常范围内,但由于豆浆中约含 25% 碳水化合物(主要是棉籽糖、水苏糖、蔗糖、阿拉伯半乳聚糖等),它们遇碘后显污绿色,所以利用这种变化可定性地检查牛奶中是否掺有豆浆。

2)掺蔗糖蜂蜜的鉴定

蜂蜜是人们喜爱的营养丰富的保健食品,密度为 1.401~1.433 g·mL^{-1},主要成分是葡萄糖和果糖(占 65%~81%),次要成分包括蔗糖(约占 8%),水(占 16%~25%)以及糊精、非糖物质、矿物质和有机酸等(约占 5%),此外还含有少量酵素、芳香物质、维生素及花粉粒等,因所采花粉不同,其成分也有一定差异。人为地将价廉的蔗糖熬成糖浆掺入蜂蜜中,蜂蜜在外观上也会出现一些变化。掺糖蜂蜜色泽一般比较鲜艳,大多为浅黄色,味淡,回味短,且糖浆味较浓。用化学方法可取掺假样品加水搅拌,如有混浊或沉淀,加 1% $AgNO_3$ 溶液,若有絮状物产生,即为掺蔗糖蜂蜜。

3)亚硝酸钠与食盐的区别

亚硝酸钠($NaNO_2$)是一种白色或浅黄色晶体或粉末,有咸味,很像食盐,因此易被错当食盐使用。如果误食 0.3~0.5 g 亚硝酸钠就会中毒,食后 10 min 就会出现明显中毒症状:呕吐、腹痛、紫绀、呼吸困难,甚至抽搐、昏迷,严重时还会危及生命。亚硝酸钠不仅有毒,而且是致癌物,对人体健康危害很大。

NaNO$_2$在酸性条件下氧化KI生成单质碘,反应式如下:

$$2NaNO_2 + 2KI + 2H_2SO_4 \xrightarrow{\quad\quad} 2NO + I_2 + K_2SO_4 + Na_2SO_4 + 2H_2O$$

单质碘遇淀粉显蓝色,利用该反应就可以把亚硝酸钠与食盐区别开。

[实验用品]

(1)仪器:水浴锅、烧杯(2个)、试管(4支)、试管架、玻璃棒、10 cm吸管(1支)、镊子。

(2)药品:海带溶液、豆粉、骨头、菠菜、亚硝酸钠、氯化钠、淀粉溶液、蜂蜜、蔗糖、牛奶、豆浆、10% 过硫酸铵溶液、硫氰化钾、1 mol·L^{-1} NaOH 溶液、1 mol·L^{-1} HCl 溶液、3 mol·L^{-1} HNO$_3$溶液、5% 钼酸铵溶液、2 mol·L^{-1} H$_2$SO$_4$溶液、铬黑T(1%固体)、碘水溶液、1% KI 溶液、1%AgNO$_3$溶液。

[实验步骤]

(1)碘元素:取 0.5 mL 海带浸出液,加2至3滴淀粉溶液,振荡,加入 0.5 mL 硫酸,振荡,再加入 0.5 mL 过硫酸铵,观察现象。

(2)钙元素:在试管中先加入约 1.5 mL NaOH 溶液,然后加入铬黑T,待溶解后滴加豆粉或者骨头的浸出液,观察现象。

(3)磷元素:在试管中先加入约 1.5 mL 的钼酸铵溶液,然后加入 0.5 mL 硝酸溶液,振荡均匀后,滴加豆粉或者骨头的浸出液,观察现象。

(4)铁元素:在试管中先加入约 1 mL 的硫氰化钾溶液,再滴加豆粉或者菠菜的浸出液,观察现象。

(5)牛奶掺豆浆:取 1 mL 牛奶,加入 1 mL 水,然后加入碘水溶液,观察现象。

(6)真假蜂蜜:取 0.5 mL 蜂蜜,加 1~2 mL 水,然后加入 3~5 滴硝酸银溶液,观察现象。

(7)亚硝酸钠和氯化钠:各取少量固体分别放于两个试管中,加入 2~3 mL 水,充分溶解,加 HCl 或者 H$_2$SO$_4$ 溶液 5~10 滴,再加入淀粉溶液 2 至 3 滴,最后加 KI 溶液 2 至 3 滴,观察现象。

[实验习题]

(1)正常牛奶与掺假牛奶的主要差别是什么? 如何鉴别?

(2)如何区别正常蜂蜜与掺蔗糖蜂蜜?

(3)认识亚硝酸钠当食盐使用的危害,利用它们哪些不同的化学性质识别?

(4)写出几种鉴定铁离子和钙离子的方法。

实验六十八 化学日用品洗发香波的制备

[实验目的]

(1)掌握配制洗发香波的工艺。

（2）了解各组分的作用。

（3）了解工艺顺序在化工生产中的重要性。

[实验原理]

1. 洗发香波的分类

洗发香波（Shampoo）是洗发用化妆洗涤用品，是一种以表面活性剂为主的加香产品。它不但有很好的洗涤作用，而且有良好的化妆效果。在洗发过程中不但去油垢，去头屑，不损伤头发，不刺激头皮，不脱脂，而且洗后头发光亮、美观、柔软，易梳理。

洗发香波种类很多，所以其配方和配制工艺也是多种多样的。按香波的主要成分表面活性剂的种类，可将洗发香波分成阴离子型、阳离子型、非离子型和两性离子型。按香波的不同性质，可将洗发香波分为通用型洗发香波、干性头发用洗发香波、油性头发用洗发香波和中性洗发香波等产品。按液体形态，可分为透明洗发香波、乳状洗发香波、胶状洗发香波。按产品的附加功能，分为去头屑香波、止痒香波、调理香波、消毒香波等。

通过在香波中添加特种原料，改变产品的性状和外观，可制成蛋白质香波、菠萝香波、草莓香波、黄瓜香波、柔性香波、珠光香波等。还有具有多种功能的洗发香波，如兼有洗发、护发作用的"二合一"香波，兼有洗发、去屑、止痒功能的"三合一"香波。

2. 配制原理

现代的洗发香波早已突破了单纯的洗发功能，成为洗发、护发、洁发、美发的化妆型多功能产品。对产品进行配方设计时要遵循以下原则：①具有适当的洗净力和柔和的脱脂作用；②能形成丰富而持久的泡沫；③具有良好的梳理性；④洗后的头发具有光泽、潮湿感和柔顺性；⑤洗发香波对头发、头皮和眼睑要有高度的安全性；⑥易洗涤，耐硬水，在常温下洗发效果应最好；⑦用洗发香波洗发，不应给烫发和染发操作带来不利影响。

3. 主要原料

1）主表面活性剂

这是所有香波的基础。为了满足清洁头发且不伤头发的要求，主表面活性剂需要有高的泡沫性、低的脱脂力、低的头发残留量、容易形成较高体系黏度的胶团结构等。由于阴离子表面活性剂具备了上述优点，所以成为首选，常用的有十二烷基硫酸铵 / 钠、十二烷基聚氧乙烯硫酸铵 / 钠等。

2）辅表面活性剂

由于阴离子表面活性剂清洁性能好，脱脂力很强，过度使用会损伤头发，婴儿香波更不可多用，因此需配入辅表面活性剂，它们在降低体系的刺激性、调整稠度、稳定体系、增泡稳泡方面起到重要作用。常用的辅表面活性剂包括非离子表面活性剂和两性表面活性剂。两性表面活性剂，如早期的各式甜菜碱，后来的椰油两性醋酸钠，也包括一些氨基酸类表面活性剂。非离子表面活性剂包括广为使用的椰油基单乙醇酰胺、椰油基二乙醇酰胺（CDEA）等。近年来由于 CDEA 的致癌性研究多有报道，使用者渐少，而新型的非离子表面活性剂，如烷基糖苷、椰油基 / 异硬脂基聚丙二醇酰胺等开始被新的香波体系采用。

3）阳离子表面活性剂

因为头发通常带负电，所以香波体系中的阳离子便有可能吸附到头发上，起到抗静电、改善梳理性等调理效果，并对洗发水的黏度和稳定性有帮助。阳离子能在阴离子体系中稳定存在是因为以下三个原因：①阳离子基团周围有其他基团的空间位阻，直接与阴离子表面活性剂发生反应的可能性较小；②结构中拥有亲水基团；（有了上述两个特点，阳离子表面活性剂便有机会与头发蛋白分子之间产生较强的电荷和氢键结合，在洗发时不易被洗去，从而起到调理毛发的功效）③体系中相对少量的阳离子与相对大量的阴离子表面活性剂形成复盐，能很好地溶解于水中。此类表面活性剂多不胜数，读者可自行检索。

4）油类、硅油类物质

此类物质的首要作用是改善梳理性、顺滑感、光亮度。它们应不易被表面活性剂胶团增溶或乳化，最好能以较粗的分散体形式悬浮于体系中，在体系只保持相对稳定，遇到新的界面（如毛发表面），就会很快吸附。由于硅油添加量大，而且硅油的密度通常比香波体系的密度小，所以会对体系的稳定性有破坏作用。

此外，研究人员会发现油脂在香波体系也有一定功效。比如聚丙二醇-15硬脂醇醚在冲水时和吹干后对头发的光滑感有相当帮助，四异硬脂酸季戊四醇酯对干湿状态下的头发顺滑感有明显改善等。

5）珠光剂

珠光剂在洗发水体系中的作用不用多说，这里简述一下其形成过程：①温度高时以被增溶状态或乳化液状态存在；②冷却下，微胶束收缩，不溶解的珠光剂从微胶束中释放至水/表面活性剂的界面，并进一步结晶出来；③薄薄的液晶层形成，微观下观察它们呈扁平状或球状，反射光线，这便是肉眼所见的珠光。

6）保湿剂

保温剂包括甘油、丙二醇等多元醇。虽然甘油有时候带来燥感，但它可以改善泡沫的湿润度，使洗发香波有很好的手感。

7）pH调节剂

用一些弱的有机酸/无机酸类，如柠檬酸、磷酸等配制缓冲体系，可令体系的pH环境更稳定，甚至可耐生产过程中配料偏差带来的冲击，所以香波在体系中宜建立缓冲体系。

8）黏度调节剂

洗发水为浓表面活性剂胶团溶液体系，电解质的加入可使胶团往大的方向发展，所以氯化钠、氯化铵、氯化钙等常常被用到。通过控制胶束来增稠的时候要注意，胶团结构会从棒状变到六方晶相，如果无机盐过量，胶团结构会进一步变为大层状，黏度反而下降，所以加入量需要认真斟酌。

9）营养、护理成分

营养、护理成分主要包括维生素、氨基酸、植物提取液、胶原蛋白、去头皮屑剂等等。

10）螯合剂

为了抵抗硬水对泡沫和清洁力的影响，需要添加螯合剂，最常用的是EDTA钠盐，它同时有稳定色泽的作用。

11)香精、防腐剂、色素

防腐剂可防止香波腐败变质,常用的防腐剂有尼泊金甲酯和丙酯及其混合物、布罗波尔、凯松、杰马等。抗氧化剂可防止香波某些成分被氧化,常用的抗氧化剂有 BHT、BHA 和维生素 E 等。

4. 常用配方

1)透明液体香波

透明液体香波是最流行的一类香波,一般黏度较低,选择组分时必须考虑在低温下仍能保持清澈透明。

配方 1:	33% 三乙醇胺月桂酸基硫酸盐	45%
	椰子单乙醇酰胺	2%
	香精、色素、防腐剂	适量
	蒸馏水	加到 100%
配方 2:	月桂酸氨基丙酸	10%
	33% 三乙醇胺月桂酸基硫酸盐	25%
	椰子二乙醇酰胺	2.5%
	乳酸	调 pH 至 4.5~5.0
	香精、色素、防腐剂	适量
	蒸馏水	加到 100%

2)液露香波

液露香波也称为液体乳状香波,它与透明液体香波的主要区别是组成中含有一定量的不透明组分。如脂肪酸金属盐或乙二醇酯等。

配方 3:	月桂酸硫酸钠	25%
	聚乙二醇(400)二硬脂酸酯	5%
	硬脂酸镁	2%
	脂肪酸烷醇酰胺、香精	适量
	蒸馏水	加到 100%

3)儿童香波

儿童香波应采用极温和的表面活性剂,使其具有温和的除油去污作用,不刺激皮肤和眼睛。

配方 4:	30% 3-椰子酰胺基丙基二甲基甜菜碱	17.1%
	三癸醚硫酸盐	8.3%
	聚氧乙烯(100)山梨糖醇单月桂酸酯	7.5%
	色素、防腐剂	适量
	蒸馏水	加到 100%

4）膏状香波及胶凝香波

常使用高浓度月桂酸基硫酸钠膏或其他在室温下难溶解，而高于室温又能溶解的表面活性剂。为增加稠度，需加少量硬脂酸钠或皂类。

配方 5：	月桂基硫酸钠	20%
	椰子单乙醇酰胺	1%
	单丙二醇硬脂酸酯	2%
	硬脂酸	5%
	苛性钠	0.75%
	香精、色素、防腐剂	适量
	蒸馏水	加到100%

5）抗头屑和药物香波

上述各类香波均可以添加适当的药物，制成具有一定功效的药物香波。

配方 6：	三乙醇胺月桂基硫酸盐	15%
	月桂酸二乙醇酰胺	3%
	抗菌剂	0.5%~10%
	色素、香精	适量
	蒸馏水	加到100%

* 配方中各原料均按质量分数计算。

常见配方见表6-10。

表6-10　透明洗发香波的参考配方（质量比）

名称	配方 1	配方 2	配方 3	配方 4
脂肪醇聚氧乙烯醚硫酸钠（AES）（70%）	14~16	7~8	9~10	2.0
脂肪酸二乙醇酰胺（6501、尼诺尔）（70%）	0	3~4	5~6	6.0
十二烷基硫酸钠（LAS-Na）（1%）	100	50	50	0
十六烷基氯化铵	0	0	0.5	0.3
卡松（防腐剂）	0.1	0.1	0.1	0
甘油	5	5	5	6
柠檬酸（20%）	0	0	pH=8~9	pH=7~8
EDTA-2Na（10%）	0.5	0.5	0.5	0.5
NaCl（20%）	适量	适量	适量	适量
薄荷香精乙醇溶液	适量	适量	适量	适量
去离子水	0	50	50	100
功能	基础配方	传统配方	常用配方	婴儿配方

[实验用品]

（1）仪器：250mL 烧杯、托盘天平、水浴锅、玻璃棒。

（2）药品：甘油、5% 薄荷香精乙醇溶液、尼诺尔 6501、1% 十二烷基硫酸钠溶液、AES、十六烷基氯化铵、20% 柠檬酸溶液、10%EDTA-2Na 溶液、20%NaCl 溶液。

（3）材料：pH 试纸。

[实验步骤]

（1）将去离子水（或者 LAS 水溶液）称量后加入 250 mL 烧杯中，将烧杯放入水浴锅中加热至 60 ℃。

（2）加入 AES 并不断搅拌至全部溶解，控制在 60~65 ℃。

（3）保持水温 60~65 ℃，在连续搅拌下加入其他表面活性剂至全部溶解，再加入保湿剂和 EDTA，缓缓搅拌使其溶解。

（4）降温至 40 ℃以下加入香精、防腐剂、染料、螯合剂等，搅拌均匀。

（5）测 pH 值，用柠檬酸调节。

（6）温度接近室温时加入食盐调节到所需黏度。

[实验习题]

（1）洗发香波的配制原则有哪些？

（2）配制洗发香波的主要原料有哪些？为什么必须控制香波的 pH 值？

（3）可否用冷水配制洗发香波？如何配制？

[注意事项]

（1）加入顺序不应随意改动。

（2）调节黏度时，NaCl 溶液一开始可适当滴快些，但当黏度明显增大时，应减慢滴加速度。

附　录

附录 I　化学实验常用仪器

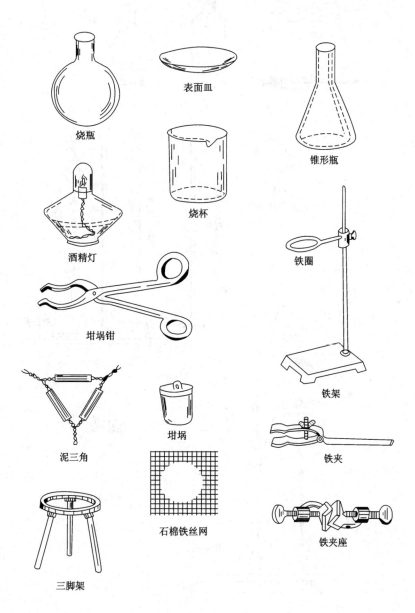

烧瓶　表面皿　锥形瓶　烧杯　酒精灯　铁圈　坩埚钳　铁架　泥三角　坩埚　铁夹　石棉铁丝网　铁夹座　三脚架

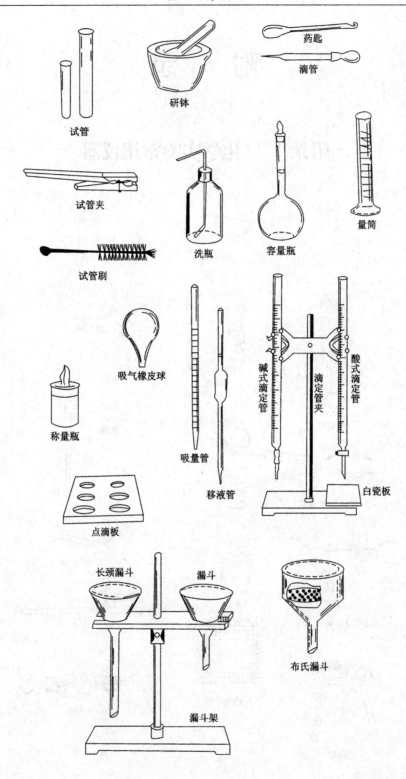

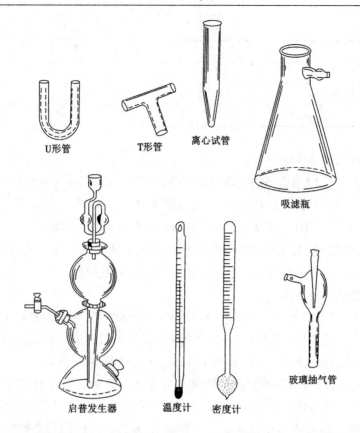

U形管　　　T形管　　　离心试管　　　吸滤瓶

启普发生器　　温度计　密度计　　玻璃抽气管

附录Ⅱ　化学实验室的"三废"处理

　　化学实验室的"三废"种类繁多,实验过程中产生的有毒气体和废水排放到空气中或下水道,同样会对环境造成污染,危害人们的健康。如:SO_2、NO、Cl_2 等对人体的呼吸道有强烈的刺激作用,对植物也有伤害作用;As、Pb 和 Hg 等的化合物进入人体后,不易分解和排出,长期积累会引起胃痛、皮下出血、肾功能损伤等;氯仿、四氯化碳等能导致肝癌;多环芳烃能导致膀胱癌和皮肤癌;Cr_2O_3 接触皮肤破损处会引起溃烂不止等。故对实验过程中产生的有毒有害物质进行处理十分必要。常用吸附剂及处理的吸附质见表1。

表 1　常用吸附剂及处理的吸附质

固体吸附剂	处 理 物 质
活性炭	H_2S、SO_2、CO、CO_2、NO_x、CCl_4、CS_2、CH_3Cl、Cl_2、苯、甲苯、二甲苯、丙酮、乙醇、乙醚、甲醛、汽油、乙酸乙酯、苯乙烯、氯乙烯、恶臭物
浸渍活性炭	SO_2、Cl_2、H_2S、HF、HCl、Hg、HCHO、CO、CO_2、NH_3、烯烃、胺、酸雾、硫醇
活性氧化铝	H_2O、H_2S、HF、SO_2
浸渍活性氧化铝	Hg、HCl、HCHO、酸雾
硅胶	H_2O、C_2H_2、SO_2、NO_x
分子筛	H_2O、H_2S、HF、SO_2、NH_3、NO_x、CCl_4、C_mH_n、CO_2

固体吸附剂	处理物质
焦炭粉粒	沥青烟
白云石粉	沥青烟
蚯蚓粪类	恶臭类物质

1. 常用的废气处理方法

（1）溶液吸收法：即用适当的液体吸收剂处理气体混合物，除去其中有害气体。常用的液体吸收剂有水、碱性溶液、酸性溶液、氧化剂溶液和有机溶剂，它们可用于净化含有 SO_2、NO_x、HF、SiF_4、HCl、Cl_2、NH_3、汞蒸气、酸雾、沥青烟和有机物蒸气的废气。

（2）固体吸收法：使废气与固体吸收剂接触，废气中的污染物（吸收质）吸附在固体表面从而被分离出来。此法主要用于净化废气中低浓度的污染物质。

2. 常用的废水处理方法

（1）中和法：对于酸含量为 3%~5% 的酸性废水或碱含量为 1%~3% 的碱性废水，常采用中和处理方法。无硫化物的酸性废水，可用浓度相当的碱性废水中和；含重金属离子较多的酸性废水，可通过加入碱性试剂（如 NaOH、Na_2CO_3）进行中和。

（2）萃取法：采用与水互不相溶但能很好地溶解污染物的萃取剂，使其与废水充分混合，提取污染物，达到净化废水的目的。例如含酚废水就可以二甲苯为萃取剂。

（3）化学沉淀法：在废水中加入某种化学试剂，使之与其中的污染物发生化学反应，生成沉淀，然后进行分离。此法适用于除去废水中的重金属离子（如汞、镉、铜、铅、锌、镍等）、碱金属离子（钙、镁）及某些非金属（砷、氟、硫、硼等）。如：氢氧化物沉淀法可用 NaOH 做沉淀剂处理含重金属离子的废水；硫化物沉淀法用 Na_2S、H_2S、CaS_x 或（NH_4）$_2$S 等做沉淀剂除汞、砷；铬酸盐法用 $BaCO_3$ 或 $BaCl_2$ 做沉淀剂除去废水中的 Cr_2O_3 等。

（4）氧化还原法：水中溶解的有害无机物或有机物，可通过化学反应将其氧化或还原，转化成无害的新物质或易从水中分离除去的形态。常用的氧化剂是漂白粉，用于含氰废水、含硫废水、含酚废水及含氨氮废水的处理。常用的还原剂有 $FeSO_4$ 或 Na_2SO_3，用于还原 6 价铬；还有活泼金属，如铁屑、铜屑、锌粒等，用于除去废水中的汞。

此外，还有活性炭吸附法、离子交换法、电化学净化法等。

3. 常用的废渣处理方法

废渣主要采用掩埋法。有毒的废渣必须先进行化学处理，然后深埋在远离居民区的指定地点，以免毒物溶于地下水而混入饮用水中；无毒废渣可直接掩埋，掩埋地点应有记录。

附录Ⅲ　一些常见数据

无机酸在水溶液中的解离常数(25 ℃)

名称	化学式	K_a	pK_a	备注
偏铝酸	$HAlO_2$	6.3×10^{-13}	12.20	
亚砷酸	H_3AsO_3	6.0×10^{-10}	9.22	
砷酸	H_3AsO_4	$6.3 \times 10^{-3}(K_1)$	2.20	
		$1.05 \times 10^{-7}(K_2)$	6.98	
		$3.2 \times 10^{-12}(K_3)$	11.50	
硼酸	H_3BO_3	$5.8 \times 10^{-10}(K_1)$	9.24	
		$1.8 \times 10^{-13}(K_2)$	12.74	
		$1.6 \times 10^{-14}(K_3)$	13.80	
次溴酸	$HBrO$	2.4×10^{-9}	8.62	
氢氰酸	HCN	6.2×10^{-10}	9.21	
碳酸	H_2CO_3	$4.2 \times 10^{-7}(K_1)$	6.38	
		$5.6 \times 10^{-11}(K_2)$	10.25	
次氯酸	$HClO$	3.2×10^{-8}	7.50	
氢氟酸	HF	6.61×10^{-4}	3.18	
锗酸	H_2GeO_3	$1.7 \times 10^{-9}(K_1)$	8.78	
		$1.9 \times 10^{-13}(K_2)$	12.72	
高碘酸	HIO_4	2.8×10^{-2}	1.56	
亚硝酸	HNO_2	5.1×10^{-4}	3.29	
次磷酸	H_3PO_2	5.9×10^{-2}	1.23	
亚磷酸	H_3PO_3	$5.0 \times 10^{-2}(K_1)$	1.30	
		$2.5 \times 10^{-7}(K_2)$	6.60	
磷酸	H_3PO_4	$7.52 \times 10^{-3}(K_1)$	2.12	
		$6.31 \times 10^{-8}(K_2)$	7.20	
		$4.4 \times 10^{-13}(K_3)$	12.36	
焦磷酸	$H_4P_2O_7$	$3.0 \times 10^{-2}(K_1)$	1.52	
		$4.4 \times 10^{-3}(K_2)$	2.36	
		$2.5 \times 10^{-7}(K_3)$	6.60	
		$5.6 \times 10^{-10}(K_4)$	9.25	
氢硫酸	H_2S	$1.3 \times 10^{-7}(K_1)$	6.88	
		$7.1 \times 10^{-15}(K_2)$	14.15	
亚硫酸	H_2SO_3	$1.23 \times 10^{-2}(K_1)$	1.91	
		$6.6 \times 10^{-8}(K_2)$	7.18	

名称	化学式	K_a	pK_a	备注
硫 酸	H_2SO_4	1.0×10^3 (K_1)	-3.0	
		1.02×10^{-2} (K_2)	1.99	
硫代硫酸	$H_2S_2O_3$	2.52×10^{-1} (K_1)	0.60	
		1.9×10^{-2} (K_2)	1.72	
氢硒酸	H_2Se	1.3×10^{-4} (K_1)	3.89	
		1.0×10^{-11} (K_2)	11.0	
亚硒酸	H_2SeO_3	2.7×10^{-3} (K_1)	2.57	
		2.5×10^{-7} (K_2)	6.60	
硒 酸	H_2SeO_4	1×10^3 (K_1)	-3.0	
		1.2×10^{-2} (K_2)	1.92	
硅 酸	H_2SiO_3	1.7×10^{-10} (K_1)	9.77	
		1.6×10^{-12} (K_2)	11.80	
亚碲酸	H_2TeO_3	2.7×10^{-3} (K_1)	2.57	
		1.8×10^{-8} (K_2)	7.74	

重要的物理常数

真空中的光速	$c = 2.997\ 924\ 58 \times 10^8\ m \cdot s^{-1}$
电子的电荷	$e = 1.602\ 177\ 33 \times 10^{-19}\ C$
原子质量单位	$u = 1.660\ 540\ 2 \times 10^{-27}\ kg$
质子静质量	$m_p = 1.672\ 623\ 1 \times 10^{-27}\ kg$
中子静质量	$m_n = 1.674\ 954\ 3 \times 10^{-27}\ kg$
电子静质量	$m_e = 9.109\ 389\ 7 \times 10^{-31}\ kg$
理想气体摩尔体积	$V_m = 2.241\ 410 \times 10^{-2}\ m^3 \cdot mol^{-1}$
摩尔气体常数	$R = 8.314\ 510\ J \cdot mol^{-1} \cdot K^{-1}$
阿伏加德罗常数	$N_A = 6.022\ 136\ 7 \times 10^{23}\ mol^{-1}$
里德堡常数	$R_\infty = 1.097\ 373\ 153\ 4 \times 10^7\ m^{-1}$
法拉第常数	$F = 9.648\ 530\ 9 \times 10^4\ mol^{-1}$
普朗克常数	$h = 6.626\ 075\ 5 \times 10^{-34}\ J \cdot s$
玻尔兹曼常数	$k = 1.380\ 658 \times 10^{-23}\ J \cdot K^{-1}$

有机酸在水溶液中的解离常数(25 ℃)

名称	化学式	K_a	pK_a
甲 酸	HCOOH	1.8×10^{-4}	3.75
乙 酸	CH_3COOH	1.74×10^{-5}	4.76

名称	化学式	K_a	pK_a
乙醇酸	$CH_2(OH)COOH$	1.48×10^{-4}	3.83
草酸	$(COOH)_2$	$5.4 \times 10^{-2}(K_1)$	1.27
		$5.4 \times 10^{-5}(K_2)$	4.27
甘氨酸	H_2NCH_2COOH	1.7×10^{-10}	9.78
一氯乙酸	$CH_2ClCOOH$	1.4×10^{-3}	2.86
二氯乙酸	$CHCl_2COOH$	5.0×10^{-2}	1.30
三氯乙酸	CCl_3COOH	2.0×10^{-1}	0.70
丙酸	CH_3CH_2COOH	1.35×10^{-5}	4.87
丙烯酸	$CH_2\!=\!CHCOOH$	5.5×10^{-5}	4.26
乳酸（丙醇酸）	$CH_3CHOHCOOH$	1.4×10^{-4}	3.86
丙二酸	$HOCOCH_2COOH$	$1.4 \times 10^{-3}(K_1)$	2.85
		$2.2 \times 10^{-6}(K_2)$	5.66
2-丙炔酸	$HC\equiv CCOOH$	1.29×10^{-2}	1.89
甘油酸	$HOCH_2CHOHCOOH$	2.29×10^{-4}	3.64
丙酮酸	$CH_3COCOOH$	3.2×10^{-3}	2.49
α-丙氨酸	CH_3CHNH_2COOH	1.35×10^{-10}	9.87
β-丙氨酸	$H_2NCH_2CH_2COOH$	4.4×10^{-11}	10.36
正丁酸	$CH_3(CH_2)_2COOH$	1.52×10^{-5}	4.82
异丁酸	$(CH_3)_2CHCOOH$	1.41×10^{-5}	4.85
3-丁烯酸	$CH_2\!=\!CHCH_2COOH$	2.1×10^{-5}	4.68
异丁烯酸	$CH_2\!=\!C(CH_2)COOH$	2.2×10^{-5}	4.66
反丁烯二酸（富马酸）	$HOCOCH\!=\!CHCOOH$	$9.3 \times 10^{-4}(K_1)$	3.03
		$3.6 \times 10^{-5}(K_2)$	4.44
顺丁烯二酸（马来酸）	$HOCOCH\!=\!CHCOOH$	$1.2 \times 10^{-2}(K_1)$	1.92
		$5.9 \times 10^{-7}(K_2)$	6.23
酒石酸	$HOCOCH(OH)CH(OH)COOH$	$1.04 \times 10^{-3}(K_1)$	2.98
		$4.55 \times 10^{-5}(K_2)$	4.34
正戊酸	$CH_3(CH_2)_3COOH$	1.4×10^{-5}	4.86
异戊酸	$(CH_3)_2CHCH_2COOH$	1.67×10^{-5}	4.78
2-戊烯酸	$CH_3CH_2CH\!=\!CHCOOH$	2.0×10^{-5}	4.70
3-戊烯酸	$CH_3CH\!=\!CHCH_2COOH$	3.0×10^{-5}	4.52
4-戊烯酸	$CH_2\!=\!CHCH_2CH_2COOH$	2.10×10^{-5}	4.677
戊二酸	$HOCO(CH_2)_3COOH$	$1.7 \times 10^{-4}(K_1)$	3.77
		$8.3 \times 10^{-7}(K_2)$	6.08

名称	化学式	K_a	pK_a
谷氨酸	$HOCOCH_2CH_2CH(NH_2)COOH$	$7.4 \times 10^{-3}(K_1)$	2.13
		$4.9 \times 10^{-5}(K_2)$	4.31
		$4.4 \times 10^{-10}(K_3)$	9.358
正己酸	$CH_3(CH_2)_4COOH$	1.39×10^{-5}	4.86
异己酸	$(CH_3)_2CH(CH_2)_3COOH$	1.43×10^{-5}	4.85
(E)-2-己烯酸	$H(CH_2)_3CH=CHCOOH$	1.8×10^{-5}	4.74
(E)-3-己烯酸	$CH_3CH_2CH=CHCH_2COOH$	1.9×10^{-5}	4.72
己二酸	$HOCOCH_2CH_2CH_2CH_2COOH$	$3.8 \times 10^{-5}(K_1)$	4.42
		$3.9 \times 10^{-6}(K_2)$	5.41
柠檬酸	$HOCOCH_2C(OH)(COOH)CH_2COOH$	$7.4 \times 10^{-4}(K_1)$	3.13
		$1.7 \times 10^{-5}(K_2)$	4.76
		$4.0 \times 10^{-7}(K_3)$	6.40
苯酚	C_6H_5OH	1.1×10^{-10}	9.96
邻苯二酚	$o\text{-}C_6H_4(OH)_2$	3.6×10^{-10}	9.45
		1.6×10^{-13}	12.8
间苯二酚	$m\text{-}C_6H_4(OH)_2$	$3.6 \times 10^{-10}(K_1)$	9.30
		$8.71 \times 10^{-12}(K_2)$	11.06
对苯二酚	$p\text{-}C_6H_4(OH)_2$	1.1×10^{-10}	9.96
2,4,6-三硝基苯酚	$2,4,6\text{-}(NO_2)_3C_6H_2OH$	5.1×10^{-1}	0.29
葡萄糖酸	$CH_2OH(CHOH)_4COOH$	1.4×10^{-4}	3.86
苯甲酸	C_6H_5COOH	6.3×10^{-5}	4.20
水杨酸	$C_6H_4(OH)COOH$	$1.05 \times 10^{-3}(K_1)$	2.98
		$4.17 \times 10^{-13}(K_2)$	12.38
邻硝基苯甲酸	$o\text{-}NO_2C_6H_4COOH$	6.6×10^{-3}	2.18
间硝基苯甲酸	$m\text{-}NO_2C_6H_4COOH$	3.5×10^{-4}	3.46
对硝基苯甲酸	$p\text{-}NO_2C_6H_4COOH$	3.6×10^{-4}	3.44
邻苯二甲酸	$o\text{-}C_6H_4(COOH)_2$	$1.1 \times 10^{-3}(K_1)$	2.96
		$4.0 \times 10^{-6}(K_2)$	5.40
间苯二甲酸	$m\text{-}C_6H_4(COOH)_2$	$2.4 \times 10^{-4}(K_1)$	3.62
		$2.5 \times 10^{-5}(K_2)$	4.60
对苯二甲酸	$p\text{-}C_6H_4(COOH)_2$	$2.9 \times 10^{-4}(K_1)$	3.54
		$3.5 \times 10^{-5}(K_2)$	4.46
1,3,5-苯三甲酸	$C_6H_3(COOH)_3$	$7.6 \times 10^{-3}(K_1)$	2.12
		$7.9 \times 10^{-5}(K_2)$	4.10
		$6.6 \times 10^{-6}(K_3)$	5.18

名称	化学式	K_a	pK_a
苯基六羧酸	$C_6(COOH)_6$	$2.1 \times 10^{-1}(K_1)$	0.68
		$6.2 \times 10^{-3}(K_2)$	2.21
		$3.0 \times 10^{-4}(K_3)$	3.52
		$8.1 \times 10^{-6}(K_4)$	5.09
		$4.8 \times 10^{-7}(K_5)$	6.32
		$3.2 \times 10^{-8}(K_6)$	7.49
癸二酸	$HOOC(CH_2)_8COOH$	$2.6 \times 10^{-5}(K_1)$	4.59
		$2.6 \times 10^{-6}(K_2)$	5.59
乙二胺四乙酸(EDTA)	$CH_2—N(CH_2COOH)_2$ $\mid$ $CH_2—N(CH_2COOH)_2$	$1.0 \times 10^{-2}(K_1)$	2.0
		$2.14 \times 10^{-3}(K_2)$	2.67
		$6.92 \times 10^{-7}(K_3)$	6.16
		$5.5 \times 10^{-11}(K_4)$	10.26

无机碱在水溶液中的解离常数(25 ℃)

名称	化学式	K_b	pK_b
氢氧化铝	$Al(OH)_3$	$1.38 \times 10^{-9}(K_3)$	8.86
氢氧化银	$AgOH$	1.10×10^{-4}	3.96
氢氧化钙	$Ca(OH)_2$	3.72×10^{-3}	2.43
		3.98×10^{-2}	1.40
氨水	$NH_3 \cdot H_2O$	1.78×10^{-5}	4.75
肼(联氨)	N_2H_4	$9.55 \times 10^{-7}(K_1)$	6.02
		$1.26 \times 10^{-15}(K_2)$	14.9
羟氨	NH_2OH	9.12×10^{-9}	8.04
氢氧化铅	$Pb(OH)_2$	$9.55 \times 10^{-4}(K_1)$	3.02
		$3.0 \times 10^{-8}(K_2)$	7.52
氢氧化锌	$Zn(OH)_2$	9.55×10^{-4}	3.02

有机碱在水溶液中的解离常数(25 ℃)

名称	化学式	K_b	pK_b
甲胺	CH_3NH_2	4.17×10^{-4}	3.38
尿素(脲)	$CO(NH_2)_2$	1.5×10^{-14}	13.82
乙胺	$CH_3CH_2NH_2$	4.27×10^{-4}	3.37
乙醇胺	$H_2N(CH_2)_2OH$	3.16×10^{-5}	4.50
乙二胺	$H_2N(CH_2)_2NH_2$	$8.51 \times 10^{-5}(K_1)$	4.07
		$7.08 \times 10^{-8}(K_2)$	7.15

名称	化学式	K_b	pK_b
二甲胺	$(CH_3)_2NH$	5.89×10^{-4}	3.23
三甲胺	$(CH_3)_3N$	6.31×10^{-5}	4.20
三乙胺	$(C_2H_5)_3N$	5.25×10^{-4}	3.28
丙胺	$C_3H_7NH_2$	3.70×10^{-4}	3.432
异丙胺	$i\text{-}C_3H_7NH_2$	4.37×10^{-4}	3.36
1,3-丙二胺	$NH_2(CH_2)_3NH_2$	$2.95 \times 10^{-4}(K_1)$	3.53
		$3.09 \times 10^{-6}(K_2)$	5.51
1,2-丙二胺	$CH_3CH(NH_2)CH_2NH_2$	$5.25 \times 10^{-5}(K_1)$	4.28
		$4.05 \times 10^{-8}(K_2)$	7.393
三丙胺	$(CH_3CH_2CH_2)_3N$	4.57×10^{-4}	3.34
三乙醇胺	$(HOCH_2CH_2)_3N$	5.75×10^{-7}	6.24
丁胺	$n\text{-}C_4H_9NH_2$	4.37×10^{-4}	3.36
异丁胺	$iso\text{-}C_4H_9NH_2$	2.57×10^{-4}	3.59
叔丁胺	$t\text{-}C_4H_9NH_2$	4.84×10^{-4}	3.315
己胺	$H(CH_2)_6NH_2$	4.37×10^{-4}	3.36
辛胺	$H(CH_2)_8NH_2$	4.47×10^{-4}	3.35
苯胺	$C_6H_5NH_2$	3.98×10^{-10}	9.40
苄胺	C_7H_9N	2.24×10^{-5}	4.65
环己胺	$C_6H_{11}NH_2$	4.37×10^{-4}	3.36
吡啶	C_5H_5N	1.48×10^{-9}	8.83
六亚甲基四胺	$(CH_2)_6N_4$	1.35×10^{-9}	8.87
2-氯酚	$2\text{-}C_6H_5ClO$	3.55×10^{-6}	5.45
3-氯酚	$3\text{-}C_6H_5ClO$	1.26×10^{-5}	4.90
4-氯酚	$4\text{-}C_6H_5ClO$	2.69×10^{-5}	4.57
邻氨基苯酚	$o\text{-}H_2NC_6H_4OH$	5.2×10^{-5}	4.28
		1.9×10^{-5}	4.72
间氨基苯酚	$m\text{-}H_2NC_6H_4OH$	7.4×10^{-5}	4.13
		6.8×10^{-5}	4.17
对氨基苯酚	$p\text{-}H_2NC_6H_4OH$	2.0×10^{-4}	3.70
		3.2×10^{-6}	5.50
邻甲苯胺	$o\text{-}CH_3C_6H_4NH_2$	2.82×10^{-10}	9.55
间甲苯胺	$m\text{-}CH_3C_6H_4NH_2$	5.13×10^{-10}	9.29
对甲苯胺	$p\text{-}CH_3C_6H_4NH_2$	1.20×10^{-9}	8.92
8-羟基喹啉(20 ℃)	$8\text{-}HOC_9H_6N$	6.5×10^{-5}	4.19
二苯胺	$(C_6H_5)_2NH$	7.94×10^{-14}	13.1

名称	化学式	K_b	pK_b
联苯胺	$H_2NC_6H_4C_6H_4NH_2$	$5.01 \times 10^{-10}(K_1)$	9.30
		$4.27 \times 10^{-11}(K_2)$	10.37

pH 标准缓冲溶液

名称	配　制	不同温度时的 pH 值								
草酸盐标准缓冲溶液	$c(KH_3(C_2O_4)_2 \cdot 2H_2O)$ 为 0.05 mol·L^{-1}。称取 12.71 g 四草酸钾（$KH_3(C_2O_4)_2 \cdot 2H_2O$）溶于无 CO_2 的水中,稀释至 1 000 mL	0 ℃	5 ℃	10 ℃	15 ℃	20 ℃	25 ℃	30 ℃	35 ℃	40 ℃
		1.67	1.67	1.67	1.67	1.68	1.68	1.69	1.69	1.69
		45 ℃	50 ℃	55 ℃	60 ℃	70 ℃	80 ℃	90 ℃	95 ℃	—
		1.70	1.71	1.72	1.72	1.74	1.77	1.79	1.81	—
酒石酸盐标准缓冲溶液	在 25 ℃ 时,用无 CO_2 的水溶解外消旋的酒石酸氢钾（$KHC_4H_4O_6$）,并剧烈振摇制成饱和溶液	0 ℃	5 ℃	10 ℃	15 ℃	20 ℃	25 ℃	30 ℃	35 ℃	40 ℃
		—	—	—	—	—	3.56	3.55	3.55	3.55
		45 ℃	50 ℃	55 ℃	60 ℃	70 ℃	80 ℃	90 ℃	95 ℃	—
		3.55	3.55	3.55	3.56	3.58	3.61	3.65	3.67	—
苯二甲酸氢盐标准缓冲溶液	$c(C_6H_4CO_2HCO_2K)$ 为 0.05 mol·L^{-1},称取于（115.0 ± 5.0）℃ 干燥 2~3 h 的邻苯二甲酸氢钾（$KHC_8H_4O_4$）10.21 g,溶于无 CO_2 的蒸馏水,并稀释至 1 000 mL（注:可用于酸度计校准）	0 ℃	5 ℃	10 ℃	15 ℃	20 ℃	25 ℃	30 ℃	35 ℃	40 ℃
		4.00	4.00	4.00	4.00	4.00	4.01	4.01	4.02	4.04
		45 ℃	50 ℃	55 ℃	60 ℃	70 ℃	80 ℃	90 ℃	95 ℃	—
		4.05	4.06	4.08	4.09	4.13	4.16	4.21	4.23	—
磷酸盐标准缓冲溶液	分别称取在（115.0 ± 5.0）℃ 干燥 2~3 h 的磷酸氢二钠（Na_2HPO_4）（3.53 ± 0.01）g 和磷酸二氢钾（KH_2PO_4）（3.39 ± 0.01）g,溶于预先煮沸过 15~30 min 并迅速冷却的蒸馏水中,并稀释至 1 000 mL（注:可用于酸度计校准）	0 ℃	5 ℃	10 ℃	15 ℃	20 ℃	25 ℃	30 ℃	35 ℃	40 ℃
		6.98	6.95	6.92	6.90	6.88	6.86	6.85	6.84	6.84
		45 ℃	50 ℃	55 ℃	60 ℃	70 ℃	80 ℃	90 ℃	95 ℃	—
		6.83	6.83	6.83	6.84	6.85	6.86	6.88	6.89	—
硼酸盐标准缓冲溶液	称取硼砂（$Na_2B_4O_7 \cdot 10H_2O$）（3.80 ± 0.01）g（注意:不能烘!）,溶于预先煮沸过 15~30 min 并迅速冷却的蒸馏水中,并稀释至 1 000 mL。置于聚乙烯塑料瓶中密闭保存。存放时要防止空气中 CO_2 的进入（注:可用于酸度计校准）	0 ℃	5 ℃	10 ℃	15 ℃	20 ℃	25 ℃	30 ℃	35 ℃	40 ℃
		9.46	9.40	9.33	9.27	9.22	9.18	9.14	9.10	9.06
		45 ℃	50 ℃	55 ℃	60 ℃	70 ℃	80 ℃	90 ℃	95 ℃	—
		9.04	9.01	8.99	8.96	8.92	8.89	8.85	8.83	—

名称	配制	不同温度时的 pH 值								
氢氧化钙标准缓冲溶液	在 25 ℃，用无 CO_2 的蒸馏水制备氢氧化钙的饱和溶液。氢氧化钙溶液的浓度 $c(1/2Ca(OH)_2)$ 应在（0.040 0~0.041 2）$mol \cdot L^{-1}$。氢氧化钙溶液的浓度可以酚红为指示剂，用盐酸标准溶液（$c(HCl)$=0.1mol·L^{-1}）滴定测出。存放时要防止空气中 CO_2 的进入。出现混浊应弃去重新配制	0 ℃	5 ℃	10 ℃	15 ℃	20 ℃	25 ℃	30 ℃	35 ℃	40 ℃
		13.42	13.21	13.00	12.81	12.63	12.45	12.30	12.14	11.98
		45 ℃	50 ℃	55 ℃	60 ℃	70 ℃	80 ℃	90 ℃	95 ℃	—
		11.84	11.71	11.57	11.45	—	—	—	—	—

难溶化合物的溶度积常数

序号	分子式	K_{sp}	pK_{sp} ($-\lg K_{sp}$)	序号	分子式	K_{sp}	pK_{sp} ($-\lg K_{sp}$)
1	Ag_3AsO_4	1.0×10^{-22}	22.0	95	Hg_2Cl_2	1.3×10^{-18}	17.88
2	$AgBr$	5.0×10^{-13}	12.3	96	HgC_2O_4	1.0×10^{-7}	7.0
3	$AgBrO_3$	5.50×10^{-5}	4.26	97	Hg_2CO_3	8.9×10^{-17}	16.05
4	$AgCl$	1.8×10^{-10}	9.75	98	$Hg_2(CN)_2$	5.0×10^{-40}	39.3
5	$AgCN$	1.2×10^{-16}	15.92	99	Hg_2CrO_4	2.0×10^{-9}	8.70
6	Ag_2CO_3	8.1×10^{-12}	11.09	100	Hg_2I_2	4.5×10^{-29}	28.35
7	$Ag_2C_2O_4$	3.5×10^{-11}	10.46	101	HgI_2	2.82×10^{-29}	28.55
8	Ag_2CrO_4	1.2×10^{-12}	11.92	102	$Hg_2(IO_3)_2$	2.0×10^{-14}	13.71
9	$Ag_2Cr_2O_7$	2.0×10^{-7}	6.70	103	$Hg_2(OH)_2$	2.0×10^{-24}	23.7
10	AgI	8.3×10^{-17}	16.08	104	$HgSe$	1.0×10^{-59}	59.0
11	$AgIO_3$	3.1×10^{-8}	7.51	105	HgS（红）	4.0×10^{-53}	52.4
12	$AgOH$	2.0×10^{-8}	7.71	106	HgS（黑）	1.6×10^{-52}	51.8
13	Ag_2MoO_4	2.8×10^{-12}	11.55	107	Hg_2WO_4	1.1×10^{-17}	16.96
14	Ag_3PO_4	1.4×10^{-16}	15.84	108	$Ho(OH)_3$	5.0×10^{-23}	22.30
15	Ag_2S	6.3×10^{-50}	49.2	109	$In(OH)_3$	1.3×10^{-37}	36.9
16	$AgSCN$	1.0×10^{-12}	12.00	110	$InPO_4$	2.3×10^{-22}	21.63
17	Ag_2SO_3	1.5×10^{-14}	13.82	111	In_2S_3	5.7×10^{-74}	73.24
18	Ag_2SO_4	1.4×10^{-5}	4.84	112	$La_2(CO_3)_3$	3.98×10^{-34}	33.4
19	Ag_2Se	2.0×10^{-64}	63.7	113	$LaPO_4$	3.98×10^{-23}	22.43
20	Ag_2SeO_3	1.0×10^{-15}	15.00	114	$Lu(OH)_3$	1.9×10^{-24}	23.72
21	Ag_2SeO_4	5.7×10^{-8}	7.25	115	$Mg_3(AsO_4)_2$	2.1×10^{-20}	19.68
22	$AgVO_3$	5.0×10^{-7}	6.3	116	$MgCO_3$	3.5×10^{-8}	7.46
23	Ag_2WO_4	5.5×10^{-12}	11.26	117	$MgCO_3 \cdot 3H_2O$	2.14×10^{-5}	4.67
24	$Al(OH)_3$	4.57×10^{-33}	32.34	118	$Mg(OH)_2$	1.8×10^{-11}	10.74

序号	分子式	K_{sp}	pK_{sp} $(-lgK_{sp})$	序号	分子式	K_{sp}	pK_{sp} $(-lgK_{sp})$
25	$AlPO_4$	6.3×10^{-19}	18.24	119	$Mg_3(PO_4)_2 \cdot 8H_2O$	6.31×10^{-26}	25.2
26	Al_2S_3	2.0×10^{-7}	6.7	120	$Mn_3(AsO_4)_2$	1.9×10^{-29}	28.72
27	$Au(OH)_3$	5.5×10^{-46}	45.26	121	$MnCO_3$	1.8×10^{-11}	10.74
28	$AuCl_3$	3.2×10^{-25}	24.5	122	$Mn(IO_3)_2$	4.37×10^{-7}	6.36
29	AuI_3	1.0×10^{-46}	46.0	123	$Mn(OH)_4$	1.9×10^{-13}	12.72
30	$Ba_3(AsO_4)_2$	8.0×10^{-51}	50.1	124	$MnS(粉红)$	2.5×10^{-10}	9.6
31	$BaCO_3$	5.1×10^{-9}	8.29	125	$MnS(绿)$	2.5×10^{-13}	12.6
32	BaC_2O_4	1.6×10^{-7}	6.79	126	$Ni_3(AsO_4)_2$	3.1×10^{-26}	25.51
33	$BaCrO_4$	1.2×10^{-10}	9.93	127	$NiCO_3$	6.6×10^{-9}	8.18
34	$Ba_3(PO_4)_2$	3.4×10^{-23}	22.44	128	NiC_2O_4	4.0×10^{-10}	9.4
35	$BaSO_4$	1.1×10^{-10}	9.96	129	$Ni(OH)_2(新)$	2.0×10^{-15}	14.7
36	BaS_2O_3	1.6×10^{-5}	4.79	130	$Ni_3(PO_4)_2$	5.0×10^{-31}	30.3
37	$BaSeO_3$	2.7×10^{-7}	6.57	131	$\alpha\text{-}NiS$	3.2×10^{-19}	18.5
38	$BaSeO_4$	3.5×10^{-8}	7.46	132	$\beta\text{-}NiS$	1.0×10^{-24}	24.0
39	$Be(OH)_2$	1.6×10^{-22}	21.8	133	$\gamma\text{-}NiS$	2.0×10^{-26}	25.7
40	$BiAsO_4$	4.4×10^{-10}	9.36	134	$Pb_3(AsO_4)_2$	4.0×10^{-36}	35.39
41	$Bi_2(C_2O_4)_3$	3.98×10^{-36}	35.4	135	$PbBr_2$	4.0×10^{-5}	4.41
42	$Bi(OH)_3$	4.0×10^{-31}	30.4	136	$PbCl_2$	1.6×10^{-5}	4.79
43	$BiPO_4$	1.26×10^{-23}	22.9	137	$PbCO_3$	7.4×10^{-14}	13.13
44	$CaCO_3$	2.8×10^{-9}	8.54	138	$PbCrO_4$	2.8×10^{-13}	12.55
45	$CaC_2O_4 \cdot H_2O$	4.0×10^{-9}	8.4	139	PbF_2	2.7×10^{-8}	7.57
46	CaF_2	2.7×10^{-11}	10.57	140	$PbMoO_4$	1.0×10^{-13}	13.0
47	$CaMoO_4$	4.17×10^{-8}	7.38	141	$Pb(OH)_2$	1.2×10^{-15}	14.93
48	$Ca(OH)_2$	5.5×10^{-6}	5.26	142	$Pb(OH)_4$	3.2×10^{-66}	65.49
49	$Ca_3(PO_4)_2$	2.0×10^{-29}	28.70	143	$Pb_3(PO_4)_3$	8.0×10^{-43}	42.10
50	$CaSO_4$	3.16×10^{-7}	5.04	144	PbS	1.0×10^{-28}	28.00
51	$CaSiO_3$	2.5×10^{-8}	7.60	145	$PbSO_4$	1.6×10^{-8}	7.79
52	$CaWO_4$	8.7×10^{-9}	8.06	146	$PbSe$	7.94×10^{-43}	42.1
53	$CdCO_3$	5.2×10^{-12}	11.28	147	$PbSeO_4$	1.4×10^{-7}	6.84
54	$CdC_2O_4 \cdot 3H_2O$	9.1×10^{-8}	7.04	148	$Pd(OH)_2$	1.0×10^{-31}	31.0
55	$Cd_3(PO_4)_2$	2.5×10^{-33}	32.6	149	$Pd(OH)_4$	6.3×10^{-71}	70.2
56	CdS	8.0×10^{-27}	26.1	150	PdS	2.03×10^{-58}	57.69
57	$CdSe$	6.31×10^{-36}	35.2	151	$Pm(OH)_3$	1.0×10^{-21}	21.0
58	$CdSeO_3$	1.3×10^{-9}	8.89	152	$Pr(OH)_3$	6.8×10^{-22}	21.17
59	CeF_3	8.0×10^{-16}	15.1	153	$Pt(OH)_2$	1.0×10^{-35}	35.0

序号	分子式	K_{sp}	pK_{sp} $(-\lg K_{sp})$	序号	分子式	K_{sp}	pK_{sp} $(-\lg K_{sp})$
60	$CePO_4$	1.0×10^{-23}	23.0	154	$Pu(OH)_3$	2.0×10^{-20}	19.7
61	$Co_3(AsO_4)_2$	7.6×10^{-29}	28.12	155	$Pu(OH)_4$	1.0×10^{-55}	55.0
62	$CoCO_3$	1.4×10^{-13}	12.84	156	$RaSO_4$	4.2×10^{-11}	10.37
63	CoC_2O_4	6.3×10^{-8}	7.2	157	$Rh(OH)_3$	1.0×10^{-23}	23.0
64	$Co(OH)_2$（蓝）	6.31×10^{-15}	14.2	158	$Ru(OH)_3$	1.0×10^{-36}	36.0
				159	Sb_2S_3	1.5×10^{-93}	92.8
	$Co(OH)_2$（粉红,新沉淀）	1.58×10^{-15}	14.8	160	ScF_3	4.2×10^{-18}	17.37
				161	$Sc(OH)_3$	8.0×10^{-31}	30.1
				162	$Sm(OH)_3$	8.2×10^{-23}	22.08
				163	$Sn(OH)_2$	1.4×10^{-28}	27.85
				164	$Sn(OH)_4$	1.0×10^{-56}	56.0
	$Co(OH)_2$（粉红,陈化）	2.00×10^{-16}	15.7	165	SnO_2	3.98×10^{-65}	64.4
				166	SnS	1.0×10^{-25}	25.0
				167	$SnSe$	3.98×10^{-39}	38.4
65	$CoHPO_4$	2.0×10^{-7}	6.7	168	$Sr_3(AsO_4)_2$	8.1×10^{-19}	18.09
66	$Co_3(PO_4)_3$	2.0×10^{-35}	34.7	169	$SrCO_3$	1.1×10^{-10}	9.96
67	$CrAsO_4$	7.7×10^{-21}	20.11	170	$SrC_2O_4 \cdot H_2O$	1.6×10^{-7}	6.80
68	$Cr(OH)_3$	6.3×10^{-31}	30.2	171	SrF_2	2.5×10^{-9}	8.61
69	$CrPO_4 \cdot 4H_2O$（绿）	2.4×10^{-23}	22.62	172	$Sr_3(PO_4)_2$	4.0×10^{-28}	27.39
	$CrPO_4 \cdot 4H_2O$（紫）	1.0×10^{-17}	17.0	173	$SrSO_4$	3.2×10^{-7}	6.49
70	$CuBr$	5.3×10^{-9}	8.28	174	$SrWO_4$	1.7×10^{-10}	9.77
71	$CuCl$	1.2×10^{-6}	5.92	175	$Tb(OH)_3$	2.0×10^{-22}	21.7
72	$CuCN$	3.2×10^{-20}	19.49	176	$Te(OH)_4$	3.0×10^{-54}	53.52
73	$CuCO_3$	2.34×10^{-10}	9.63	177	$Th(C_2O_4)_2$	1.0×10^{-22}	22.0
74	CuI	1.1×10^{-12}	11.96	178	$Th(IO_3)_4$	2.5×10^{-15}	14.6
75	$Cu(OH)_2$	4.8×10^{-20}	19.32	179	$Th(OH)_4$	4.0×10^{-45}	44.4
76	$Cu_3(PO_4)_2$	1.3×10^{-37}	36.9	180	$Ti(OH)_3$	1.0×10^{-40}	40.0
77	Cu_2S	2.5×10^{-48}	47.6	181	$TlBr$	3.4×10^{-6}	5.47
78	Cu_2Se	1.58×10^{-61}	60.8	182	$TlCl$	1.7×10^{-4}	3.76
79	CuS	6.3×10^{-36}	35.2	183	Tl_2CrO_4	9.77×10^{-13}	12.01
80	$CuSe$	7.94×10^{-49}	48.1	184	TlI	6.5×10^{-8}	7.19
81	$Dy(OH)_3$	1.4×10^{-22}	21.85	185	TlN_3	2.2×10^{-4}	3.66
82	$Er(OH)_3$	4.1×10^{-24}	23.39	186	Tl_2S	5.0×10^{-21}	20.3

序号	分子式	K_{sp}	pK_{sp} ($-\lg K_{sp}$)	序号	分子式	K_{sp}	pK_{sp} ($-\lg K_{sp}$)
83	Eu(OH)$_3$	8.9×10^{-24}	23.05	187	TlSeO$_3$	2.0×10^{-39}	38.7
84	FeAsO$_4$	5.7×10^{-21}	20.24	188	UO$_2$(OH)$_2$	1.1×10^{-22}	21.95
85	FeCO$_3$	3.2×10^{-11}	10.50	189	VO(OH)$_2$	5.9×10^{-23}	22.13
86	Fe(OH)$_2$	8.0×10^{-16}	15.1	190	Y(OH)$_3$	8.0×10^{-23}	22.1
87	Fe(OH)$_3$	4.0×10^{-38}	37.4	191	Yb(OH)$_3$	3.0×10^{-24}	23.52
88	FePO$_4$	1.3×10^{-22}	21.89	192	Zn$_3$(AsO$_4$)$_2$	1.3×10^{-28}	27.89
89	FeS	6.3×10^{-18}	17.2	193	ZnCO$_3$	1.4×10^{-11}	10.84
90	Ga(OH)$_3$	7.0×10^{-36}	35.15	194	Zn(OH)$_2$	2.09×10^{-16}	15.68
91	GaPO$_4$	1.0×10^{-21}	21.0	195	Zn$_3$(PO$_4$)$_2$	9.0×10^{-33}	32.04
92	Gd(OH)$_3$	1.8×10^{-23}	22.74	196	α-ZnS	1.6×10^{-24}	23.8
93	Hf(OH)$_4$	4.0×10^{-26}	25.4	197	β-ZnS	2.5×10^{-22}	21.6
94	Hg$_2$Br$_2$	5.6×10^{-23}	22.24	198	ZrO(OH)$_2$	6.3×10^{-49}	48.2

标准电极电势(25.0 ℃,101.325 kPa)

序号	电极过程	$E^{\ominus}$/V
1	Ag$^+$+e$^-$ ═ Ag	0.799 6
2	Ag^{2+}+e$^-$ ═ Ag$^+$	1.980
3	AgBr+e$^-$ ═ Ag+Br$^-$	0.071 3
4	AgBrO$_3$+e$^-$ ═ Ag+BrO$_3^-$	0.546
5	AgCl+e$^-$ ═ Ag+Cl$^-$	0.222
6	AgCN+e$^-$ ═ Ag+CN$^-$	−0.017
7	Ag$_2$CO$_3$+2e$^-$ ═ 2Ag+CO$_3^{2-}$	0.470
8	Ag$_2$C$_2$O$_4$+2e$^-$ ═ 2Ag+C$_2$O$_4^{2-}$	0.465
9	Ag$_2$CrO$_4$+2e$^-$ ═ 2Ag+CrO$_4^{2-}$	0.447
10	AgF+e$^-$ ═ Ag+F$^-$	0.779
11	Ag$_4$[Fe(CN)$_6$]+4e$^-$ ═ 4Ag+[Fe(CN)$_6$]$^{4-}$	0.148
12	AgI+e$^-$ ═ Ag+I$^-$	−0.152
13	AgIO$_3$+e$^-$ ═ Ag+IO$_3^-$	0.354
14	Ag$_2$MoO$_4$+2e$^-$ ═ 2Ag+MoO$_4^{2-}$	0.457
15	[Ag(NH$_3$)$_2$]$^+$+e$^-$ ═ Ag+2NH$_3$	0.373
16	AgNO$_2$+e$^-$ ═ Ag+NO$_2^-$	0.564
17	Ag$_2$O+H$_2$O+2e$^-$ ═ 2Ag+2OH$^-$	0.342
18	2AgO+H$_2$O+2e$^-$ ═ Ag$_2$O+2OH$^-$	0.607
19	Ag$_2$S+2e$^-$ ═ 2Ag+S^{2-}	−0.691
20	Ag$_2$S+2H$^+$+2e$^-$ ═ 2Ag+H$_2$S	−0.0366

序号	电极过程	$E^{\ominus}/V$
21	$AgSCN+e^- {=\!=} Ag+SCN^-$	0.0895
22	$Ag_2SeO_4+2e^- {=\!=} 2Ag+SeO_4^{2-}$	0.363
23	$Ag_2SO_4+2e^- {=\!=} 2Ag+SO_4^{2-}$	0.654
24	$Ag_2WO_4+2e^- {=\!=} 2Ag+WO_4^{2-}$	0.466
25	$Al_3+3e^- {=\!=} Al$	−1.662
26	$[AlF_6]^{3-}+3e^- {=\!=} Al+6F^-$	−2.069
27	$Al(OH)_3+3e^- {=\!=} Al+3OH^-$	−2.31
28	$AlO_2^-+2H_2O+3e^- {=\!=} Al+4OH^-$	−2.35
29	$Am^{3+}+3e^- {=\!=} Am$	−2.048
30	$Am^{4+}+e^- {=\!=} Am^{3+}$	2.60
31	$AmO_2^{2+}+4H^++3e^- {=\!=} Am^{3+}+2H_2O$	1.75
32	$As+3H^++3e^- {=\!=} AsH_3$	−0.608
33	$As+3H_2O+3e^- {=\!=} AsH_3+3OH^-$	−1.37
34	$As_2O_3+6H^++6e^- {=\!=} 2As+3H_2O$	0.234
35	$HAsO_2+3H^++3e^- {=\!=} As+2H_2O$	0.248
36	$AsO_2^-+2H_2O+3e^- {=\!=} As+4OH^-$	−0.68
37	$H_3AsO_4+2H^++2e^- {=\!=} HAsO_2+2H_2O$	0.560
38	$AsO_4^{3-}+2H_2O+2e^- {=\!=} AsO_2^-+4OH^-$	−0.71
39	$AsS_2^-+3e^- {=\!=} As+2S^{2-}$	−0.75
40	$AsS_4^{3-}+2e^- {=\!=} AsS_2^-+2S^{2-}$	−0.60
41	$Au^++e^- {=\!=} Au$	1.692
42	$Au^{3+}+3e^- {=\!=} Au$	1.498
43	$Au^{3+}+2e^- {=\!=} Au^+$	1.401
44	$[AuBr_2]^-+e^- {=\!=} Au+2Br^-$	0.959
45	$[AuBr_4]^-+3e^- {=\!=} Au+4Br^-$	0.854
46	$[AuCl_2]^-+e^- {=\!=} Au+2Cl^-$	1.15
47	$[AuCl_4]^-+3e^- {=\!=} Au+4Cl^-$	1.002
48	$AuI+e^- {=\!=} Au+I^-$	0.50
49	$[Au(SCN)_4]^-+3e^- {=\!=} Au+4SCN^-$	0.66
50	$Au(OH)_3+3H^++3e^- {=\!=} Au+3H_2O$	1.45
51	$[BF_4]^-+3e^- {=\!=} B+4F^-$	−1.04
52	$H_2BO_3^-+H_2O+3e^- {=\!=} B+4OH^-$	−1.79
53	$B(OH)_3+7H^++8e^- {=\!=} [BH_4]^-+3H_2O$	−0.0481
54	$Ba^{2+}+2e^- {=\!=} Ba$	−2.912
55	$Ba(OH)_2+2e^- {=\!=} Ba+2OH^-$	−2.99
56	$Be^{2+}+2e^- {=\!=} Be$	−1.847

序号	电极过程	$E^{\ominus}/V$
57	$Be_2O_3^{2-}+3H_2O+4e^- \rightleftharpoons 2Be+6OH^-$	-2.63
58	$Bi^++e^- \rightleftharpoons Bi$	0.5
59	$Bi^{3+}+3e^- \rightleftharpoons Bi$	0.308
60	$BiCl_4^-+3e^- \rightleftharpoons Bi+4Cl^-$	0.16
61	$BiOCl+2H^++3e^- \rightleftharpoons Bi+Cl^-+H_2O$	0.16
62	$Bi_2O_3+3H_2O+6e^- \rightleftharpoons 2Bi+6OH^-$	-0.46
63	$Bi_2O_4+4H^++2e^- \rightleftharpoons 2BiO^++2H_2O$	1.593
64	$Bi_2O_4+H_2O+2e^- \rightleftharpoons Bi_2O_3+2OH^-$	0.56
65	$Br_2(aq)+2e^- \rightleftharpoons 2Br^-$	1.087
66	$Br_2(1)+2e^- \rightleftharpoons 2Br^-$	1.066
67	$BrO^-+H_2O+2e^- \rightleftharpoons Br^-+2OH^-$	0.761
68	$BrO_3^-+6H^++6e^- \rightleftharpoons Br^-+3H_2O$	1.423
69	$BrO_3^-+3H_2O+6e^- \rightleftharpoons Br^-+6OH^-$	0.61
70	$2BrO_3^-+12H^++10e^- \rightleftharpoons Br_2+6H_2O$	1.482
71	$HBrO+H^++2e^- \rightleftharpoons Br^-+H_2O$	1.331
72	$2HBrO+2H^++2e^- \rightleftharpoons Br_2(aq)+2H_2O$	1.574
73	$CH_3OH+2H^++2e^- \rightleftharpoons CH_4+H_2O$	0.59
74	$HCHO+2H^++2e^- \rightleftharpoons CH_3OH$	0.19
75	$CH_3COOH+2H^++2e^- \rightleftharpoons CH_3CHO+H_2O$	-0.12
76	$(CN)_2+2H^++2e^- \rightleftharpoons 2HCN$	0.373
77	$(CNS)_2+2e^- \rightleftharpoons 2CNS^-$	0.77
78	$CO_2+2H^++2e^- \rightleftharpoons CO+H_2O$	-0.12
79	$CO_2+2H^++2e^- \rightleftharpoons HCOOH$	-0.199
80	$Ca^{2+}+2e^- \rightleftharpoons Ca$	-2.868
81	$Ca(OH)_2+2e^- \rightleftharpoons Ca+2OH^-$	-3.02
82	$Cd^{2+}+2e \rightleftharpoons Cd$	-0.403
83	$Cd^{2+}+2e^- \rightleftharpoons Cd(Hg)$	-0.352
84	$Cd(CN)_4^{2-}+2e^- \rightleftharpoons Cd+4CN^-$	-1.09
85	$CdO+H_2O+2e^- \rightleftharpoons Cd+2OH^-$	-0.783
86	$CdS+2e^- \rightleftharpoons Cd+S^{2-}$	-1.17
87	$CdSO_4+2e^- \rightleftharpoons Cd+SO_4^{2-}$	-0.246
88	$Ce^{3+}+3e^- \rightleftharpoons Ce$	-2.336
89	$Ce^{3+}+3e^- \rightleftharpoons Ce(Hg)$	-1.437
90	$CeO_2+4H^++e^- \rightleftharpoons Ce^{3+}+2H_2O$	1.4
91	$Cl_2(g)+2e^- \rightleftharpoons 2Cl^-$	1.358
92	$ClO^-+H_2O+2e^- \rightleftharpoons Cl^-+2OH^-$	0.89

序号	电极过程	$E^{\ominus}$/V
93	$HClO+H^++2e^- \rightleftharpoons Cl^-+H_2O$	1.482
94	$2HClO+2H^++2e^- \rightleftharpoons Cl_2+2H_2O$	1.611
95	$ClO_2^-+2H_2O+4e^- \rightleftharpoons Cl^-+4OH^-$	0.76
96	$2ClO_3^-+12H^++10e^- \rightleftharpoons Cl_2+6H_2O$	1.47
97	$ClO_3^-+6H^++6e^- \rightleftharpoons Cl^-+3H_2O$	1.451
98	$ClO_3^-+3H_2O+6e^- \rightleftharpoons Cl^-+6OH^-$	0.62
99	$ClO_4^-+8H^++8e^- \rightleftharpoons Cl^-+4H_2O$	1.38
100	$2ClO_4^-+16H^++14e^- \rightleftharpoons Cl_2+8H_2O$	1.39
101	$Cm^{3+}+3e^- \rightleftharpoons Cm$	−2.04
102	$Co^{2+}+2e^- \rightleftharpoons Co$	−0.28
103	$[Co(NH_3)_6]^{3+}+e^- \rightleftharpoons [Co(NH_3)_6]^{2+}$	0.108
104	$[Co(NH_3)_6]^{2+}+2e^- \rightleftharpoons Co+6NH_3$	−0.43
105	$Co(OH)_2+2e^- \rightleftharpoons Co+2OH^-$	−0.73
106	$Co(OH)_3+e^- \rightleftharpoons Co(OH)_2+OH^-$	0.17
107	$Cr^{2+}+2e^- \rightleftharpoons Cr$	−0.913
108	$Cr^{3+}+e^- \rightleftharpoons Cr^{2+}$	−0.407
109	$Cr^{3+}+3e^- \rightleftharpoons Cr$	−0.744
110	$[Cr(CN)_6]^{3-}+e^- \rightleftharpoons [Cr(CN)_6]^{4-}$	−1.28
111	$Cr(OH)_3+3e^- \rightleftharpoons Cr+3OH^-$	−1.48
112	$Cr_2O_7^{2-}+14H^++6e^- \rightleftharpoons 2Cr^{3+}+7H_2O$	1.232
113	$CrO_2^-+2H_2O+3e^- \rightleftharpoons Cr+4OH^-$	−1.2
114	$HCrO_4^-+7H^++3e^- \rightleftharpoons Cr^{3+}+4H_2O$	1.350
115	$CrO_4^{2-}+4H_2O+3e^- \rightleftharpoons Cr(OH)_3+5OH^-$	−0.13
116	$Cs^++e^- \rightleftharpoons Cs$	−2.92
117	$Cu^++e^- \rightleftharpoons Cu$	0.521
118	$Cu^{2+}+2e^- \rightleftharpoons Cu$	0.342
119	$Cu^{2+}+2e^- \rightleftharpoons Cu(Hg)$	0.345
120	$Cu^{2+}+Br^-+e^- \rightleftharpoons CuBr$	0.66
121	$Cu^{2+}+Cl^-+e^- \rightleftharpoons CuCl$	0.57
122	$Cu^{2+}+I^-+e^- \rightleftharpoons CuI$	0.86
123	$Cu^{2+}+2CN^-+e^- \rightleftharpoons [Cu(CN)_2]^-$	1.103
124	$[CuBr_2]^-+e^- \rightleftharpoons Cu+2Br^-$	0.05
125	$[CuCl_2]^-+e^- \rightleftharpoons Cu+2Cl^-$	0.19
126	$[CuI_2]^-+e^- \rightleftharpoons Cu+2I^-$	0.00
127	$Cu_2O+H_2O+2e^- \rightleftharpoons 2Cu+2OH^-$	−0.360
128	$Cu(OH)_2+2e^- \rightleftharpoons Cu+2OH^-$	−0.222

续表

序号	电极过程	$E^{\ominus}/V$
129	$2Cu(OH)_2+2e^- = Cu_2O+2OH^-+H_2O$	-0.080
130	$CuS+2e^- = Cu+S^{2-}$	-0.70
131	$CuSCN+e^- = Cu+SCN^-$	-0.27
132	$Dy^{2+}+2e^- = Dy$	-2.2
133	$Dy^{3+}+3e^- = Dy$	-2.295
134	$Er^{2+}+2e^- = Er$	-2.0
135	$Er^{3+}+3e^- = Er$	-2.331
136	$Es^{2+}+2e^- = Es$	-2.23
137	$Es^{3+}+3e^- = Es$	-1.91
138	$Eu^{2+}+2e^- = Eu$	-2.812
139	$Eu^{3+}+3e^- = Eu$	-1.991
140	$F_2+2H^++2e^- = 2HF$	3.053
141	$F_2O+2H^++4e^- = H_2O+2F^-$	2.153
142	$Fe^{2+}+2e^- = Fe$	-0.447
143	$Fe^{3+}+3e^- = Fe$	-0.037
144	$[Fe(CN)_6]^{3-}+e^- = [Fe(CN)_6]^{4-}$	0.358
145	$[Fe(CN)_6]^{4-}+2e^- = Fe+6CN^-$	-1.5
146	$[FeF_6]^{3-}+e^- = Fe^{2+}+6F^-$	0.4
147	$Fe(OH)_2+2e^- = Fe+2OH^-$	-0.877
148	$Fe(OH)_3+e^- = Fe(OH)_2+OH^-$	-0.56
149	$Fe_3O_4+8H^++2e^- = 3Fe^{2+}+4H_2O$	1.23
150	$Fm^{3+}+3e^- = Fm$	-1.89
151	$Fr^++e^- = Fr$	-2.9
152	$Ga^{3+}+3e^- = Ga$	-0.549
153	$H_2GaO_3^-+H_2O+3e^- = Ga+4OH^-$	-1.29
154	$Gd^{3+}+3e^- = Gd$	-2.279
155	$Ge^{2+}+2e^- = Ge$	0.24
156	$Ge^{4+}+2e^- = Ge^{2+}$	0.0
157	$GeO_2+2H^++2e^- = GeO(棕色)+H_2O$	-0.118
158	$GeO_2+2H^++2e^- = GeO(黄色)+H_2O$	-0.273
159	$H_2GeO_3+4H^++4e^- = Ge+3H_2O$	-0.182
160	$2H^++2e^- = H_2$	0.0000
161	$H_2+2e^- = 2H^-$	-2.25
162	$2H_2O+2e^- = H_2+2OH^-$	-0.8277
163	$Hf^{4+}+4e^- = Hf$	-1.55
164	$Hg^{2+}+2e^- = Hg$	0.851

序号	电极过程	$E^{\ominus}/V$
165	$Hg_2^{2+}+2e^- \rightleftharpoons 2Hg$	0.797
166	$2Hg^{2+}+2e^- \rightleftharpoons Hg_2^{2+}$	0.920
167	$Hg_2Br_2+2e^- \rightleftharpoons 2Hg+2Br^-$	0.1392
168	$[HgBr_4]^{2-}+2e^- \rightleftharpoons Hg+4Br^-$	0.21
169	$Hg_2Cl_2+2e^- \rightleftharpoons 2Hg+2Cl^-$	0.2681
170	$2HgCl_2+2e^- \rightleftharpoons Hg_2Cl_2+2Cl^-$	0.63
171	$Hg_2CrO_4+2e^- \rightleftharpoons 2Hg+CrO_4^{2-}$	0.54
172	$Hg_2I_2+2e^- \rightleftharpoons 2Hg+2I^-$	−0.0405
173	$Hg_2O+H_2O+2e^- \rightleftharpoons 2Hg+2OH^-$	0.123
174	$HgO+H_2O+2e^- \rightleftharpoons Hg+2OH^-$	0.0977
175	$HgS(红色)+2e^- \rightleftharpoons Hg+S^{2-}$	−0.70
176	$HgS(黑色)+2e^- \rightleftharpoons Hg+S^{2-}$	−0.67
177	$Hg_2(SCN)_2+2e^- \rightleftharpoons 2Hg+2SCN^-$	0.22
178	$Hg_2SO_4+2e^- \rightleftharpoons 2Hg+SO_4^{2-}$	0.613
179	$Ho^{2+}+2e^- \rightleftharpoons Ho$	−2.1
180	$Ho^{3+}+3e^- \rightleftharpoons Ho$	−2.33
181	$I_2+2e^- \rightleftharpoons 2I^-$	0.5355
182	$I_3^-+2e^- \rightleftharpoons 3I^-$	0.536
183	$2IBr+2e^- \rightleftharpoons I_2+2Br^-$	1.02
184	$ICN+2e^- \rightleftharpoons I^-+CN^-$	0.30
185	$2HIO+2H^++2e^- \rightleftharpoons I_2+2H_2O$	1.439
186	$HIO+H^++2e^- \rightleftharpoons I^-+H_2O$	0.987
187	$IO^-+H_2O+2e^- \rightleftharpoons I^-+2OH^-$	0.485
188	$2IO_3^-+12H^++10e^- \rightleftharpoons I_2+6H_2O$	1.195
189	$IO_3^-+6H^++6e^- \rightleftharpoons I^-+3H_2O$	1.085
190	$IO_3^-+2H_2O+4e^- \rightleftharpoons IO^-+4OH^-$	0.15
191	$IO_3^-+3H_2O+6e^- \rightleftharpoons I^-+6OH^-$	0.26
192	$2IO_3^-+6H_2O+10e^- \rightleftharpoons I_2+12OH^-$	0.21
193	$H_5IO_6+H^++2e^- \rightleftharpoons IO_3^-+3H_2O$	1.601
194	$In^++e^- \rightleftharpoons In$	−0.14
195	$In^{3+}+3e^- \rightleftharpoons In$	−0.338
196	$In(OH)_3+3e^- \rightleftharpoons In+3OH^-$	−0.99
197	$Ir^{3+}+3e^- \rightleftharpoons Ir$	1.156
198	$[IrBr_6]^{2-}+e^- \rightleftharpoons [IrBr_6]^{3-}$	0.99
199	$[IrCl_6]^{2-}+e^- \rightleftharpoons [IrCl_6]^{3-}$	0.867
200	$K^++e^- \rightleftharpoons K$	−2.931

序号	电极过程	$E^{\ominus}$/V
201	$La^{3+}+3e^- \rightleftharpoons La$	-2.379
202	$La(OH)_3+3e^- \rightleftharpoons La+3OH^-$	-2.90
203	$Li^++e^- \rightleftharpoons Li$	-3.040
204	$Lr^{3+}+3e^- \rightleftharpoons Lr$	-1.96
205	$Lu^{3+}+3e^- \rightleftharpoons Lu$	-2.28
206	$Md^{2+}+2e^- \rightleftharpoons Md$	-2.40
207	$Md^{3+}+3e^- \rightleftharpoons Md$	-1.65
208	$Mg^{2+}+2e^- \rightleftharpoons Mg$	-2.372
209	$Mg(OH)_2+2e^- \rightleftharpoons Mg+2OH^-$	-2.690
210	$Mn^{2+}+2e^- \rightleftharpoons Mn$	-1.185
211	$Mn^{3+}+3e^- \rightleftharpoons Mn$	1.542
212	$MnO_2+4H^++2e^- \rightleftharpoons Mn^{2+}+2H_2O$	1.224
213	$MnO_4^-+4H^++3e^- \rightleftharpoons MnO_2+2H_2O$	1.679
214	$MnO_4^-+8H^++5e^- \rightleftharpoons Mn^{2+}+4H_2O$	1.507
215	$MnO_4^-+2H_2O+3e^- \rightleftharpoons MnO_2+4OH^-$	0.595
216	$Mn(OH)_2+2e^- \rightleftharpoons Mn+2OH^-$	-1.56
217	$Mo^{3+}+3e^- \rightleftharpoons Mo$	-0.200
218	$MoO_4^{2-}+4H_2O+6e^- \rightleftharpoons Mo+8OH^-$	-1.05
219	$N_2+2H_2O+6H^++6e^- \rightleftharpoons 2NH_4OH$	0.092
220	$2NH_3OH^++H^++2e^- \rightleftharpoons N_2H_5^++2H_2O$	1.42
221	$2NO+H_2O+2e^- \rightleftharpoons N_2O+2OH^-$	0.76
222	$2HNO_2+4H^++4e^- \rightleftharpoons N_2O+3H_2O$	1.297
223	$NO_3^-+3H^++2e^- \rightleftharpoons HNO_2+H_2O$	0.934
224	$NO_3^-+H_2O+2e^- \rightleftharpoons NO_2^-+2OH^-$	0.01
225	$2NO_3^-+2H_2O+2e^- \rightleftharpoons N_2O_4+4OH^-$	-0.85
226	$Na^++e^- \rightleftharpoons Na$	-2.713
227	$Nb^{3+}+3e^- \rightleftharpoons Nb$	-1.099
228	$NbO_2+4H^++4e^- \rightleftharpoons Nb+2H_2O$	-0.690
229	$Nb_2O_5+10H^++10e^- \rightleftharpoons 2Nb+5H_2O$	-0.644
230	$Nd^{2+}+2e^- \rightleftharpoons Nd$	-2.1
231	$Nd^{3+}+3e^- \rightleftharpoons Nd$	-2.323
232	$Ni^{2+}+2e^- \rightleftharpoons Ni$	-0.257
233	$NiCO_3+2e^- \rightleftharpoons Ni+CO_3^{2-}$	-0.45
234	$Ni(OH)_2+2e^- \rightleftharpoons Ni+2OH^-$	-0.72
235	$NiO_2+4H^++2e^- \rightleftharpoons Ni^{2+}+2H_2O$	1.678
236	$No^{2+}+2e^- \rightleftharpoons No$	-2.50

序号	电极过程	$E^{\ominus}/V$
237	$No^{3+}+3e^- \rightleftharpoons No$	−1.20
238	$Np^{3+}+3e^- \rightleftharpoons Np$	−1.856
239	$NpO_2+H_2O+H^++e^- \rightleftharpoons Np(OH)_3$	−0.962
240	$O_2+4H^++4e^- \rightleftharpoons 2H_2O$	1.229
241	$O_2+2H_2O+4e^- \rightleftharpoons 4OH^-$	0.401
242	$O_3+H_2O+2e^- \rightleftharpoons O_2+2OH^-$	1.24
243	$Os^{2+}+2e^- \rightleftharpoons Os$	0.85
244	$[OsCl_6]^{3-}+e^- \rightleftharpoons Os^{2+}+6Cl^-$	0.4
245	$OsO_2+2H_2O+4e^- \rightleftharpoons Os+4OH^-$	−0.15
246	$OsO_4+8H^++8e^- \rightleftharpoons Os+4H_2O$	0.838
247	$OsO_4+4H^++4e^- \rightleftharpoons OsO_2+2H_2O$	1.02
248	$P+3H_2O+3e^- \rightleftharpoons PH_3(g)+3OH^-$	−0.87
249	$H_2PO_2^-+e^- \rightleftharpoons P+2OH^-$	−1.82
250	$H_3PO_3+2H^++2e^- \rightleftharpoons H_3PO_2+H_2O$	−0.499
251	$H_3PO_3+3H^++3e^- \rightleftharpoons P+3H_2O$	−0.454
252	$H_3PO_4+2H^++2e^- \rightleftharpoons H_3PO_3+H_2O$	−0.276
253	$PO_4^{3-}+2H_2O+2e^- \rightleftharpoons HPO_3^{2-}+3OH^-$	−1.05
254	$Pa^{3+}+3e^- \rightleftharpoons Pa$	−1.34
255	$Pa^{4+}+4e^- \rightleftharpoons Pa$	−1.49
256	$Pb^{2+}+2e^- \rightleftharpoons Pb$	−0.126
257	$Pb^{2+}+2e^- \rightleftharpoons Pb(Hg)$	−0.121
258	$PbBr_2+2e^- \rightleftharpoons Pb+2Br^-$	−0.284
259	$PbCl_2+2e^- \rightleftharpoons Pb+2Cl^-$	−0.268
260	$PbCO_3+2e^- \rightleftharpoons Pb+CO_3^{2-}$	−0.506
261	$PbF_2+2e^- \rightleftharpoons Pb+2F^-$	−0.344
262	$PbI_2+2e^- \rightleftharpoons Pb+2I^-$	−0.365
263	$PbO+H_2O+2e^- \rightleftharpoons Pb+2OH^-$	−0.580
264	$PbO+4H^++2e^- \rightleftharpoons Pb+H_2O$	0.25
265	$PbO_2+4H^++2e^- \rightleftharpoons Pb^{2+}+2H_2O$	1.455
266	$HPbO_2^-+H_2O+2e^- \rightleftharpoons Pb+3OH^-$	−0.537
267	$PbO_2+SO_4^{2-}+4H^++2e^- \rightleftharpoons PbSO_4+2H_2O$	1.691
268	$PbSO_4+2e^- \rightleftharpoons Pb+SO_4^{2-}$	−0.359
269	$Pd^{2+}+2e^- \rightleftharpoons Pd$	0.915
270	$[PdBr_4]^{2-}+2e^- \rightleftharpoons Pd+4Br^-$	0.6
271	$PdO_2+H_2O+2e^- \rightleftharpoons PdO+2OH^-$	0.73
272	$Pd(OH)_2+2e^- \rightleftharpoons Pd+2OH^-$	0.07

序号	电极过程	$E^{\ominus}/V$
273	$Pm^{2+}+2e^- \rightleftharpoons Pm$	−2.20
274	$Pm^{3+}+3e^- \rightleftharpoons Pm$	−2.30
275	$Po^{4+}+4e^- \rightleftharpoons Po$	0.76
276	$Pr^{2+}+2e^- \rightleftharpoons Pr$	−2.0
277	$Pr^{3+}+3e^- \rightleftharpoons Pr$	−2.353
278	$Pt^{2+}+2e^- \rightleftharpoons Pt$	1.18
279	$[PtCl_6]^{2-}+2e^- \rightleftharpoons [PtCl_4]^{2-}+2Cl^-$	0.68
280	$Pt(OH)_2+2e^- \rightleftharpoons Pt+2OH^-$	0.14
281	$PtO_2+4H^++4e^- \rightleftharpoons Pt+2H_2O$	1.00
282	$PtS+2e^- \rightleftharpoons Pt+S^{2-}$	−0.83
283	$Pu^{3+}+3e^- \rightleftharpoons Pu$	−2.031
284	$Pu^{5+}+e^- \rightleftharpoons Pu^{4+}$	1.099
285	$Ra^{2+}+2e^- \rightleftharpoons Ra$	−2.8
286	$Rb^++e^- \rightleftharpoons Rb$	−2.98
287	$Re^{3+}+3e^- \rightleftharpoons Re$	0.300
288	$ReO_2+4H^++4e^- \rightleftharpoons Re+2H_2O$	0.251
289	$ReO_4^-+4H^++3e^- \rightleftharpoons ReO_2+2H_2O$	0.510
290	$ReO_4^-+4H_2O+7e^- \rightleftharpoons Re+8OH^-$	−0.584
291	$Rh^{2+}+2e^- \rightleftharpoons Rh$	0.600
292	$Rh^{3+}+3e^- \rightleftharpoons Rh$	0.758
293	$Ru^{2+}+2e^- \rightleftharpoons Ru$	0.455
294	$RuO_2+4H^++2e^- \rightleftharpoons Ru^{2+}+2H_2O$	1.120
295	$RuO_4+6H^++4e^- \rightleftharpoons Ru(OH)_2^{2+}+2H_2O$	1.40
296	$S+2e^- \rightleftharpoons S^{2-}$	−0.476
297	$S+2H^++2e^- \rightleftharpoons H_2S(aq)$	0.142
298	$S_2O_6^{2-}+4H^++2e^- \rightleftharpoons 2H_2SO_3$	0.564
299	$2SO_3^{2-}+3H_2O+4e^- \rightleftharpoons S_2O_3^{2-}+6OH^-$	−0.571
300	$2SO_3^{2-}+2H_2O+2e^- \rightleftharpoons S_2O_4^{2-}+4OH^-$	−1.12
301	$SO_4^{2-}+H_2O+2e^- \rightleftharpoons SO_3^{2-}+2OH^-$	−0.93
302	$Sb+3H^++3e^- \rightleftharpoons SbH_3$	−0.510
303	$Sb_2O_3+6H^++6e^- \rightleftharpoons 2Sb+3H_2O$	0.152
304	$Sb_2O_5+6H^++4e^- \rightleftharpoons 2SbO^++3H_2O$	0.581
305	$SbO_3^-+H_2O+2e^- \rightleftharpoons SbO_2^-+2OH^-$	−0.59
306	$Sc^{3+}+3e^- \rightleftharpoons Sc$	−2.077
307	$Sc(OH)_3+3e^- \rightleftharpoons Sc+3OH^-$	−2.6
308	$Se+2e^- \rightleftharpoons Se^{2-}$	−0.924

序号	电极过程	$E^{\ominus}/V$
309	$Se+2H^++2e^- \rightleftharpoons H_2Se(aq)$	-0.399
310	$H_2SeO_3+4H^++4e^- \rightleftharpoons Se+3H_2O$	-0.74
311	$SeO_3^{2-}+3H_2O+4e^- \rightleftharpoons Se+6OH^-$	-0.366
312	$SeO_4^{2-}+H_2O+2e^- \rightleftharpoons SeO_3^{2-}+2OH^-$	0.05
313	$Si+4H^++4e^- \rightleftharpoons SiH_4(气体)$	0.102
314	$Si+4H_2O+4e^- \rightleftharpoons SiH_4+4OH^-$	-0.73
315	$SiF_6^{2-}+4e^- \rightleftharpoons Si+6F^-$	-1.24
316	$SiO_2+4H^++4e^- \rightleftharpoons Si+2H_2O$	-0.857
317	$SiO_3^{2-}+3H_2O+4e^- \rightleftharpoons Si+6OH^-$	-1.697
318	$Sm^{2+}+2e^- \rightleftharpoons Sm$	-2.68
319	$Sm^{3+}+3e^- \rightleftharpoons Sm$	-2.304
320	$Sn^{2+}+2e^- \rightleftharpoons Sn$	-0.138
321	$Sn^{4+}+2e^- \rightleftharpoons Sn^{2+}$	0.151
322	$[SnCl_4]^{2-}+2e^- \rightleftharpoons Sn+4Cl^-(1\ mol \cdot L^{-1}\ HCl)$	-0.19
323	$SnF_6^{2-}+4e^- \rightleftharpoons Sn+6F^-$	-0.25
324	$Sn(OH)_3^-+3H^++2e^- \rightleftharpoons Sn^{2+}+3H_2O$	0.142
325	$SnO_2+4H^++4e^- \rightleftharpoons Sn+2H_2O$	-0.117
326	$[Sn(OH)_6]^{2-}+2e^- \rightleftharpoons HSnO_2^-+3OH^-+H_2O$	-0.93
327	$Sr^{2+}+2e^- \rightleftharpoons Sr$	-2.899
328	$Sr^{2+}+2e^- \rightleftharpoons Sr(Hg)$	-1.793
329	$Sr(OH)_2+2e^- \rightleftharpoons Sr+2OH^-$	-2.88
330	$Ta^{3+}+3e^- \rightleftharpoons Ta$	-0.6
331	$Tb^{3+}+3e^- \rightleftharpoons Tb$	-2.28
332	$Tc^{2+}+2e^- \rightleftharpoons Tc$	0.400
333	$TcO_4^-+8H^++7e^- \rightleftharpoons Tc+4H_2O$	0.472
334	$TcO_4^-+2H_2O+3e^- \rightleftharpoons TcO_2+4OH^-$	-0.311
335	$Te+2e^- \rightleftharpoons Te^{2-}$	-1.143
336	$Te^{4+}+4e^- \rightleftharpoons Te$	0.568
337	$Th^{4+}+4e^- \rightleftharpoons Th$	-1.899
338	$Ti^{2+}+2e^- \rightleftharpoons Ti$	-1.630
339	$Ti^{3+}+3e^- \rightleftharpoons Ti$	-1.37
340	$TiO_2+4H^++2e^- \rightleftharpoons Ti^{2+}+2H_2O$	-0.502
341	$TiO^{2+}+2H^++e^- \rightleftharpoons Ti^{3+}+H_2O$	0.1
342	$Tl^++e^- \rightleftharpoons Tl$	-0.336
343	$Tl^{3+}+3e^- \rightleftharpoons Tl$	0.741
344	$Tl^{3+}+Cl^-+2e^- \rightleftharpoons TlCl$	1.36

续表

序号	电极过程	$E^{\ominus}/V$
345	$TlBr+e^- \rightleftharpoons Tl+Br^-$	-0.658
346	$TlCl+e^- \rightleftharpoons Tl+Cl^-$	-0.557
347	$TlI+e^- \rightleftharpoons Tl+I^-$	-0.752
348	$Tl_2O_3+3H_2O+4e^- \rightleftharpoons 2Tl^++6OH^-$	0.02
349	$TlOH+e^- \rightleftharpoons Tl+OH^-$	-0.34
350	$Tl_2SO_4+2e^- \rightleftharpoons 2Tl+SO_4^{2-}$	-0.436
351	$Tm^{2+}+2e^- \rightleftharpoons Tm$	-2.4
352	$Tm^{3+}+3e^- \rightleftharpoons Tm$	-2.319
353	$U^{3+}+3e^- \rightleftharpoons U$	-1.798
354	$UO_2^++4H^++4e^- \rightleftharpoons U+2H_2O$	-1.40
355	$UO_2^++4H^++e^- \rightleftharpoons U^{4+}+2H_2O$	0.612
356	$UO_2^{2+}+4H^++6e^- \rightleftharpoons U+2H_2O$	-1.444
357	$V^{2+}+2e^- \rightleftharpoons V$	-1.175
358	$VO^{2+}+2H^++e^- \rightleftharpoons V^{3+}+H_2O$	0.337
359	$VO_2^++2H^++e^- \rightleftharpoons VO^{2+}+H_2O$	0.991
360	$VO_2^++4H^++2e^- \rightleftharpoons V^{3+}+2H_2O$	0.668
361	$V_2O_5+10H^++10e^- \rightleftharpoons 2V+5H_2O$	-0.242
362	$W^{3+}+3e^- \rightleftharpoons W$	0.1
363	$WO_3+6H^++6e^- \rightleftharpoons W+3H_2O$	-0.090
364	$W_2O_5+2H^++2e^- \rightleftharpoons 2WO_2+H_2O$	-0.031
365	$Y^{3+}+3e^- \rightleftharpoons Y$	-2.372
366	$Yb^{2+}+2e^- \rightleftharpoons Yb$	-2.76
367	$Yb^{3+}+3e^- \rightleftharpoons Yb$	-2.19
368	$Zn^{2+}+2e^- \rightleftharpoons Zn$	-0.7618
369	$Zn^{2+}+2e^- \rightleftharpoons Zn(Hg)$	-0.7628
370	$Zn(OH)_2+2e^- \rightleftharpoons Zn+2OH^-$	-1.249
371	$ZnS+2e^- \rightleftharpoons Zn+S^{2-}$	-1.40
372	$ZnSO_4+2e^- \rightleftharpoons Zn(Hg)+SO_4^{2-}$	-0.799

常用的基准物质

滴定方法	标准溶液	基准物质	优缺点
酸碱滴定	HCl	Na_2CO_3	便宜,易得纯品,易吸湿
		$Na_2B_4O_7 \cdot 10H_2O$	易得纯品,不易吸湿,摩尔质量大,湿度小时会失去结晶水
	NaOH	$C_6H_4 \cdot COOH \cdot COOK$	易得纯品,不吸湿,摩尔质量大
		$H_2C_2O_4 \cdot 2H_2O$	便宜,结晶水不稳定,纯度不理想

续表

滴定方法	标准溶液	基准物质	优 缺 点
络合滴定	EDTA	金属 Zn 或 ZnO	纯度高,稳定,既可在 pH=5~6 又可在 pH=9~10 应用
氧化还原滴定	$KMnO_4$	$Na_2C_2O_4$	易得纯品,稳定,无显著吸湿
	$K_2Cr_2O_7$	$K_2Cr_2O_7$	易得纯品,非常稳定,可直接配制标准溶液
	$Na_2S_2O_3$	$K_2Cr_2O_7$	易得纯品,非常稳定,可直接配制标准溶液
	I_2	升华碘	纯度高,易挥发,水中溶解度很小
		As_2O_3	能得纯品,产品不吸湿,剧毒
	$KBrO_3$	$KBrO_3$	易得纯品,稳定
	$KBrO_3$+ 过量 KBr	$KBrO_3$	—
沉淀滴定	$AgNO_3$	$AgNO_3$	易得纯品,防止光照及有机物玷污
		NaCl	易得纯品,易吸湿

酸碱指示剂

序号	名称	pH 变色范围	酸色	碱色	pK_a	浓度
1	甲基紫(第一次变色)	0.13~0.5	黄	绿	0.8	0.1% 水溶液
2	甲酚红(第一次变色)	0.2~1.8	红	黄	—	0.04% 乙醇(50%)溶液
3	甲基紫(第二次变色)	1.0~1.5	绿	蓝	—	0.1% 水溶液
4	百里酚蓝(第一次变色)	1.2~2.8	红	黄	1.65	0.1% 乙醇(20%)溶液
5	茜素黄 R(第一次变色)	1.9~3.3	红	黄	—	0.1% 水溶液
6	甲基紫(第三次变色)	2.0~3.0	蓝	紫	—	0.1% 水溶液
7	甲基黄	2.9~4.0	红	黄	3.3	0.1% 乙醇(90%)溶液
8	溴酚蓝	3.0~4.6	黄	蓝	3.85	0.1% 乙醇(20%)溶液
9	甲基橙	3.1~4.4	红	黄	3.40	0.1% 水溶液
10	溴甲酚绿	3.8~5.4	黄	蓝	4.68	0.1% 乙醇(20%)溶液
11	甲基红	4.4~6.2	红	黄	4.95	0.1% 乙醇(60%)溶液
12	溴百里酚蓝	6.0~7.6	黄	蓝	7.1	0.1% 乙醇(20%)
13	中性红	6.8~8.0	红	黄	7.4	0.1% 乙醇(60%)溶液
14	酚红	6.8~8.0	黄	红	7.9	0.1% 乙醇(20%)溶液
15	甲酚红(第二次变色)	7.2~8.8	黄	红	8.2	0.04% 乙醇(50%)溶液
16	百里酚蓝(第二次变色)	8.0~9.6	黄	蓝	8.9	0.1% 乙醇(20%)溶液
17	酚酞	8.2~10.0	无色	紫红	9.4	0.1% 乙醇(60%)溶液
18	百里酚酞	9.4~10.6	无色	蓝	10.0	0.1% 乙醇(90%)溶液
19	茜素黄 R(第二次变色)	10.1~12.1	黄	紫	11.16	0.1% 水溶液
20	靛胭脂红	11.6~14.0	蓝	黄	12.2	25% 乙醇(50%)溶液

混合酸碱指示剂

序号	指示剂名称	浓度	组成	变色点	酸色	碱色
1	甲基黄	0.1% 乙醇溶液	1:1	3.28	蓝紫	绿
	亚甲基蓝	0.1% 乙醇溶液				
2	甲基橙	0.1% 水溶液	1:1	4.3	紫	绿
	苯胺蓝	0.1% 水溶液				
3	溴甲酚绿	0.1% 乙醇溶液	3:1	5.1	酒红	绿
	甲基红	0.2% 乙醇溶液				
4	溴甲酚绿钠盐	0.1% 水溶液	1:1	6.1	黄绿	蓝紫
	氯酚红钠盐	0.1% 水溶液				
5	中性红	0.1% 乙醇溶液	1:1	7.0	蓝紫	绿
	亚甲基蓝	0.1% 乙醇溶液				
6	中性红	0.1% 乙醇溶液	1:1	7.2	玫瑰	绿
	溴百里酚蓝	0.1% 乙醇溶液				
7	甲酚红钠盐	0.1% 水溶液	1:3	8.3	黄	紫
	百里酚蓝钠盐	0.1% 水溶液				
8	酚酞	0.1% 乙醇溶液	1:2	8.9	绿	紫
	甲基绿	0.1% 乙醇溶液				
9	酚酞	0.1% 乙醇溶液	1:1	9.9	无色	紫
	百里酚酞	0.1% 乙醇溶液				
10	百里酚酞	0.1% 乙醇溶液	2:1	10.2	黄	绿

氧化还原指示剂

序号	名称	氧化型颜色	还原型颜色	E_{ind}/V	浓度
1	二苯胺	紫	无色	+0.76	1% 浓硫酸溶液
2	二苯胺磺酸钠	紫红	无色	+0.84	0.2% 水溶液
3	亚甲基蓝	蓝	无色	+0.532	0.1% 水溶液
4	中性红	红	无色	+0.24	0.1% 乙醇溶液
5	喹啉黄	无色	黄	—	0.1% 水溶液
6	淀粉	蓝	无色	+0.53	0.1% 水溶液
7	孔雀绿	棕	蓝	—	0.05% 水溶液
8	劳氏紫	紫	无色	+0.06	0.1% 水溶液
9	邻二氮菲亚铁	浅蓝	红	+1.06	1.485 g 邻二氮菲 +0.695 g 硫酸亚铁溶于 100 mL 水
10	酸性绿	橘红	黄绿	+0.96	0.1% 水溶液
11	专利蓝 V	红	黄	+0.95	0.1% 水溶液

络合指示剂

名称	In 本色	MIn 颜色	适用 pH 范围	被滴定离子	干扰离子
铬黑 T	蓝	葡萄红	6.0~11.0	Ca^{2+},Cd^{2+},Hg^{2+},Mg^{2+},Mn^{2+},Pb^{2+},Zn^{2+}	Al^{3+},Co^{2+},Cu^{2+},Fe^{3+},Ga^{3+},In^{3+},Ni^{2+},$Ti(IV)$
二甲酚橙	柠檬黄	红	5.0~6.0	Cd^{2+},Hg^{2+},La^{3+},Pb^{2+},Zn^{2+}	—
			2.5	Bi^{3+},Th^{4+}	
茜素	红	黄	2.8	Th^{4+}	—
钙试剂	亮蓝	深红	>12.0	Ca^{2+}	—
酸性铬紫 B	橙	红	4.0	Fe^{3+}	—
甲基百里酚蓝	灰	蓝	10.5	Ba^{2+},Ca^{2+},Mg^{2+},Mn^{2+},Sr^{2+}	Bi^{3+},Cd^{2+},Co^{2+},Hg^{2+},Pb^{2+},Sc^{3+},Th^{4+},Zn^{2+}
溴酚红	红	橙黄	2.0~3.0	Bi^{3+}	—
	蓝紫	红	7.0~8.0	Cd^{2+},Co^{2+},Mg^{2+},Mn^{2+},Ni^{3+}	—
	蓝	红	4.0	Pb^{2+}	—
	浅蓝	红	4.0~6.0	Re^{3+}	—
铝试剂	酒红	黄	8.5~10.0	Ca^{2+},Mg^{2+}	—
	红	蓝紫	4.4	Al^{3+}	—
	紫	淡黄	1.0~2.0	Fe^{3+}	—
偶氮胂Ⅲ	蓝	红	10.0	Ca^{2+},Mg^{2+}	—

吸附指示剂

序号	名称	被滴定离子	滴定剂	起点颜色	终点颜色	浓度
1	荧光黄	Cl^-,Br^-,SCN^-	Ag^+	黄绿	玫瑰	0.1% 乙醇溶液
		I^-			橙	
2	二氯荧光黄	Cl^-,Br^-	Ag^+	红紫	蓝紫	0.1% 乙醇(60%~70%)溶液
		SCN^-		玫瑰	红紫	
		I^-		黄绿	橙	
3	曙红	Br^-,I^-,SCN^-	Ag^+	橙	深红	0.5% 水溶液
		Pb^{2+}	MoO_4^{2-}	红紫	橙	
4	溴酚蓝	Cl^-,Br^-,SCN^-	Ag^+	黄	蓝	0.1% 钠盐水溶液
		I^-		黄绿	蓝绿	
		TeO_3^{2-}		紫红	蓝	
5	溴甲酚绿	Cl^-	Ag^+	紫	浅蓝绿	0.1% 乙醇溶液(酸性)
6	二甲酚橙	Cl^-	Ag^+	玫瑰	灰蓝	0.2% 水溶液
		Br^-,I^-			灰绿	

续表

序号	名称	被滴定离子	滴定剂	起点颜色	终点颜色	浓度
7	罗丹明6G	Cl^-,Br^-	Ag^+	红紫	橙	0.1% 水溶液
		Ag^+	Br^-	橙	红紫	
8	品红	Cl^-	Ag^+	红紫	玫瑰	0.1% 乙醇溶液
		Br^-,I^-		橙		
		SCN^-		浅蓝		
9	刚果红	Cl^-,Br^-,I^-	Ag^+	红	蓝	0.1% 水溶液
10	茜素红S	SO_4^{2-}	Ba^{2+}	黄	玫瑰红	0.4% 水溶液
		$[Fe(CN)_6]^{4-}$	Pb^{2+}			
11	偶氮氯膦Ⅲ	SO_4^{2-}	Ba^{2+}	红	蓝绿	—
12	甲基红	F^-	Ce^{3+}	黄	玫瑰红	—
			$Y(NO_3)_3$			
13	二苯胺	Zn^{2+}	$[Fe(CN)_6]^{4-}$	蓝	黄绿	1% 的硫酸(96%)溶液
14	邻二甲氧基联苯胺	Zn^{2+},Pb^{2+}	$[Fe(CN)_6]^{4-}$	紫	无色	1% 的硫酸溶液
15	酸性玫瑰红	Ag^+	MoO_4^{2-}	无色	紫红	0.1% 水溶液

物质颜色和吸收光颜色的对应关系

序号	物质颜色	吸收光颜色	波长范围 /nm
1	黄绿色	紫色	400~450
2	黄色	蓝色	450~480
3	橙色	绿蓝色	480~490
4	红色	蓝绿色	490~500
5	紫红色	绿色	500~560
6	紫色	黄绿色	560~580
7	蓝色	黄色	580~600
8	绿蓝色	橙色	600~650
9	蓝绿色	红色	650~750

元素的相对原子质量

序数	名称	符号	相对原子质量	序数	名称	符号	相对原子质量	序数	名称	符号	相对原子质量
1	氢	H	1.007 9	38	锶	Sr	87.62	75	铼	Re	186.2
2	氦	He	4.002 6	39	钇	Y	88.906	76	锇	Os	190.23
3	锂	Li	6.941	40	锆	Zr	91.224	77	铱	Ir	192.22
4	铍	Be	9.012 2	41	铌	Nb	92.906	78	铂	Pt	195.08
5	硼	B	10.811	42	钼	Mo	95.94	79	金	Au	196.97
6	碳	C	12.011	43	锝	Tc	（98）	80	汞	Hg	200.59
7	氮	N	14.007	44	钌	Ru	101.07	81	铊	Tl	204.38
8	氧	O	15.999	45	铑	Rh	102.91	82	铅	Pb	207.2
9	氟	F	18.998	46	钯	Pd	106.42	83	铋	Bi	208.98
10	氖	Ne	20.180	47	银	Ag	107.87	84	钋	Po	（209）
11	钠	Na	22.990	48	镉	Cd	112.41	85	砹	At	（210）
12	镁	Mg	24.305	49	铟	In	114.82	86	氡	Rn	（222）
13	铝	Al	26.982	50	锡	Sn	118.71	87	钫	Fr	（223）
14	硅	Si	28.086	51	锑	Sb	121.75	88	镭	Ra	（226）
15	磷	P	30.974	52	碲	Te	127.60	89	锕	Ac	（227）
16	硫	S	32.066	53	碘	I	126.90	90	钍	Th	232.04
17	氯	Cl	35.453	54	氙	Xe	131.29	91	镤	Pa	231.04
18	氩	Ar	39.948	55	铯	Cs	132.91	92	铀	U	238.03
19	钾	K	39.098	56	钡	Ba	137.33	93	镎	Np	（237）
20	钙	Ca	40.078	57	镧	La	138.91	94	钚	Pu	（244）
21	钪	Sc	44.956	58	铈	Ce	140.12	95	镅	Am	（243）
22	钛	Ti	47.867	59	镨	Pr	140.91	96	锔	Cm	（247）
23	钒	V	50.942	60	钕	Nd	144.24	97	锫	Bk	（247）
24	铬	Cr	51.996	61	钷	Pm	（145）	98	锎	Cf	（251）
25	锰	Mn	54.938	62	钐	Sm	150.36	99	锿	Es	（252）
26	铁	Fe	55.845	63	铕	Eu	151.96	100	镄	Fm	（257）
27	钴	Co	58.933	64	钆	Gd	157.25	101	钔	Md	（258）
28	镍	Ni	58.693	65	铽	Tb	158.93	102	锘	No	（259）
29	铜	Cu	63.546	66	镝	Dy	162.50	103	铹	Lr	（260）
30	锌	Zn	65.39	67	钬	Ho	164.93	104	𬬻	Rf	（261）
31	镓	Ga	69.72	68	铒	Er	167.26	105	𬭊	Db	（262）
32	锗	Ge	72.61	69	铥	Tm	168.93	106	𬭳	Sg	（263）
33	砷	As	74.922	70	镱	Yb	173.04	107	𬭛	Bh	（264）
34	锡	Sn	78.96	71	镥	Lu	174.97	108	𬭶	Hs	（265）
35	溴	Br	79.904	72	铪	Hf	178.49	109	鿏	Mt	（268）
36	氪	Kr	83.80	73	钽	Ta	180.95				
37	铷	Rb	85.468	74	钨	W	183.84				

附录Ⅳ　常见阳离子的鉴定方法

离子	鉴定方法	备注
Ag^+	取 2 滴试液,加入 2 滴 2 mol·L^{-1} HCl,若产生沉淀,离心分离,在沉淀中加入 6 mol·L^{-1} $NH_3·H_2O$ 使沉淀溶解,再加入 6 mol·L^{-1} HNO_3 酸化,白色沉淀重又出现,说明 Ag^+ 存在。反应如下: $Ag^+ + Cl^- = AgCl \downarrow$ $AgCl + 2NH_3·H_2O = [Ag(NH_3)_2]^+ + Cl^- + 2H_2O$ $[Ag(NH_3)_2]^+ + 2Cl^- + 2H^+ = AgCl \downarrow + 2NH_4^+ + Cl^-$	
Al^{3+}	取试液 2 滴,再加入 2 滴铝试剂,微热,有红色沉淀,表示有 Al^{3+}	反应可在 HOAc-NH_4OAc 缓冲溶液中进行
Ba^{2+}	在试液中加入 0.2 mol·L^{-1} K_2CrO_4 溶液,生成黄色的 $BaCrO_4$ 沉淀,表示有 Ba^{2+} 存在。可用 $K_2Cr_2O_4$ 溶液代替 K_2CrO_4 溶液	Sr^{2+} 对 Ba^{2+} 的鉴定有干扰,但 $SrCrO_4$ 与 $BaCrO_4$ 不同的是,$SrCrO_4$ 在乙酸中可溶解,所以应在乙酸存在下进行反应
Bi^{3+}	① SnO_2^{2-} 将 Bi^{3+} 还原,生成金属铋(黑色沉淀),表示有 Bi^{3+} 存在: $2Bi(OH)_3 + 3SnO_2^{2-} = 2Bi \downarrow + 3SnO_3^{2-} + 3H_2O$ 取 2 滴试液,加入 2 滴 0.2 mol·L^{-1} $SnCl_2$ 溶液和数滴 2 mol·L^{-1} NaOH 溶液,溶液为碱性。观察有无黑色金属铋沉淀出现。 ② $BiCl_3$ 溶液稀释,生成白色 BiOCl 沉淀,表示有 Bi^{3+} 存在: $Bi^{3+} + H_2O + Cl^- = BiOCl \downarrow + 2H^+$	
Ca^{2+}	试液中加入饱和 $(NH_4)_2C_2O_4$ 溶液,如有白色的 $Ca_2C_2O_4$ 沉淀生成,表示有 Ca^{2+} 存在。	沉淀不溶于乙酸。Sr^{2+}、Ba^{2+} 离子也与 $(NH_4)_2C_2O_4$ 生成同样的沉淀,但在乙酸中可溶解
Co^{2+}	① 取 5 滴试液,加入 0.5 mL 丙酮,然后加入 1 mol·L^{-1} NH_4SCN 溶液,溶液显蓝色,表示有 Co^{2+} 存在。 ② 在 2 滴试液中,加入 1 滴 3 mol·L^{-1} NH_4OAc 溶液,再加入 1 滴亚硝基 R 盐溶液。溶液呈红褐色,表示有 Co^{2+}	
Cd^{2+}	Cd^{2+} 与 S^{2-} 生成 CdS 黄色沉淀的反应可作为 Cd^{2+} 的鉴定反应。取 3 滴试液加入 Na_2S 溶液,产生黄色沉淀,表示有 Cd^{2+} 存在	沉淀不溶于碱和 Na_2S 溶液,过量的酸妨碍反应进行
Cr^{3+}	① 取 2~3 滴试液,加入 4~5 滴 2 mol·L^{-1} NaOH 溶液、2~3 滴 3% H_2O_2 溶液,加热,溶液颜色由绿变黄,表示有 CrO_4^{2-}。继续加热,直至过量的 H_2O_2 完全分解,冷却,用 6 mol·L^{-1} HAc 酸化,加 2 滴 0.1 mol·L^{-1} $Pb(NO_3)_2$ 溶液,生成黄色的 $PbCrO_4$ 沉淀,表示有 Cr^{3+}。 ② 得到 CrO_4^{2-} 后,除去过量的 H_2O_2,用 6mol·L^{-1} HOAc 酸化,加入数滴乙醚和 3% H_2O_2,乙醚层显蓝色,表示有 Cr^{3+}。反应式如下: $Cr_2O_7^{2-} + 4H_2O_2 + 2H^+ = 2CrO_5(蓝色) + 5H_2O$	
Cu^{2+}	① 与 $K_4[Fe(CN)_6]$ 反应: $2Cu^{2+} + [Fe(CN)_6]^{4-} = Cu_2[Fe(CN)_6] \downarrow (红棕色)$,取 1 滴试液放在点滴板上,再加入 1 滴 $K_4[Fe(CN)_6]$ 溶液,有红棕色沉淀出现,表示有 Cu^{2+}。 ② 与 $NH_3·H_2O$ 反应: $Cu^{2+} + 4NH_3 = [Cu(NH_3)_4]^{2+}(深蓝色)$ 取 5 滴试液,加入过量 $NH_3·H_2O$,溶液变为深蓝色,证明 Cu^{2+} 存在	沉淀不溶于稀酸,可在 HOAc 存在下反应。沉淀可被碱溶液分解: $Cu_2[Fe(CN)_6] + 4OH^- = 2Cu(OH)_2 \downarrow + [Fe(NH_3)_6]^{4-}$

续表

离子	鉴定方法	备注
Fe^{3+}	① 取 2 滴试液,加入 2 滴 NH_4SCN 溶液,生成血红色 $Fe(SCN)_3$,证明 Fe^{3+} 存在(此反应应可在点滴板上进行)。 ② 将 1 滴试液放于点滴板上,加入 1 滴 $K_4[Fe(CN)_6]$,生成蓝色沉淀,表示有 Fe^{3+} 存在	在适当酸度下进行,蓝色沉淀溶于强酸,强碱能分解沉淀,加入试剂过量太多,也会溶解沉淀
K^+	钴亚硝酸钠 $Na_3[Co(NO_2)_6]$ 与钾盐生成黄色 $K_2Na[Co(NO_2)_6]$ 沉淀。反应可在点滴板上进行,1 滴试液加入 1 至 2 滴试剂,如不立即生成黄色沉淀,可放置一段时间再观察	如果溶液呈碱性,则反应生成 $Co(OH)_3$ 沉淀。溶液呈强酸性时,应加入乙酸钠,以使强酸性转换为弱酸性,防止沉淀溶解
Hg^{2+}	① Hg^{2+} 可被铜置换,在铜表面析出金属汞的灰色斑点,表示有 Hg^{2+}: $Cu + Hg^{2+} == Cu^{2+} + Hg \downarrow$ ② 在 2 滴试液中,加入过量 $SnCl_2$ 溶液,$SnCl_2$ 与汞盐作用,首先生成白色 Hg_2Cl_2 沉淀,过量 $SnCl_2$ 将 Hg_2Cl_2 进一步还原成金属汞,沉淀逐渐变灰,说明 Hg^{2+} 存在。 $2HgCl_2 + Sn^{2+} == Sn^{4+} + Hg_2Cl_2 \downarrow + 2Cl^-$ $Sn^{2+} + Hg_2Cl_2 == 2Hg \downarrow + Sn^{4+} + 2Cl^-$	
Mg^{2+}	取几滴试液,加入少量镁试剂(对硝基苯偶氮间苯二酚),再加入 NaOH 溶液使呈碱性,若有 Mg^{2+} 存在,产生蓝色沉淀。Mg^{2+} 量少时,溶液由红色变成蓝色	加入镁试剂后,溶液显黄色,表示试剂酸性太强,应加入碱液。Ni^{2+}、Co^{2+}、Cd^{2+} 的氢氧化物与镁试剂作用,干扰 Mg^{2+} 的鉴定
Mn^{2+}	取 1 滴试液,加入数滴 $0.1 \, mol \cdot L^{-1} HNO_3$ 溶液,再加入 $NaBiO_3$ 固体,若有 Mn^{2+} 存在,溶液应为紫红色	
Na^+	取 1 滴试液,加入 8 滴乙酸铀酰锌试剂,用玻璃棒摩擦试管。淡黄色结晶乙酸铀酰锌钠($NaCH_3COO \cdot Zn(CH_3COO)_2 \cdot UO_2(CH_3COO)_2 \cdot H_2O$)沉淀出现,表示有 Na^+ 存在	① 反应应在中性或乙酸酸性溶液中进行。 ② 大量 K^+ 存在干扰测定,为降低 K^+ 浓度,可将试液稀释 2~3 倍
NH_4^+	① 在表面皿上,加入 5 滴 $6 \, mol \cdot L^{-1} NaOH$,立即把一凹面贴有湿润红色石蕊试纸(或 pH 试纸)的表面皿盖上,然后放在水浴上加热,试纸呈碱性,表示有 NH_4^+ 存在。 ② 在点滴板上放 1 滴试液,加 2 滴奈斯勒试剂($K_2[HgI_4]$ 与 KOH 的混合物),生成红棕色沉淀,示有 NH_4^+ 存在	NH_4^+ 离子含量少时,不生成红棕色沉淀而得到黄色溶液
Ni^{2+}	取 2 滴试液,加入 2 滴二乙酰二肟(丁二肟)和 1 滴稀氨水,生成红色的沉淀,说明有 Ni^{2+} 存在	反应在 pH 值为 5~10 的溶液进行。可在 HOAc-NaOAc 缓冲溶液中反应
Pb^{2+}	取 2 滴试液,加入 2 滴 $0.1 \, mol \cdot L^{-1} K_2CrO_4$ 溶液,生成黄色 $PbCrO_4$ 沉淀,说明有 Pb^{2+} 存在	沉淀不溶于 HOAc 和 $NH_3 \cdot H_2O$,易溶于强碱,难溶于稀硝酸
Sb^{3+}	① 在锡箔上放 1 滴试液,放置,有黑色的斑点(金属锑)出现,说明有 Sb^{3+} 存在。 $2[SbCl_3]^{3-} + 3Sn == 2Sb \downarrow + 3Sn^{2+} + 12Cl^-$ ② 取 2 滴试液加入 0.4 g $Na_2S_2O_3$ 固体,在水浴上加热数分钟,橙红色的 Sb_2OS_2 沉淀出现,说明 Sb^{3+} 存在	溶液酸性过强,会使试剂分解为 SO_2 和 S,应控制溶液 pH 值在 6 左右

离子	鉴定方法	备注
Sn^{2+}、Sn^{4+}	① 在试液中放入铝丝(或铁粉),稍加热,反应 2 min,试液中若有 Sn^{4+},则 Sn^{4+} 被还原为 Sn^{2+},再加 2 滴 6 mol·L^{-1}HCl,鉴定按 ② 进行。 ② 取 2 滴 Sn^{2+} 试液,加 1 滴 0.1 mol·L^{-1}HgCl$_2$ 溶液,生成 Hg$_2$Cl$_2$ 白色沉淀,说明有 Sn^{2+} 存在	
Zn^{2+}	① 取试液 3 滴用 2 mol·L^{-1}HOAc 酸化,加等体积的(NH$_4$)$_2$[Hg(SCN)$_4$] 溶液,摩擦试管壁,有白色沉淀生成,表示有 Zn^{2+} 存在。 Zn^{2+} + [Hg(SCN)$_4$]$^{2-}$ —— ZnHg(SCN)$_4$ ↓ ② 在试管中加入 2 滴极稀的 CoCl$_2$ 溶液(≤ 0.02%),加入等体积(NH$_4$)$_2$[Hg(SCN)$_4$]。用玻璃棒摩擦试管壁 0.5 min,若未产生蓝色沉淀,然后再加入 2 滴试液,继续摩擦试管壁 0.5 min,这时产生蓝色或浅蓝色沉淀,示有 Zn^{2+} 存在。反应如下: Co^{2+} + [Hg(SCN)$_4$]$^{2-}$ —— CoHg(SCN)$_4$ ↓ Zn^{2+} + [Hg(SCN)$_4$]$^{2-}$ —— ZnHg(SCN)$_4$ ↓ 产生的沉淀为两种化合物的混合晶体,混合晶体的颜色,取决于 Zn^{2+} 的量而显浅蓝色或深蓝色	有大量的 Co^{2+} 存在干扰鉴定,Ni^{2+} 和 Fe^{2+} 与试剂生成淡蓝色沉淀。Fe^{3+} 与试剂生成紫色沉淀。Cu^{2+} 与试剂生成黄绿色沉淀,少量 Cu^{2+} 存在时,形成铜锌紫色混晶

附录Ⅴ　　常见阴离子的鉴定方法

离子	鉴定方法	备注
Cl^-	2 滴试液加入 1 滴 2 mol·L^{-1}HNO$_3$ 和 2 滴 0.1 mol·L^{-1}AgNO$_3$ 溶液,生成白色沉淀。沉淀溶于 6 mol·L^{-1}NH$_3$·H$_2$O,再用 6 mol·L^{-1}HNO$_3$ 酸化又有白色沉淀出现,示有 Cl^- 存在	
Br^-	① 取 2 滴 Br^- 试液,加入数滴 CCl$_4$,滴加氯水,振荡,有机层显红棕色,示有 Br^- 存在。 ② 品红法:品红与 NaHSO$_3$ 生成无色的加成物,游离溴与此加成物作用,生成红紫色溴代染料。方法如下:在试管中加入数滴 0.1% 的品红水溶液,加入固体 NaHSO$_3$ 和 1 至 2 滴浓 HCl 使溶液变为无色。用所得溶液润湿小块滤纸,黏附在一块表面皿的内表面上,将此表面皿与另一块表面皿扣在一起组成一个气室,在下面的表面皿上放 2 至 3 滴试液,及 4~5 滴 25% 铬酸溶液,然后将气室放在沸腾水浴上加热约 10 min。若有 Br^- 存在,则被铬酸氧化生成游离 Br$_2$,后者挥发,与试纸上的试剂相互作用,试纸呈现红紫色	加氯水过量,生成 BrCl,使有机层显淡黄色。氯和碘不产生颜色,所以这个反应可在 Cl^-、I^- 存在时鉴定很小量的 Br^-
I^-	取 2 滴 I^- 试液,加入数滴 CCl$_4$,滴加氯水,振荡,有机层显紫色,表示有 I^- 存在	在弱碱性、中性或酸性溶液中,氯水氧化 I^- 为 I$_2$,过量氯水将 I$_2$ 氧化为 IO$_3^-$,有机层紫色褪去
S^{2-}	1 滴试液放在点滴板上,加 1 滴 Na$_2$[Fe(CN)$_5$NO] 试剂,由于生成 Na$_2$[Fe(CN)$_5$NOS] 而显紫色,表示有 S^{2-} 存在	在酸性溶液中,S^{2-} → HS^-,而不产生紫红色,应加碱液使酸度降低
$S_2O_3^{2-}$	取 5 滴试液,逐滴加入 1 mol·L^{-1}HCl,生成白色或淡黄色沉淀,表示有 $S_2O_3^{2-}$。 $S_2O_3^{2-}$ + 2H$^+$ ==== S ↓ + SO$_2$ ↑ + H$_2$O	

续表

离子	鉴定方法	备注
SO_4^{2-}	取 3 滴试液,加入 6 mol·L^{-1} HCl 酸化,再加入 0.1 mol·L^{-1} BaCl$_2$ 溶液,有白色 BaSO$_4$ 沉淀析出,示有 SO$_4^{2-}$	
SO_3^{2-}	① 亚硫酸盐能使有机染料品红褪色,可以利用来鉴定 SO$_3^{2-}$。反应结果,生成无色的化合物。 具体操作如下:在点滴板上放 1 滴品红溶液,加 1 滴中性试液。SO$_3^{2-}$ 存在时溶液褪色。试液若为酸性,须先用 NaHCO$_3$ 中和,碱性溶液须加 1 滴酚酞,通入 CO$_2$ 使溶液由红色变为无色。 ② 在 3 滴试液中加入 2 mol·L^{-1} HCl 和 0.1 mol·L^{-1} BaCl$_2$ 溶液,再滴加 3% H$_2$O$_2$,产生白色沉淀,示有 SO$_3^{2-}$	S^{2-} 也能使品红溶液褪色,故干扰反应
NO_3^-	① 二苯胺(C$_6$H$_5$)$_2$NH 法:在洗净并干燥的表面皿上放 4~5 滴二苯胺的浓 H$_2$SO$_4$ 溶液。用玻璃棒取少量试液放入上述溶液中,NO$_3^-$ 存在时,二苯胺被生成的硝酸氧化而显深蓝色。 ② 取 1 滴试液放在点滴板上,再加 FeSO$_4$ 固体和浓硫酸,在 FeSO$_4$ 晶体周围出现棕色环,表示有 NO$_3^-$	NO$_2^-$、Fe^{3+}、CrO$_4^{2-}$、MnO$_4^-$ 也有同样反应,干扰鉴定
NO_2^-	取 1 滴试液,加入几滴 6 mol·L^{-1} HOAc,再加 1 滴对氨基苯磺酸和 1 滴苯胺。若溶液显粉红色,表示有 NO$_2^-$ 存在	
PO_4^{3-}	取 2 滴试液,加 5 滴浓 HNO$_3$、10 滴饱和钼酸铵,有黄色沉淀产生,表示有 PO$_4^{3-}$ 存在	
$C_2O_4^{2-}$	二苯胺与草酸或草酸盐熔化时生成蓝色苯胺染料。在微量试管中放 1 小粒试样(如果是溶液,取一部分蒸发至干)和少量二苯胺,加热使之熔化。冷却后,将熔块溶于 1 滴酒精中,溶液显蓝色,表示有 C$_2$O$_4^{2-}$ 存在	此反应是特效反应

附录Ⅵ　常用化学文献资料与网络资源

查阅文献资料是化学工作者的基本功,特别是在科研工作中,通过文献可以了解相关科研方向的研究现状与最新进展。目前,与化学相关的文献资料已经相当丰富,许多文献,如化学辞典、手册、理化数据、光谱资料等,数据来源可靠,查阅简便,且不断补充更新,是有机化学的知识宝库,也是化学工作者学习和研究的有力工具。随着计算机技术与互联网技术的发展,网上文献资源将发挥越来越重要的作用,了解一些与化学有关的网上资源对于我们做好化学实验是非常有帮助的。文献资料和网络资源不仅可以帮助人们了解物质的物理性质、解释实验现象、预测实验结果和选择正确的合成方法,而且可使实验人员避免重复劳动,取得事半功倍的实验效果。

1. 常用工具书

1)《精细化学品制备手册》

本书由章思规、辛忠主编,科学技术文献出版社出版,1994 年第 1 版。实例部分收入大约 1200 个条目,所有条目以产品为中心,每一条目按条目标题(中文名称、英文名称)、结构式、分子式和相对分子质量、别名、性状、生产方法、产品规格、原料消耗、用途、危险性质、国内生产厂和参考文献等顺序作介绍,便于读者查阅。

2)*Handbook of Chemistry and Physics*

这是美国化学橡胶公司出版的一本(英文)化学与物理手册。它初版于 1913 年,每隔一至二年再版一次。过去都是分上、下两册,从第 51 版开始变为一册。该书内容分六个方面:数学用表、元素和无机化合物、有机化合物、普通化学、普通物理常数和其他。

3)*Aldrich*

这是一本化学试剂目录,由美国 Aldrich 化学试剂公司出版。它收集了 1.8 万余个化合物。一个化合物作为一个条目,内含相对分子质量、分子式、沸点、折光率、熔点等数据。较复杂的化合物还附了结构式。并给出了部分化合物核磁共振和红外光谱谱图的出处。每个化合物都给出了不同包装的价格,这对化学合成、订购试剂和比较各类化合物的价格有很大帮助。书后附有分子式索引,便于查找,还列出了化学实验中常用仪器的名称、图形和规格。每年出一本新书,免费赠阅。

4)*Acros Catalogue of Fine Chemicals*

这是 Acros 公司的化学试剂手册,与 *Aldrich* 类似,也是化学试剂目录,包含熔点、沸点等常用物理常数。2005 年版新增了以人民币计算的试剂价格,每年出一册,国内可向百灵威公司索取。

5)*The Merk Index*(9th ed.)

这是一本非常详尽的化工工具书。它收集了近 1 万种化合物的性质、制法和用途,4 500 多个结构式及 4.2 万条化学产品和药物的命名。化合物按名称字母的顺序排列,冠有流水号,依次列出 1972—1976 年汇集的化学文摘名称以及可供选用的化学名称、药物编码、商品名、化学式、相对分子质量、文献、结构式、物理数据、标题化合物和衍生物的普通名称与商品名。

2. 常用期刊文献

（1）《中国科学》,月刊, 1951 年创刊。原为英文版,自 1972 年开始出中文和英文两种文字版本。该刊刊登我国各个自然科学领域中有水平的研究成果。

（2）《科学通报》,半月刊, 1950 年创刊。它是综合性自然科学学术性刊物,有中、外文两种版本。

（3）《化学学报》,月刊, 1933 年创刊。原名《中国化学会会志》,主要刊登化学方面有创造性的、高水平的学术论文。

（4）《高等学校化学学报》,月刊, 1980 年创刊。它是化学学科综合性学术期刊。除重点报道我国高校师生创造性的研究成果外,还反映我国化学学科其他各方面研究人员的最新研究成果。

（5）《化学通报》,月刊, 1952 年创刊。内容以知识介绍、专论、教学经验交流等为主,也有研究工作。

（6）*Journal of Chemical Society*,简称 *J. Chem. Soc.*, 1841 年创刊。本刊为英国化学会会志,月刊。从 1962 年起取消了卷号,按公元纪元编排。本刊为综合性化学期刊,研究论文包括无机化学、有机化学、生物化学、物理化学。全年末期有主题索引及作者索引。从 1970 年起分四辑出版,均以公元纪元编排,不另设卷号。

（7）*Journal of the American Chemical Society*,简称 *J. Am. Chem. Soc.*,是美国化学会会志,是自 1879 年开始的综合性双周期刊。主要刊载研究工作的论文,内容涉及无机化学、有机化学、生物化学、物理化学、高分子化学等领域,并有书刊介绍。每卷末有作者索引和主题索引。

（8）*Chemical Reviews*,简称 *Chem. Rev.*,创刊于 1924 年,为双月刊。主要刊载化学领域中的专题及发展近况的评论。内容涉及无机化学、有机化学、物理化学等各方面的研究成果与发展概况。

（9）*Chemical Abstracts*,即美国化学文摘,简称 *C. A.*,是化学化工方面最主要的二次文献,创刊于 1907 年。自 1962 年起每年出二卷。自 1967 年上半年的第 67 卷开始,每逢单期号刊载生化类和有机化学类内容,而逢双期号刊载大分子类、应化与化工、物化与分析化学类内容。有关有机化学方面的内容几乎都在单期号内。

3. 网络资源

1）美国化学学会数据库（ http://pubs.acs.org ）

美国化学学会（ American Chemical Society, ACS ）成立于 1876 年,现已成为世界上最大的科技协会之一,其会员数超过 16 万。多年以来, ACS 一直致力于为全球化学研究机构、企业及个人提供高品质的文献资讯及服务,在科学、教育、政策等领域提供了多方位的专业支持,成为享誉全球的科技出版机构。ACS 的期刊被 ISI 的 Journal Citation Report（ JCR ）评为化学领域中被引用次数最多的化学期刊。

ACS 出版 34 种期刊,内容涵盖以下领域:生化研究方法、药物化学、有机化学、普通化学、环境科学、材料学、植物学、毒物学、食品科学、物理化学、环境工程学、工程化学、应用化学、分子生物化学、分析化学、无机与原子能化学、资料系统计算机科学、学科应用、科学训练、燃料与能源、药理与制药学、微生物应用生物科技、聚合物、农业学。

网站除具有索引与全文浏览功能外,还具有强大的搜索功能,查阅文献非常方便。

美国化学学会（ ACS ）数据库包括以下杂志:

Accounts of Chemical Research;

Analytical Chemistry;

Biochemistry;

Bioconjugate Chemistry;

Biomacromolecules;

Biotechnology Progress;

Chemical & Engineering News;

Chemical Research in Toxicology;

Chemical Reviews;

Chemistry of Materials;

Crystal Growth & Design；

Energy & Fuels；

Environmental Science & Technology；

Inorganic Chemistry；

Journal of Agricultural and Food Chemistry；

Journal of the American Chemical Society；

Journal of Chemical & Engineering Data；

Journal of Chemical Information and Computer Sciences；

Journal of Chemical Theory and Computation；

Journal of Combinatorial Chemistry；

Journal of Medicinal Chemistry；

Journal of Natural Products；

The Journal of Organic Chemistry；

The Journal of Physical Chemistry A；

The Journal of Physical Chemistry B；

Journal of Proteome Research；

Langmuir；

Macromolecules；

Modern Drug Discovery；

Molecular Pharmaceutics；

Nano Letters；

Organic Letters；

Organic Process Research & Development；

Organometallics。

2）英国皇家化学学会期刊及数据库（http://www.rsc.org）

英国皇家化学学会（Royal Society of Chemistry，RSC）出版的期刊及数据库是化学领域的核心期刊和权威性数据库,与有机化学有关的期刊有：

Chemical Communications；

Chemical Society Reviews；

Journal of Materials Chemistry；

Natural Product Reports；

New Journal of Chemistry；

Pesticide Outlook；

Photochemical & Photobiological Sciences。

数据库 Methods in Organic Synthesis（MOS）,提供关于有机合成方面最重要进展的通告服务,提供反应图解,涵盖新反应、新方法,包括新反应和试剂、官能团转化、酶和生物转化等内容,只收录在有机合成方法上具新颖性特征的条目。数据库 Natural Product Updates (NPU),收录有关天然产物化学方面最新发展的文摘,内容选自 100 多种主要期刊,包括分离研究、生物合成、新天然产物、来自新来源的已知化合物、结构测定、新特性和生物活性等。

3)Beilstein/Gmelin CrossFire 数据库(http://www.mdli.com/products/products.html)

数据库包括贝尔斯坦(Beilstein)有机化学资料库及盖莫林(Gmelin)无机化学资料库,含有 700 多万个有机化合物的结构资料和 1 000 多万条化学反应的资料以及 2 000 万种有机物的性质和相关文献,内容相当丰富。

CrossFire Beilstein 的数据来源为 1779—1959 年 *Beilstein Handbook* 从正编到第四补编的全部内容和 1960 年以来的原始文献数据。原始文献数据包括熔点、沸点、密度、折射率、旋光性及从天然产物或衍生物分离的方法。该数据库包含 800 万种有机化合物和 500 多万个反应。用户可以用反应物或产物的结构或亚结构进行检索,也可以用相关的化学、物理、生态、毒物学、药理学特性以及书目信息进行检索。在反应式、文献和引用化合物之间有超级链接,使用十分方便。

CrossFire Gmelin 是一个收录无机和金属有机化合物的结构及相关化学、物理信息的数据库。现在由 MDL Information Systems 发行维护。该数据库的信息来源有两个,其一是 1817—1975 年 *Gmelin Handbook* 主要卷册和补编的全部内容,另一个是 1975 年至今的 111 种涉及无机、金属有机和物理化学的科学期刊。记录内容为事实、结构、理化数据(包括各种参数)、书目数据等信息。

4)美国专利商标局网站数据库(http://www.uspto.gov)

该数据库用于检索美国授权专利和专利申请,免费提供 1790 年至今的图像格式的美国专利说明书全文,1976 年以来的专利还可以看到 HTML 格式的说明书全文。专利类型包括发明专利、外观设计专利、再公告专利、植物专利等。该系统检索功能强大,可以免费获得美国专利全文。

5)John Wiley 电子期刊(http://www.interscience.wiley.com)

目前 John Wiley 出版的电子期刊有 363 种,其学科范围以科学、技术与医学为主。该出版社期刊的学术质量很高,是相关学科的核心资料,其中被 SCI 收录的核心期刊有近 200 种。学科范围包括生命科学与医学、数学统计学、物理、化学、地球科学、计算机科学、工程学等,其中化学类期刊有 110 种。

6)Elsevier Science 电子期刊全文库(http://www.sciencedirect.com)

Elsevier Science 公司出版的期刊是世界上公认的高品位学术期刊。清华大学与荷兰 Elsevier Science 公司合作在清华图书馆已设立镜像服务器,访问网址: http://elsevier.lib. tsinghua.edu.cn。

7)中国期刊全文数据库(http://www.cnki.net)

收录 1994 年至今的 5 300 余种核心与专业特色期刊全文,累积全文 600 多万篇,题录 600 多万条。该数据库分为理工 A(数理科学)、理工 B(化学化工能源与材料)、理工 C(工业技术)、农业、医药卫生、文史哲、经济政治与法律、教育与社会科学综合、电子技术与信息科学 9 大专辑和 126 个专题数据库,网上数据每日更新。

8)中国化学、化学学报联合网站(http://sioc-journal.cn/index.htm)

提供《中国化学》(*Chinese Journal of Chemistry*)、《化学学报》2000 年至今发表的论文全文和相关检索服务。

附录Ⅶ 常用化学信息网址资料

1. 科技文献网址

(1)中国科学院科技文献网 http://lcc.icm.ac.cn

(2)中国科技网 http://www.cnc.ac.cn

(3)中国化学会网址 http://www.chemsoc.org.cn

(4)美国化学会网址 http://www.acs.org

(5)中国科学院文献情报中心网址 http://www.las.ac.cn

(6)中国专利检索网 http://www.patent.com.cn

(7)美国专利检索网 http://www.uspto.gov

(8)日本专利检索网 http://www.jpo.go.jp

2. 部分大学及教育部门网址

(1)中华人民共和国教育部网址 http://www.moe. gov.cn

(2)清华大学网址 http://www.tsinghua. edu.cn

(3)北京大学网址 http://www.pku. edu.cn

(4)南京大学网址 http://www.nju. edu.cn

(5)浙江大学网址 http://www.zju. edu.cn

(6)复旦大学网址 http://www.fudan. edu.cn

(7)吉林大学网址 http://www.jlu. edu.cn

(8)四川大学网址 http://www.scu. edu.cn

(9)大连理工大学网址 http://www.dlut. edu.cn

(10)华东理工大学网址 http://www.ecust. edu.cn

(11)南开大学网址 http://www.nankai. edu.cn

(12)陕西学前师范学院网址 http://www.snsy. edu.cn

附录Ⅷ　实验报告格式示例

有机化学实验报告

专业 _____

班级 _____

学号 _____

姓名 _____

实验名称：＿＿＿＿＿＿＿＿＿＿＿＿＿＿＿＿

实验时间：＿＿＿＿＿年＿＿＿月＿＿＿日

学生姓名：＿＿＿＿＿同组人姓名：＿＿＿＿＿

实验预习 （20分）	实验记录 （15分）	实验操作 （20分）	实验态度 （10分）	结果与讨论 （30分）	台面的整理 （5分）	总成绩

第一部分　　实验预习报告

一、实验目的

二、实验原理（包括实验装置简图）

三、主要仪器设备、药品

四、主要试剂和产物的物理常数

试剂	相对分子质量	性状	相对密度	折射率	熔点	沸点	溶解性		
							水	醇	醚

第二部分 实验报告

五、实验操作步骤及现象

步骤（属预习实验部分）	现象（实验过程中记录）

六、实验原始数据记录与处理（产率计算）

七、结果与讨论

（其主要内容包括：对测定数据及计算结果的分析、比较；如果实验失败了，应找出失败的原因；对实验过程中出现的异常现象进行分析；对仪器装置、操作步骤、实验方法的改进意见；实验注意事项；思考题的回答；等等）

八、思考题

参考文献

[1] 大连理工大学无机化学教研室. 无机化学 [M]. 4 版. 北京:高等教育出版社,2001.

[2] 大连理工大学无机化学教研室. 无机化学实验 [M]. 3 版. 北京:高等教育出版社, 1990.

[3] 华东化工学院无机化学教研室. 无机化学实验 [M]. 2 版. 北京:高等教育出版社, 1985.

[4] 蔡炳新,陈贻文. 基础化学实验 [M]. 北京:科学出版社,2001.

[5] 沈君朴,白主心. 实验无机化学 [M]. 2 版. 天津:天津大学出版社,1996.

[6] 郑春生,杨南,李梅,等. 基础化学实验:无机及化学分析实验部分 [M]. 天津:南开大学出版社,2002.

[7] 周怀宁. 微型无机化学实验 [M]. 北京:科学出版社,2000.

[8] 南京大学《无机及分析化学实验》编写组. 无机及分析化学实验 [M]. 3 版. 北京:高等教育出版社,1998.

[9] 余文华,徐功骅. 大学化学实验 [M]. 北京:清华大学出版社,1986.

[10] 王伯康,钱文浙. 中级无机化学实验 [M]. 北京:高等教育出版社,1984.

[11] 杨宏孝. 无机化学简明教程 [M]. 天津:天津大学出版社,1997.

[12] 林培良,关广庆,王作屏,等 . 无机化学实验解说 [M]. 长春:东北师范大学出版社, 1985.

[13] 浙江大学普通化学教研组. 普通化学实验 [M]. 北京:高等教育出版社,2000.

[14] 周其镇,方国女,樊行雪. 大学基础化学实验 [M]. 北京:化学工业出版社,2000.